普通高等教育园林专业规划教材

园林专业植物类课程实训指导

主 编 宋 丽 郭君洁 秦兰娟
　　　韩 培 刘静民

郑州大学出版社

图书在版编目(CIP)数据

园林专业植物类课程实训指导 / 宋丽等主编.
郑州：郑州大学出版社,2024.9. -- ISBN 978-7-5773-0638-4

Ⅰ.S68

中国国家版本馆 CIP 数据核字第 20241UU591 号

园林专业植物类课程实训指导
YUANLIN ZHUANYE ZHIWU LEI KECHENG SHIXUN ZHIDAO

策划编辑	袁翠红	封面设计	王　微
责任编辑	杨飞飞	版式设计	苏永生
责任校对	崔　勇	责任监制	李瑞卿

出版发行	郑州大学出版社	地　　址	郑州市大学路40号(450052)
出 版 人	卢纪富	网　　址	http://www.zzup.cn
经　　销	全国新华书店	发行电话	0371-66966070
印　　刷	郑州宁昌印务有限公司		
开　　本	787 mm×1 092 mm　1 / 16		
印　　张	19.5	字　　数	498 千字
版　　次	2024 年 9 月第 1 版	印　　次	2024 年 9 月第 1 次印刷
书　　号	ISBN 978-7-5773-0638-4	定　　价	68.00 元

本书如有印装质量问题,请与本社联系调换。

编委名单

主　编　宋　丽　郭君洁　秦兰娟　韩　培　刘静民
副主编　焦江洪　张天翔　户海波　王　波　郭春明
　　　　孙　叶　杨　军　仲　杰
编　委（按姓氏笔画排序）
　　　　王　波　河南省驻马店市公园服务所
　　　　户海波　河南省驻马店市公园服务所
　　　　仲　杰　黄淮学院
　　　　刘静民　上蔡县林业发展服务中心
　　　　孙　叶　河南省南阳市卧龙区植物保护植物检疫中心
　　　　杨　军　河南省农业科学院
　　　　宋　丽　黄淮学院
　　　　张天翔　河南省驻马店市公园服务所
　　　　秦兰娟　河南省驻马店市公园服务所
　　　　郭君洁　黄淮学院
　　　　郭春明　河南省驻马店市公园服务所
　　　　韩　培　漯河市园林绿化养护中心
　　　　焦江洪　黄淮学院

前　言

园林专业是理论与实践结合得较紧密的专业,在注重学生理论知识学习的同时,落实园林专业的实训教学,是培养应用型园林专业人才的重要途径。植物类课程是园林专业课程体系的重要组成部分,主要包括植物学基础、植物生理学、园林植物组织培养、园林树木栽培养护、植物种植设计等课程,具有实践性强的特点。本书是针对这些课程而编写的综合性实训指导教材,旨在培养园林专业学生的综合素质和实践创新能力。

本书共分为七个部分。第一部分是种子植物的形态特征及分类,主要介绍了种子植物的形态特征、鉴定及分类、植物营养器官的变态、植物标本的采集和制作、植物群落多样性调查等;第二部分是植物识别与园林应用,主要介绍了常见园林植物的科属名称、形态特征、生长习性、地理分布和园林用途;第三部分是植物的结构及发育,主要介绍了植物细胞、组织、器官的结构和发育,内容还涉及复式光学显微镜的结构和使用、常用的显微制片技术、生物绘图方法等;第四部分是植物生理生化指标测定,主要介绍了常用生理生化指标测定的目的、原理、步骤、注意事项等;第五部分是植物组织培养,主要介绍了植物组织培养的过程、不同类型外植体的培养、组织培养中常见问题的研究等;第六部分是园林树木栽培养护,主要介绍了容器播种、露地播种、扦插嫁接等育苗技术,以及园林树木栽植和养护管理等相关技术;第七部分是选作实训项目。

由于编者水平有限,加之时间仓促,书中可能仍有错误和不当之处,敬请广大读者给予指正。

编　者
2024 年 8 月

目 录

第一部分 种子植物的形态特征及分类

项目一　裸子植物的形态特征及分类 …………………………………………… 1
项目二　被子植物根、茎的形态特征 …………………………………………… 4
项目三　被子植物叶的形态特征 ………………………………………………… 9
项目四　被子植物花的形态特征 ………………………………………………… 14
项目五　被子植物花序的类型 …………………………………………………… 18
项目六　被子植物果实的形态特征 ……………………………………………… 21
项目七　植物种类鉴定、检索表的编制及使用 ………………………………… 24
项目八　被子植物分科（一） …………………………………………………… 28
项目九　被子植物分科（二） …………………………………………………… 32
项目十　被子植物分科（三） …………………………………………………… 36
项目十一　被子植物分科（四） ………………………………………………… 40
项目十二　被子植物分科（五） ………………………………………………… 44
项目十三　植物标本的采集、制作和保存 ……………………………………… 47
项目十四　植物群落多样性调查 ………………………………………………… 52

第二部分　植物识别与园林应用

项目一　裸子植物门 ……………………………………………………………… 56
项目二　被子植物门——双子叶植物纲 ………………………………………… 59
项目三　被子植物门——单子叶植物纲 ………………………………………… 83

第三部分　植物的结构及发育

项目一　光学显微镜的结构、使用及植物细胞结构的观察 …………………… 86
项目二　细胞质体、储藏物质和胞间连丝的观察 ……………………………… 92
项目三　植物组织的观察（一） ………………………………………………… 96
项目四　植物组织的观察（二） ………………………………………………… 99

项目五　植物根的结构与发育 …… 102
项目六　植物茎的结构与发育 …… 106
项目七　植物叶片的结构 …… 110
项目八　花药和花粉的结构与发育 …… 113
项目九　子房、胚珠和胚囊的结构与发育 …… 115
项目十　果实、种子和胚的结构与发育 …… 118
项目十一　利用石蜡切片法制作永久切片 …… 121

第四部分　植物生理生化指标测定

项目一　植物组织含水量的测定 …… 127
项目二　植物叶面积的测定 …… 129
项目三　植物根系活力的测定 …… 132
项目四　比色法测定光合色素含量 …… 134
项目五　改良半叶法测定光合速率 …… 137
项目六　生长素类物质对植物根芽生长的影响 …… 139
项目七　乙烯对果实的催熟作用 …… 142
项目八　植物种子生命力的快速测定 …… 144
项目九　植物组织中可溶性蛋白质含量的测定 …… 147
项目十　超氧化物歧化酶和过氧化氢酶活性的测定 …… 153
项目十一　植物组织中过氧化物酶活性的测定 …… 157
项目十二　植物组织中丙二醛含量的测定 …… 160
项目十三　植物组织中可溶性糖含量的测定 …… 162
项目十四　电导仪法测定细胞膜透性 …… 166
项目十五　植物基因组 DNA 的提取 …… 168
项目十六　不同保鲜剂对切花保鲜的影响 …… 171
项目十七　室内观赏植物对甲醛的净化效果及生理响应 …… 174

第五部分　植物组织培养

项目一　组织培养室、组织培养器皿及器械的消毒灭菌 …… 177
项目二　MS 培养基母液的配制 …… 180
项目三　MS 固体培养基的配制及灭菌 …… 185
项目四　外植体的选择与消毒 …… 189
项目五　外植体的接种和愈伤组织诱导 …… 192
项目六　愈伤组织的继代培养 …… 195
项目七　愈伤组织的分化培养 …… 198
项目八　试管苗的驯化移栽 …… 201

项目九	种子种植培养无菌苗	204
项目十	植物组培快繁研究	206
项目十一	植物的花药培养	210
项目十二	植物胚培养	214
项目十三	植物茎尖培养脱毒	217
项目十四	不同培养基种类对玻璃化愈伤组织的调控研究	220
项目十五	植物组织培养中的防褐化研究	222

第六部分　园林树木栽培养护

项目一	园林植物生态配植调研	225
项目二	园林苗圃的规划设计	227
项目三	园林植物的容器播种	230
项目四	园林植物露地播种育苗（一）——种子准备	233
项目五	园林植物露地播种育苗（二）——整地作床	235
项目六	园林植物露地播种育苗（三）——苗床露地播种	237
项目七	扦插育苗	238
项目八	嫁接育苗	242
项目九	园林设施育苗实践	245
项目十	无土栽培实践一	247
项目十一	无土栽培实践二	252
项目十二	园林树木的栽植一——整地实践	260
项目十三	园林树木的栽植二——移栽定植实践	261
项目十四	园林树木的养护管理	263
项目十五	花灌木的养护管理	265
项目十六	园林植物的整形修剪	267
项目十七	大树移植	270

第七部分　选作实训项目

项目一	园林植物物候期观测（一）	271
项目二	园林植物物候期观测（二）	276
项目三	园林树木分枝方式调查	278
项目四	园林树木栽植或配植方式	280
项目五	园林绿化树种的调查、规划与选择	281
项目六	园林树木的挖掘与包装	282
项目七	园林树木防寒	284
项目八	古树名木的养护复壮	285

项目九　校园园林树木栽培现状分析 …………………………………………… 288
项目十　校园树木养护月历的编制 ……………………………………………… 290
项目十一　园林树木的容器栽植 ………………………………………………… 292

附录

附录一　植物组织培养中玻璃化现象产生的原因及控制方法 ………………… 294
附录二　植物组织培养中褐变产生的原因及控制方法 ………………………… 296
附录三　植物组织培养中污染的类型、可能原因及控制方法 ………………… 298

参考文献 ……………………………………………………………………………… 301

第一部分 种子植物的形态特征及分类

在与环境的相互适应和演化过程中,植物形成了各自不同的形态特征。为了更有效地利用植物改善人们的生活,首先对植物进行识别和分类。植物识别和分类的主要依据是根、茎、叶、花、果实等器官的形态特征。

项目一 裸子植物的形态特征及分类

一、实训目的

(1)能够阐述裸子植物的形态特征、基本类型及分布。
(2)能够指出不同类群形态特征的异同。
(3)能够识别常见的各类群植物。

二、实训材料与用具

(1)材料　校园及周边的裸子植物。
(2)用具　放大镜、刀片、镊子、解剖用具、剪枝剪等。

三、实训内容

(一)裸子植物的形态特征

裸子植物因不形成子房和果实,胚珠和种子裸露,故称为裸子植物。裸子植物的植物体由根、茎(干)、叶、雄球花、雌球花、球果、种子组成。裸子植物多为乔木,少为灌木,稀为木质藤本或草本状。裸子植物的叶可以分为鳞叶、针叶、刺叶、线形叶、扇形叶、羽状叶、披针叶。花单性,同株或异株;雄蕊多数,聚生成雄球花,每枚雄蕊具2至多数(稀1)储满花粉的花药(花粉),雄蕊有柄或无柄,花粉有气囊或无气囊,在花药中萌发形成花粉管,内有2个游动或不游动的精子;心皮丛生或聚生成雌球花,或变态为珠鳞、珠领、珠托或套被,每心皮上或边缘生有胚珠,心皮开放,不形成子房,无柱头,胚珠裸露,直立或倒生,珠被一层,稀两层,顶端开孔,称为珠孔,珠孔顶部常有贮水的花粉室,或珠孔附近的珠被伸长而形成珠孔管,胚珠内发育着雌配子体,配子体中的受精卵发育成胚,下端原叶体部分为胚乳,胚乳发育于受精作用之前,顶端则生有2或多数颈卵器,或极少数无颈卵器,珠被发育成种皮,整个胚珠发育成种子。种子裸露,或有假种皮包被,或有种鳞托护;胚乳丰富,子叶2至多枚。球果由苞鳞、种鳞和种子组成。裸子植物的形态特征,除了一般通用的特征外,还有一些特有的形态特征,具体如下:

1. 叶的形态

松属的叶有两种,原生叶螺旋状着生,幼苗期扁平条形,后成膜质苞片状鳞片,基部下延或不下延,次生叶针形,2~5针成一束,生于原生叶腋不发育的短枝顶端。

(1)气孔线 叶上面或下面的气孔纵向连续或间断排列成的线。

(2)气孔带 由多条气孔线紧密并生所连成的带。

(3)中脉带 条形叶下面两气孔带之间的凸起或微凸起的绿色中脉部。

(4)边带 气孔带与叶缘之间的绿色部分。

(5)腺槽 柏科植物鳞叶下面凸起或凹陷的腺体。

2. 球花的类型及特征

(1)雄球花 即小孢子叶球,是由多数小孢子叶(也称雄蕊)着生于中轴上形成的,小孢子叶上着生小孢子囊(即花粉囊)。

(2)雌球花 即大孢子叶球,是由多数大孢子叶(也称珠鳞)着生于中轴上形成的,大孢子叶上着生大孢子囊(即胚珠)。

(3)珠鳞 松、杉、柏三科植物的雌球花上着生胚珠的鳞片,又称大孢子叶。

(4)珠座 银杏的雌球花顶部着生胚珠的膨大部分。

(5)珠托 红豆杉科植物的雌球花顶部着生胚珠的鳞片,通常呈盘状或漏斗状。

(6)套被 罗汉松属植物的雌球花顶部着生胚珠的鳞片,通常呈囊状或杯状。

(7)苞鳞 每一珠鳞下膜质不育的苞片。

3. 球果的特征

松、杉、柏三科植物的成熟雌球花为球果,由多数着生种子的鳞片(即种鳞)组成,种鳞由大孢子叶形成。

(1)种鳞 球果上着生种子的鳞片,又叫果鳞,受粉前称珠鳞。

(2)鳞盾 松属植物的种鳞上部露出部分,通常肥厚。

(3)鳞脐 鳞盾顶端或中央凸起或凹陷部分。

(二)裸子植物的分类

据统计,目前全世界生存的裸子植物约有850种,隶属于15科79属。裸子植物门通常分为苏铁纲、银杏纲、松柏纲、红豆杉纲和买麻藤纲。

(1)苏铁科(Cycadaceae) 茎干不分支,羽状复叶,大、小孢子叶异株,精子具鞭毛。如苏铁(*Cycas revoluta* Thunb.)。

(2)银杏科(Ginkgoaceae) 茎多分支,单叶,呈扇形。雌雄异株,种子核果状。如我国特有树种,著名的子遗植物银杏(*Ginkgo biloba* L.)。

(3)松科(Pinaceae) 茎有长枝或长枝、短枝均有,叶条形或针形,在长枝上螺旋状排列,散生,在短枝上簇生,针叶2针、3针或5针一束;球花单性,同株。常见种类有云杉(*Picea asperata* Mast.)、雪松[*Cedrus deodara* (Roxb.) G. Don.]、油松(*Pinus tabuliformis* Carr.)等。

(4)杉科(Taxodiaceae) 树皮常裂成长条片脱落,叶互生,螺旋状排列,披针形、钻形、鳞形或条形;球花单性,雌雄同株,球果当年成熟。常见种类有柳杉(*Cryptomeria fortunei*)、水杉(*Metasequoia glyptostroboides*)等。

(5)柏科(Cupressaceae) 树皮常裂成较窄的长条片脱落,鳞叶交互对生,刺叶3~4枚轮生;球花单性,雌雄同株或异株,球果当年或第二年成熟。常见种类有侧柏(*Platycladus orientalis*)、圆柏(*Sabina chinensis*)、刺柏(*Juniperus formosana* Hayata)等。

四、实训作业

(1)学生分组观察校园及周边的裸子植物,并用形态学术语描述其各个器官的形态特征。

(2)每组任选5个科,用形态学术语描述其识别要点,每科各列举至少一种植物。

项目二　被子植物根、茎的形态特征

一、实训目的

能够识别并用形态学术语阐述被子植物根、茎的形态特征和类型。

二、实训材料与用具

（1）材料　校园及周边的植物。
（2）用具　放大镜、剪枝剪、铁铲等。

三、实训内容

（一）根的形态特征

1. 根和根系的类型

根有定根和不定根，主根和侧根之分。种子中胚根生长形成的根称为主根，主根和主根上的分枝称为定根。植物从茎、叶、老根和胚轴上产生的根称为不定根。主根和不定根上产生的各级分枝称为侧根。一株植物所有的根称为根系。根系包括直根系和须根系。凡主根粗壮发达，主根和侧根有明显区别的根系称为直根系。主根不发达或很早就停止生长，由茎基部产生的不定根组成的根系称为须根系。任选两种植物，观察不同根系的特点，并区分主根和侧根，定根和不定根。

2. 根的变态

所谓变态，是指植物营养器官在形态、构造或生理功能上发生的变化。根的变态可分为肉质直根、块根、寄生根、气生根。

（1）肉质直根　肉质直根是由直根系的主根储藏养分后增粗、增大形成的圆形或圆锥形的膨大根。因此，一株植物上只能形成一个肉质直根。取萝卜（*Raphanussativus* L.）的变态根，观察其外形，可见萝卜主根肥大，肥大主根的下部有小而量少的小侧根；它的上半部颜色发绿的部位是幼苗下胚轴发育来的，这部分没有发生侧根。这两部分经过强烈的次生生长和三生生长，形成一个统一的肉质直根。所以，萝卜的肉质直根是由主根和胚轴共同构成的。

（2）块根　块根是由侧根或不定根经过增粗生长膨大发育而成的，其内储藏大量的营养物质。因此在一株植物上，可以形成许多块根，如番薯（*Ipomoea batatas* L.）、麦冬[*Ophiopogon japonicus*（L. f.）Ker Gawl.]、大丽菊（*Dahlia pinnata* Cav.）等。

(3) 寄生根　植物的叶退化成小鳞片，不能进行光合作用，只能借助于茎的节上产生的特化为吸器的寄生根伸入寄主茎内，寄主维管组织相连，以此吸收寄主营养物质。这种寄生根也属于不定根。如菟丝子(*Cuscuta chinensis* Lam.)、槲寄生[*Viscum coloratum* (Kom.) Nakai.]等植物的寄生根。

(4) 气生根　生长在地面以上、空气中的各种不定根。根据作用不同，又可分为支持根、攀缘根和呼吸根。植物识别时可根据不同气生根的特征进行观察鉴别。

1) 支持根　它们有支持植物体的功能，如玉米(*Zea mays* L.)、高粱[*Sorghum bicolor* (L.) Moench]、甘蔗(*Saccharum officinarum* L.)、龟背竹(*Monstera deliciosa* Liebm.)、吊兰[*Chlorophytum comosum* (Thunb.) Jacques]等。在玉米茎基部节上发生的许多不定根，伸长后又插入土壤中起支持作用。生长在我国南方的榕树，在茎干上产生许多下垂的气生根，进入土壤后，经过次生生长成为木质支柱根，也属于支持气生根，观察玉米的根，注意其靠近地面的节上发出的支持根。

2) 攀缘根　一些藤本植物从茎的一侧产生许多顶端扁平、易于攀缘或固着在其他物体表面的不定根。如爬山虎(*Parthenocissus tricuspidata* Planch.)、络石(*Trachelospermum jasminoides* Lem.)、扶芳藤(*Euonymus fortunei* Hand.-Mazz.)、常春藤(*Hedera nepalensis* var. Sinensis Rehd.)、凌霄(*Campsis grandiflora* Schum.)等。

3) 呼吸根　一些生长在海滩和湖沼的植物，由于在泥水中呼吸困难而产生部分垂直向上伸出地面的呼吸根，如红树(*Rhizophora apiculata* Bl.)等。

每组同学至少观察并描述5种变态根的特点。

(二) 茎的形态特征

1. 茎的外形

茎是由种子胚芽向上生长而成的，有主干和侧枝之分。茎的基本形态为圆柱形，但也有三棱形、四棱形、扁平形等形状，上面生有叶和芽。茎顶端和叶腋处生有芽，茎上着生叶的地方叫节，往往略为膨大，两节之间的区域是节间。节间距离比较长的枝条叫长枝，节间距离比较短的枝条叫短枝。枝条上叶片脱落后留下的痕迹叫叶痕；叶痕中呈点状凸起的茎与叶之间的维管束断离之后留下的痕迹叫叶迹；木本枝条上许多密集环绕在一起的疤痕为芽鳞痕；枝条表面上的椭圆形小孔为皮孔。

每组学生至少选取一种植物，描述以上茎的外部形态。

2. 茎的分类

(1) 根据茎的性质不同分类　根据茎的性质不同，可分为木本植物和草本植物。

1) 木本植物　茎的木质化程度高，比较坚硬，具有木本茎的植物称为木本植物。根据主干与侧枝的生长情况又可分为乔木、灌木和半灌木。乔木主干明显，分枝部位较高，茎干高达5.5 m以上，如雪松(*Cedrus deodara* G. Don)、水杉(*Metasequoia glyptostroboides* Hu et W. C. Cheng)、枫杨(*Pterocarya stenoptera* C. DC.)、樟(*Cinnamomum camphora* J. Presl)等，其中茎干高于25 m的为大乔木，8~25 m的为中乔木，低于8 m的为小乔木。灌木主干较矮小，分枝靠近茎的基部，茎干高度在5 m以下，如茶(*Camellia sinensis* O. Ktze.)和月季花(*Rosa chinensis* Jacq.)等。半灌木茎的基部为木质，上部为草质，冬季枯萎，多年生，如牡丹(*Paeonia suffruticosa* Andr.)。

2)草本植物 茎的木质化程度低,质地较软,具有草本茎的植物称为草本植物。根据其生活期的长短,又可分为一年生、二年生和多年生草本。一年生草本的生活周期在本年内完成,即在同一年份内完成种子萌发、营养生长、生殖生长,并结束生命。二年生草本的生活周期在两个年份内完成,第一年生长,第二年开花结实后枯死。多年生草本能生活多年,有些植物地下部分生活多年,每年继续发芽生长;有些植物全株能生活多年。

(2)根据茎的生长习性不同分类 根据茎的生长习性不同,可分为直立茎、缠绕茎、攀缘茎、匍匐茎、平卧茎等。

1)直立茎 大多数种子植物的茎都是直立向上生长的,如响叶杨(*Populus adenopoda* Maxim.)、雪松(*Cedrus deodara* G. Don)、棉花(*Gossypium* L.)、月季花(*Rosa chinensis* Jacq.)、菊花(*Chrysanthemum morifolium* Ramat.)。

2)缠绕茎 茎幼时较柔软,不能直立,以茎本身缠绕于其他支柱上向上生长,如牵牛(*Ipomoea nil* Roth)、番薯(*Ipomoea batatas* L.)、金银花(*Lonicera japonica* Thunb.)、菜豆(*Phaseolus vulgaris* L.)、紫藤(*Wisteria sinensis* Sweet.)等。

3)攀缘茎 茎幼时柔软,生长细长,不能直立,常以卷须、气生根、钩刺或吸盘等特有结构攀缘于他物之上,借支撑物向上生长,如丝瓜(*Luffa cylindrica* Roem.)、黄瓜(*Cucumis sativus* L.)、豌豆(*Pisum sativum* L.)、葡萄(*Vitis vinifera* L.)、络石(*Trachelospermum jasminoides* Lem.)、常春藤(*Hedera nepalensis* var. *sinensis* Rehd.)、铁线莲(*Clematis florida* Thunb.)、葎草(*Humulus scandens* Merr.)、爬山虎(*Parthenocissus tricuspidata* Planch.)等。

凡具有缠绕茎和攀缘茎的植物,不论是草本或木本,都统称为藤本植物。注意比较缠绕茎和攀缘茎的异同。

4)匍匐茎 茎细长而柔弱,伏地蔓延,水平生长,如草莓(*Fragaria ananassa* Duch.)、甘薯(*Ipomoea batatas* L.)等。一般节间较长,多数节上能生不定根和芽,常以此特性进行营养繁殖。

5)平卧茎 茎细长而柔弱,伏地蔓延,水平生长,但节上不生长不定根,如蒺藜(*Tribulus terrestris* L.)等。注意比较匍匐茎和平卧茎的异同。

每组学生分别根据茎的性质、生长习性,对植物的茎进行分类,每种类型各列举一种植物。

3. 茎的分枝方式

根据茎的分枝情况不同,茎可分为单轴分枝、合轴分枝、二叉分枝、假二叉分枝、分蘖等五种分枝方式。

(1)单轴分枝 又称总状分枝,是具有明显主轴的一种分枝方式。其特点是主茎的顶芽活动始终占优势,芽生长后使植物体保持一个明显的直立的主轴,而侧枝的生长一直处于劣势,较不发达,结果使植物形态成为锥体(塔形)。

(2)合轴分枝 主轴不明显,主茎的顶芽生长到一定时期,渐渐失去生长能力,由顶芽下部的侧芽代替顶芽生长,取代了主茎的位置。不久新枝的顶芽又停止生长,再由其下部的侧芽所代替,以此类推。

(3)二叉分枝 顶芽发育到一定程度,发育减慢或停止向前生长,均匀地分裂成两个侧芽,侧芽发育到一定程度,又再分裂成两个侧芽,这种依次向上的分枝方式,即为二叉分枝。

(4)假二叉分枝　顶芽生长到一定程度,停止或减慢生长,由顶芽下部的两个对生的侧芽继续生长,侧芽发育到一定程度,又由其顶芽下部的两个对生侧芽所代替,这种依次向上的分枝方式,即为假二叉分枝。

(5)分蘖　是禾本科植物所特有的一种分枝方式。禾本科植物[如水稻(*Oryza sativa* L.)、小麦(*Triticum sativum* L.)等]在生长初期,茎的节间很短,节很密集,而且集中于基部,每个节上都有一片幼叶和一个腋芽,当幼苗出现四五片幼叶时,有些腋芽即开始活动,形成新枝,并在节位上产生不定根,这种分枝方式称为分蘖。产生分枝的节称为分蘖节。分蘖产生新枝后,在新枝的基部又形成新的分蘖节,进行分蘖,依次产生各级分枝和不定根。

观察植物的分枝类型,每种分枝类型各列举至少一种植物。

4. 茎的变态

茎的变态可分为地上茎的变态和地下茎的变态两种类型。

(1)地上茎的变态

1)肉质茎　茎肥大多汁,常为绿色,有扁圆形、柱状、球形等多种形态,既可储藏水分和养料,也可进行光合作用,如仙人掌(*Opuntia dillenii* Haw.)、仙人球(*Echinopsis tubiflora* Zucc.)等。

2)叶状枝　茎变态成绿色的叶状体,叶完全退化或不发达,而由叶状枝代替叶片,其上有明显的节和节间,能进行光合作用,如竹节蓼(*Homalocladium platycladum* Bailey)、假叶树(*Ruscus aculeatus* L.)、文竹(*Asparagus setaceus* Jessop)、天门冬(*Asparagus cochinchinensis* Merr.)等。

3)茎卷须　茎变态成卷须,多发生在叶腋,如黄瓜(*Cucumis sativus* L.)、南瓜(*Cucurbita moschata* Duch.)等。亦有些植物的茎卷须在生长后期的位置会发生扭转,如葡萄的茎卷须是由顶芽形成的,然后腋芽代替顶芽继续发育,向上生长,使茎成为合轴式生长,因而将茎卷须挤到与叶相对的位置上。

4)枝刺　由腋芽发育成具保护功能的刺,称为茎刺,如柑橘(*Citrus reticulata* Blanco)、山楂(*Crataegus pinnatifida* Bunge)、皂荚(*Gleditsia sinensis* Lam.)等。有些植物的刺是由表皮变成的,称为皮刺,如蔷薇(*Rosa* L.)、月季花(*Rosa chinensis* Jacq.)等。

(2)地下茎的变态

1)根状茎　匍匐生长于土壤中,外形很像根,但具有明显的节和节间,节上有鳞片状退化的叶,常呈膜状,其内方生有腋芽,可发育成地上枝或地下分枝,同时节上还有不定根,如芦苇(*Phragmitas communis* Trin.)、箬竹(*Indocalamus tessellatus* P. C. Keng)、白茅(*Imperata cylindrica* Beauv.)、鸢尾(*Iris tectorum* Maxim.)、姜(*Zingiber officinale* Rosc.)、莲(*Nelumbo nucifera* Gaertn.)的地下茎等,都有繁殖作用。

2)块茎　块茎实际上是节间短缩的地下茎的变态。取马铃薯(*Solanum tuberosum* L.)块茎观察,其上有顶芽,叶退化脱落后留有叶痕,其腋部是凹陷的芽眼,每个芽眼内有1至多个腋芽,所以块茎是茎的变态,有叶痕和芽眼处即为节,纵向两芽眼之间为缩短的节间。再观察马铃薯块茎的横切片并配合实物标本横切。注意它的内部结构:包括周皮、皮层、外韧皮部、形成层、木质部、内韧皮部和髓等,与基本茎一致。

3) 球茎　为球形或扁球形的肉质地下茎或半地下茎,节和节间明显,如荸荠(*Eleocharis dulcis* Trin. ex Hensch)、慈姑(*Sagittaria sagittifolia* L.)等。

4) 鳞茎　观察洋葱头纵剖标本,可见其圆盘状地下茎,节间极度缩短,顶端有一个顶芽,称鳞茎盘。上面着生许多层鳞叶,叶腋可生腋芽,如水仙(*Narcissus tazetta* subsp. *chinensis* Masam. & Yanagih.)、百合(*Lilium brownii* var. *viridulum* Baker)、大蒜(*Allium sativum* L.)等。

注意大蒜鳞茎与其他三种有所不同。大蒜根部的上方的茎为短缩茎,在其上方通常由多数肉质、瓣状的小鳞茎(通称蒜瓣)紧密地排列而成,外面被数层白色至带紫色的膜质鳞茎外皮。

每种变态茎选取一种代表植物,描述其变态茎的形态特点。

四、实训作业

根据实训课上观察到的植物根、茎的形态特征,填写表1-1。

表1-1　植物根、茎的形态特征

植物名称	根系类型	根变态类型	茎的外形	按茎的性质分类	根据生长习性分类	茎的分枝类型

五、思考题

(1) 如何区分平卧茎、匍匐茎、攀缘茎和缠绕茎?
(2) 为什么说合轴分枝是较为进化的?

项目三　被子植物叶的形态特征

一、实训目的

能够识别并用形态学术语阐述被子植物叶的形态特征和类型。

二、实训材料与用具

(1) 材料　校园及周边的植物。
(2) 用具　放大镜、剪枝剪等。

三、实训内容

叶的形态特征是鉴别植物种类的重要参考依据之一。叶多为薄的绿色扁平状，一般着生在茎节上。

(一) 叶序

植物叶在茎上排列的方式称为叶序，主要有互生、对生、轮生、簇生和基生。每个节上只着生一片叶为互生；每个节上相对着生两片叶为对生；每个节上着生三片以上的叶为轮生；多枚叶着生于一短缩茎上为簇生；多枚叶着生于茎基部近地面的茎上为基生。

观察并区分植物的叶序类型，每种叶序列举一种代表植物。

(二) 叶的组成

双子叶植物的叶一般由叶片、叶柄和托叶三部分组成，由这三部分组成的叶叫完全叶。缺少其中任何一部分时，就称不完全叶。禾本科植物的叶一般由叶片、叶鞘、叶舌、叶耳构成。叶鞘常包围在茎四周，具有支持叶片和保护幼茎的作用；叶舌位于叶片和叶鞘相连处的内侧，呈舌状的膜质片状物；叶耳一般位于叶鞘与叶片交界线的外缘。

每组学生各选取一种单子叶植物和一种双子叶植物，描述叶的组成。

(三) 叶的类型

1. 单叶和复叶

植物叶分为单叶和复叶。所谓单叶是指一个叶柄上只生一个叶片的叶；而复叶是指一个总叶柄或总叶轴上生有2至多个叶片的叶。因此，判断一个叶是单叶还是复叶，首先必须正确判定总叶柄。一般情况下，叶柄基部总会有托叶或腋芽，判断总叶柄就可根据托叶和腋芽来判断。方法是：从植物最前端的叶片开始，检查叶片基部，看是否有腋芽,如果有则为单叶,如响叶杨(*Populus adenopoda* Maxim.)、桃(*Prunus persica* Batsch)、梨(*Pyrus* L.)、丁香(*Syzygium aromaticum* Merr. et Perry.)、女贞(*Ligustrum lucidum* Ait.)、银杏(*Ginkgo biloba* L.)、梧桐(*Firmiana simplex* W. Wight)、玉兰(*Magnolia denudata* Desr.)等;若无则为复叶。再沿着此小叶着生的叶轴向下到达基部,观察此部位有无托叶或腋芽,如果有则此叶为一回复叶,如花生(*Arachis hypogaea* L.)、蚕豆(*Vicia faba* L.)、蔷薇(*Rosa* L.)、皂角(*Gleditsia sinensis*)、槐(*Sophora japonica* L.)等;如果没有,再依次向下追溯,那么,这个植物的叶就是多回复叶,如合欢(*Albizzia julibrissin* Durazz.)、南天竹(*Nandina domestica* Thunb.)等。

仔细观察各类植物,注意熟练掌握单叶和复叶的判断方法。

2. 复叶的类型

复叶又可分为羽状复叶、掌状复叶、三出复叶和单身复叶四种类型。

(1)羽状复叶　叶轴长,小叶排列在叶轴两侧呈羽毛状。根据羽状复叶顶端有一片小叶还是两片小叶,又可分为单(奇)数羽状复叶和双(偶)数羽状复叶,单(奇)数羽状复叶即羽状复叶顶端有一片小叶;双(偶)数羽状复叶即羽状复叶顶端有两片小叶。根据叶轴是否有分枝,以及分枝的次数,分为一回羽状复叶(奇数羽状复叶和偶数羽状复叶)、二回羽状复叶和多回羽状复叶。叶轴无分枝的为一回羽状复叶;分枝一次的为二回羽状复叶;分枝两次及以上的为多回羽状复叶,如刺槐(*Robinia pseudoacacia* L.)、月季花(*Rosa chinensis* Jacq.)、合欢(*Albizzia julibrissin* Durazz.)、南天竹(*Nandina domestica* Thunb.)。

(2)掌状复叶　所有小叶着生叶轴顶端,呈掌状,如七叶树(*Aesculus chinensis*)。

(3)三出复叶　叶轴上着生三片小叶。若三片小叶均在总叶柄顶端且无柄,称掌状三出复叶;若顶生小叶着生在总叶柄顶端,侧生小叶着生在总叶柄顶端以下,称羽状三出复叶。羽状三出复叶分为一回三出复叶(羽状三出复叶和掌状三出复叶)、二回三出复叶和三回三出复叶等。

(4)单身复叶　总叶柄顶端只有一片发达的小叶,两侧小叶已退化,总叶柄与顶生小叶连接处有关节,如柑橘(*Citrus reticulata* Blanco)等。

根据以上特点,鉴别羽状复叶、掌状复叶、三出复叶和单身复叶,每种类型各列举一种植物。

(四)叶形

叶形指叶片的整体形状,通常根据叶片的长宽比和叶片最宽处的位置来确定,可分为阔卵形、卵形、披针形、圆形、阔椭圆形、长椭圆形、倒阔卵形、倒卵形、倒披针形、线形、剑形。

叶片长宽相等(或长比宽大得很少):最宽处在近叶的基部为阔卵形,最宽处在叶的中部为圆形,最宽处在叶的先端为倒阔卵形。

叶片的长为宽的2倍或较少:中部以下最宽,向上渐狭,基部圆阔,整个叶片形如鸡蛋为卵形;最宽处在中部为阔椭圆形;最宽处在中部以上,是卵形的颠倒,为倒卵形。

叶片的长为宽的3~5倍:中部或中部以下最宽,向上渐狭,为披针形;最宽处在中部为椭圆形;中部以上最宽,向下渐狭,为倒披针形。

叶片的长为宽的5倍以上,且全叶的宽度接近相等,两侧边缘接近平行为条形。

有些植物的叶片不易确切显示其特征,常用复合名词来描述,如卵状披针形,是指叶片基本上是披针形兼有卵形的特征。有些叶片难以用以上名词描述其特征,常用形象的名称来说明,如鳞形、锥形、针形、心形、肾形、盾形、箭形、戟形、心形、倒心形、提琴形、匙形等。

(五)叶尖、叶基、叶缘和叶裂

1. 叶尖

叶片的最尖端。根据收缩程度及形态变化,植物叶尖的常见类型有渐尖、钝尖、锐尖、尾尖、芒尖、卷须状、凹形、倒心形等。

渐尖:叶片先端逐渐变尖,尖头延长而有内弯的边,如榆叶梅(*Amygdalus triloba* Ricker)等;钝尖:叶片先端钝圆或狭圆形,如冬青卫矛(*Euonymus japonicus* L.)等;锐尖:叶片先端突然变尖,尖头成锐角而有直边,如金樱子(*Rosa laevigata* Michx.)等;尾尖:叶片先端呈尾状延长,如郁李(*Prunus japonica* Thunb.)等;芒尖:叶片顶端突然变成长短不等、硬而直的钻状的尖头,如芒尖苔草(*Carex doniana* Spreng.)等;卷须状:叶片顶端变成螺旋状的或曲折的附属物,如豌豆(*Pisum sativum* L.)等;凹形:叶片先端稍凹入,如凹头苋(*Amaranthus blitum* L.)等;倒心形:叶尖具较深凹入,两侧各有1个圆形裂片,如酢浆草(*Oxalis corniculata* L.)等。

2. 叶基

叶片的基部。常见形状有耳垂形、箭形、心形、偏斜、楔形、戟形、圆形等。

耳垂形:叶基两侧各有一耳垂形的小裂片,如油菜(*Brassica campestris* L.);箭形:叶基深陷、两侧的裂片向下成箭状,如慈姑(*Sagittaria sagittifolia* L.);心形:叶柄连接处凹入,两侧各有1个圆形裂片,如番薯(*Ipomoea batatas* L.);偏斜:叶基两侧不对称,如秋海棠(*Begonia grandis* Dryand.);楔形:叶片自中部以下向基部两边逐渐变狭,状如楔子,如垂柳(*Salix babylonica* L.);戟形:叶基两侧的小裂片向外,如田旋花(*Convolvulus arvensis* L.);圆形:叶基呈半圆形,如苹果(*Malus pumila* Mill.)。

3. 叶缘

叶片边缘常有全缘叶,还有一些不同程度的锯齿、牙齿、波状(凹波或凸波)、重锯齿等。

锯齿缘:叶片周边具尖锐的齿,齿端向前呈锯齿状,如大麻(*Cannabis sativa* L.);牙齿缘:叶缘具尖锐的齿,齿端向外呈牙齿状,如秋牡丹(*Anemone hupehensis* var. *japonica* Bowles et Stearn);凹波缘:叶片周边的波缘全由凹波组成,如曼陀罗(*Dature Stramonium* L.);凸波缘:叶片周边的波缘全由凸波组成,如活血丹(*Glechoma longituba* Kupr.);重锯齿缘:叶片周边锯齿状,锯齿边缘又具锯齿,如棣棠(*Kerria japonica* DC.)。

4. 叶裂

叶片边缘有深浅与形状不一的凹陷(缺刻),两缺刻之间的叶片叫裂片,根据缺刻的深浅和裂片的排列方式,叶裂可分为掌状浅裂、掌状深裂、掌状全裂、羽状浅裂、羽状深裂、羽状全裂。叶片分裂深度不超过或接近叶片的1/2,称为浅裂;叶片分裂深度超过叶片的1/2,但未达中脉或叶片基部,称为深裂;叶片分裂几乎达到叶的主脉或叶片基部,则形成全裂叶。

(六)脉序的类型

根据较大叶脉的分支方式、走向和排列分布等,来确定脉序的类型。

1. 网状脉序

叶的主脉粗大,由主脉分出许多侧脉,侧脉再分细脉,彼此连成网状。大多数双子叶植物具网状脉。其又分为羽状网脉和掌状网脉两种。羽状网脉,即侧脉由中脉(主脉)两侧分出,排成羽毛状;掌状网脉,由叶基分出数条主脉,细脉连成网状。

2. 平行脉

叶脉近于平行排列。其又分为直出平行脉和横出平行脉。叶脉从叶片基部发出,其侧脉与中脉近于平行地到达叶片顶端,称直出平行脉,如玉米(*Zea mays* L.);先从叶片基部发出一条明显粗大、纵向的主(中)脉,再从中脉向两侧发出许多横向排列的侧脉,各侧脉近于平行的到达叶片边缘,称横出平行脉,如芭蕉(*Musa basjoo* Sieb. et Zucc.)。

3. 弧形脉

叶脉从叶基伸向叶端,呈弧状纵行,各脉距离在叶的中部较宽,向两端渐狭窄。

4. 射出脉

叶脉从叶基辐射而出,如棕榈(*Trachycarpus fortunei* H. Wendl.)。

5. 三出脉

在主脉基部两侧产生一对侧脉,这一对侧脉明显比其他侧脉发达。当三出脉中的一对侧脉不是从叶片基部生出,而是离开基部一段距离才生出时,则称为离基三出脉,如樟(*Cinnamomum camphora* Presl)。

6. 二叉脉

叶脉由叶基部向叶片顶端呈二叉分枝。

观察常见植物叶的形态特征,鉴别植物的叶形、叶尖、叶基、叶缘、叶裂、脉序等特点,每种类型各列举一种植物。

(七)叶的变态

1. 苞片和总苞

生于花下的变态叶,称苞片,一般较小,呈绿色,但亦有大型的可呈各种颜色,如叶子花、一品红。位于花序基部的许多苞片,称为总苞,如菊科植物。

2. 叶刺

由叶和托叶变态为刺状,如仙人掌类植物肉质茎上的刺、洋槐(*Robinia pseudoacacia* L.)、酸枣(*Ziziphus jujuba* var. *spinosa* Hu ex H. F. Chow)叶柄两侧的托叶刺都称为叶刺。

3. 叶卷须

由叶或叶的一部分变态为卷须,如豌豆(*Pisum sativum* L.)和野豌豆(*Vicia sepium* L.)羽状复叶先端的一些小叶片变成卷须,菝葜属植物的托叶变成卷须,都称叶卷须。

4. 鳞叶

叶特化或退化成鳞片状,如包在鳞芽外的芽鳞,百合(*Lilium brownii* var. *viridulum* Baker)、洋葱(*Allium cepa* L.)、大蒜(*Allium sativum* L.)、水仙(*Narcissus tazetta* subsp. *chinensis* Masam. et Yanagih.)等,它们鳞茎上的肉质肥厚叶片,称为鳞叶。

5. 捕虫叶

有些植物的叶变态成盘状或瓶状,为捕食小虫的器官,称为捕虫叶。具有捕虫叶的植物叫食虫植物,如猪笼草[*Nepenthes mirabilis* (Lour.) Druce]。

每种变态叶选取一种代表植物,描述其变态叶的形态特点。

四、实训作业

根据实训课上观察到的植物叶的形态特征,填写表1-2。

表1-2 植物叶的形态特征

植物名称	叶序	叶的组成	叶的类型	叶形	叶尖	叶基	叶缘	叶裂	脉序

五、思考题

(1)如何区分掌状全裂叶与掌状复叶、羽状全裂叶与羽状复叶?
(2)如何区分单生叶的枝条和羽状复叶?

项目四　被子植物花的形态特征

一、实训目的

(1)能够用形态学术语阐述被子植物花的形态特征。
(2)能够识别花、雄蕊、雌蕊、花冠的不同类型。
(3)学会用花程式和花图式表示花部的特征。

二、实训材料

校园及周边的植物。

三、实训内容

(一)花的组成及花的类型

被子植物的花是节间短缩适应于生殖的变态枝条,其上的花萼、花冠、雄蕊群、雌蕊群是变态叶。

花是由花柄、花托、花萼、花冠、雄蕊群、雌蕊群组成的。花萼一般呈片状,绿色,位于花的最外层;花瓣一般是片状,位于花萼内,具有鲜艳的颜色;花萼与花冠合称为花被,有保护雌蕊、雄蕊的作用。花被内是雄蕊群,雄蕊由花药和花丝构成;雄蕊群内是雌蕊群,雌蕊由柱头、花柱、子房构成。有些植物在萼片以外还有副萼。

按花的组成,花分为完全花和不完全花。由花萼、花冠、雄蕊群、雌蕊群组成的花为完全花;缺少一部分或几部分的花为不完全花。

按花被的组成,分为双被花、单被花和无被花。有花萼和花冠组成的花为双被花;只有其中一部分的花为单被花;两者都缺的花为无被花,又称裸花。

按雌蕊、雄蕊的发育情况,可分为两性花、单性花、中性花和杂性花。有雄蕊群和雌蕊群的花为两性花;只有其一的花为单性花(雌花或雄花);两者都缺的花称为无性花或中性花;一个花序中的花,有两性花,也有单性花或杂性花。

按花的对称方式,花分为辐射对称花、两侧对称花和不对称花。通过花的中心,有两个以上对称面的花为辐射对称花,辐射对称花又叫整齐花;有一个对称面的花为两侧对称花,又称不整齐花;没有对称面的花为不对称花。

任意选取一种植物,指出花的各部分名称;根据花的组成、花被的组成、雌雄蕊的发育、花的对称方式等,对所观察的花进行分类。

（二）花冠类型

通过对花的花瓣数目、离合状态、花冠筒长短和花冠裂片的形状特点观察,辨别花冠的类型。

(1) 十字形花冠　花瓣 4 枚大小相近,分离,上部外展成十字形排列,如油菜(*Brassica campestris* L.)。

(2) 蝶形花冠　花瓣 5 枚,分离,排成蝶形花冠,上面一瓣最大,位于外方,称为旗瓣;侧面 2 枚较狭小,称翼瓣;最下 2 枚最小,顶端合生,为龙骨瓣,如豌豆(*Pisum sativum* L.)。

(3) 蔷薇形花冠　花瓣 5 枚,分离,大小相近,辐射对称花,如蛇莓(*Duchesnea indica* Focke)。

(4) 管状(筒状)花冠　花瓣 5 枚,大部分合生呈管状,上部的 5 个花冠裂片向上伸展,如向日葵(*Helianthus annuus* L.)。

(5) 舌状花冠　花瓣 5 枚,基部合生成一短筒,上部宽大,向一侧伸展成扁平舌状,先端有 5 个小齿,如向日葵(*Helianthus annuus* L.)头状花序上的边花。

(6) 钟状花冠　花瓣 5 枚合生,花冠筒阔而稍短,上部稍扩大成一钟形,如南瓜(*Cucurbita moschata* Duch. ex Poiret)。

(7) 漏斗状花冠　花瓣 5 枚合生,花冠筒长,自基部逐渐向上扩大呈漏斗状,如牵牛(*Ipomoea nil* Roth)。

(8) 辐状(轮状)花冠　花瓣 5 枚合生,花冠筒短,裂片自基部向四周扩展,形如车轮,如番茄(*Solanum lycopersicum* L.)。

(9) 唇形花冠　花瓣 5 枚合生,基部有一细长花冠筒,上部花冠裂片呈二唇形,上面两裂片合生为上唇,下面三裂片合生为下唇,也有的植物是上唇三裂,下唇两裂,如一串红(*Salvia splendens* Ker Gawl.)。

（三）雄蕊类型

(1) 单体雄蕊　花丝下部连合成管状,包围在雄蕊外面,如锦葵科植物。

(2) 二体雄蕊　花丝分为两组,9 个连合,1 个分离,如豌豆(*Pisum sativum* L.)。

(3) 多体雄蕊　花丝连合成多束,如金丝桃(*Hypericum monogynum* L.)。

(4) 二强雄蕊　雄蕊多二长二短,如唇形科和玄参科植物。

(5) 四强雄蕊　雄蕊四长两短,如十字花科植物。

(6) 离生雄蕊　雄蕊等长且彼此分离,如蔷薇科植物。

(7) 聚药雄蕊　花丝分离,花药连合成筒状,包围在花柱上,如向日葵(*Helianthus annuus* L.)等菊科植物。

(8) 无柄雄蕊　雄蕊没有花丝,花药着生在花筒上,如丁香蒲桃(*Syzygium aromaticum* Merr. et Perry.)等。

（四）雌蕊类型

(1) 单雌蕊　由一个心皮向内折合形成雌蕊,如豆科植物。

(2) 离生雌蕊　由数个心皮形成彼此分离的雌蕊,如草莓(*Fragaria × ananassa*

Duch.)。

(3) 复雌蕊 由数个心皮相互连合形成的雌蕊,分三种情况:柱头、花柱分离,子房合生;柱头分离,花柱、子房合生;柱头、花柱、子房都合生。

(五) 子房着生位置

(1) 子房上位 子房只有基部与花托相连,又可分为子房上位下位花和子房上位周位花。子房上位下位花:花的其余部分着生在低于子房的花托上,如油菜(*Brassica campestris* L.)。子房上位周位花:花托或花筒凹形,花的其余部分着生在凹形花托或花筒边缘,如桃(*Prunus persica* Batsch)。

(2) 子房半下位 子房下半部与花托或花筒愈合,子房上半部花柱和柱头仍独立露出,花的其余部分着生在子房周围,如马齿苋(*Portulaca oleracea* L.)。

(3) 子房下位 整个子房埋于花托或花筒中且与其愈合,花的其余部分着生在子房上部,如葫芦(*Lagenaria siceraria* Standl.)。

(六) 胎座类型

一般胚珠在子房内心皮愈合处着生的部位叫胎座。根据心皮的数目、联结情况以及胚珠着生的部位等不同,形成边缘胎座、侧膜胎座、中轴胎座、特立中央胎座、基生胎座、顶生胎座等。

(1) 边缘胎座 单心皮雌蕊,子房一室,胚珠着生在心皮腹缝线上,如豆科植物。

(2) 侧膜胎座 多心皮一室,复雌蕊,胚珠沿相邻两心皮腹缝线成纵向排列,如罂粟(*Papaver somniferum* L.)。

(3) 中轴胎座 多心皮构成多室子房,心皮在中央处联合形成中轴,胚珠着生在中轴上,如苹果(*Malus pumila* Mill.)。

(4) 特立中央胎座 多心皮构成一室子房,可能是由中轴胎座演化而来的,隔膜、中轴的上部消失,但中轴下部仍然存在,胚珠着生在轴的周围,如石竹(*Dianthus chinensis* L.)。

(5) 基生胎座 子房一室,胚珠着生于子房基部,如向日葵(*Helianthus annuus* L.)。

(6) 顶生胎座 子房一室,胚珠着生于子房顶部,如桑(*Morus alba* L.)。

观察花的着生方式,指出所观察植物的花是单生还是形成花序,并区分其花序类型;观察花部的特征,指出所观察植物花的花冠类型、雄蕊类型、雌蕊类型、子房着生位置和胎座类型。

(七) 花程式和花图式

1. 花程式

花程式是把花的各部分用特定的字母来代表,通常用 K(或 Ca)代表花萼,C(或 Co)代表花冠,A 代表雄蕊群,G 代表雌蕊群,P 代表花被。花各部分的数目可用数字来表示,如果该部分缺少时就用"0"表示,数目多而不定数就用"∞"表示,并把它们写于代表各部分字母的右下角处。如果某部分具有一轮以上时,就用"+"来表示,如果某一部分的个体之间相互联合就用"( )"表示。在代表雌蕊的字母 G 下面加一道横线"$\underline{G}$",表示子房上位;在 G 上面加一道横线"$\overline{G}$",表示子房下位;上下各加一道横线"$\overline{\underline{G}}$",表示子房半下位。

同时在心皮数目的后面,用":"号隔开的数字表示子房室的数目;在子房室数目的后面,用":"号隔开的数字表示每个子房室胚珠的数目。

辐射对称花用"∗"表示,两侧对称花用"↑"表示;"♀"表示雌花,"♂"表示雄花,"⚥"表示两性花;书写在花程式的前边。

2. 花图式

花图式是把花的各部分用其横切面的简图表示其数目、离合、排列等。用一黑圆点表示花着生的花轴,用中央有一向外凸起的空心的弧线表示苞片,带有线条的弧线表示花萼。由于花萼的中脉明显,弧线的中央部分向外隆起凸出。实心的弧线表示花冠,雌蕊和雄蕊用子房或花药的横切面形状表示。并注意各部分的位置分离或联合。如为顶生花,则可不绘花轴。

在所观察的植物中,每组同学至少任选一种植物,分别用花程式和花图式表示其花的组成和特征。

四、实训作业

(1)根据实训课上观察到的植物花的形态特征,填写表1-3。
(2)任选实训中所观察的5种不同种植物花,分别用花程式和花图式表示其花的组成和特征。

表1-3　植物花的形态特征

植物名称	花的着生方式及花序类型	花冠类型	雄蕊类型	雌蕊类型	子房着生位置	胎座类型

五、思考题

(1)如何判断雌蕊心皮的数目?
(2)为什么说花是适应生殖的变态短枝?

项目五　被子植物花序的类型

一、实训目的

能够鉴别不同的花序类型。

二、实训材料

校园及周边的植物。

三、实训内容

单独着生茎顶端和叶腋的花叫单生花,花在总花柄上有规律的排列方式称为花序。着生花的花枝叫花序轴。按花序轴生长方式不同,花序可分为两大类:一类是花序轴可以不断生长,开花顺序从下到上、从外到内,这类花序叫无限花序;另一类是花序轴不再生长,开花顺序从上到下、从内到外,这类花序叫有限花序。

(一) 无限花序

无限花序是指花序轴下部或周围的花先开放,然后逐渐向上或向中心依次开放,花序轴可以继续生长。无限花序包括简单花序和复合花序。所谓简单花序是指花序轴没有分枝的花序,而复合花序是指花序轴有分枝的花序。

1. 简单花序

简单花序包括总状花序、柔荑花序、穗状花序、肉穗花序、伞形花序、伞房花序、头状花序和隐头花序。

(1) 总状花序　花柄大致等长,互生在较长的花序轴上,开花顺序自下而上,如油菜 (*Brassica campestris* L.)。

(2) 柔荑花序　柔软、下垂的花序轴上着生许多无柄的单性花,如杨 (*Populus* L.)。

(3) 穗状花序　一直立花序轴上着生许多无柄的两性花,如车前 (*Plantago asiatica* L.)。

(4) 肉穗花序　肥厚肉质的花序轴上着生多数无柄的单性花,如玉米 (*Zea mays* L.) 的雌花序。多数包有大型的佛焰苞片,也称佛焰花序。

(5) 伞形花序　花序轴极短,许多花从顶部一起生出,花柄等长,因而各花排列在一个圆弧面上,如葱 (*Allium fistulosum* L.)。

(6) 伞房花序　花序轴较短,花柄下长上短,花排列在同一平面上,如梨 (*Pyrus* L.)。

(7)头状花序 花轴极度短缩而膨大,呈头状或盘状,许多无梗的花着生在头状或盘状的花序轴上,如蒲公英(*Taraxacum mongolicum* Hand. -Mazz.)。

(8)隐头花序 花序轴顶部膨大,中间凹陷成囊状,许多花着生在囊状体内壁上,一般上部为雄花,下部为雌花,如无花果(*Ficus carica* Linn.)。

2. 复合花序

常见的复合花序有复总状花序、复穗状花序、复伞房花序、复伞形花序。

(1)复总状花序 每个分枝是一个总状花序,如女贞(*Ligustrum lucidum* Ait.)。

(2)复穗状花序 每个分枝是一个穗状花序,如小麦(*Triticum aestivum* L.)。

(3)复伞房花序 每个分枝是一个伞房花序,如石楠[*Photinia serratifolia* (Desf.) Kalkman]。

(4)复伞形花序 每个分枝是一个伞形花序,如胡萝卜(*Daucus carota* var. *sativa* Hoffm.)。

(二)有限花序

有限花序也叫聚伞花序,花序顶端或中央的花先成熟,先开放,然后逐渐向下或向外依次开放。花序主轴不能继续生长,而是由苞片腋部长出侧生花序继续生长。常见的有单歧聚伞花序、二歧聚伞花序、多歧聚伞花序、轮伞花序。

1. 单歧聚伞花序

主轴顶端先生一花,然后在顶花下面主轴一侧形成一侧枝,同样在枝端生花,下面再产生一侧枝,侧枝上又可分枝着生花朵如前,其后各花生长发育方式依次如前,所以整个花序是一个合轴分枝。第一朵顶花在花序轴上着生位比第二朵顶花高,但第二朵顶花的实际高度超过前者,其后各花依次如此,因此各花由上向下开放。如果各分枝在左、右两侧交替生出,状如蝎尾,这种聚伞花序叫蝎尾状聚伞花序,如委陵菜(*Potentilla chinensis* Ser.)的花序。如果各次分出的侧枝都向着一个方向生长,则称螺旋状聚伞花序,如附地菜[*Trigonotis peduncularis* (Trevis.) Benth. ex Baker & S. Moore]的花序。

2. 二歧聚伞花序

花序主轴的顶芽形成第一朵花,顶花下的主轴向着两侧各分生一枝,枝顶端的芽形成花,每枝再在两侧分枝,如此反复进行,如繁缕[*Stellaria media* (L.) Vill.]。

3. 多歧聚伞花序

花序主轴顶芽发育一花后,顶花下的主轴上又分出三个以上分枝,各分枝再以同样的方式形成花,如此反复形成的花序。

4. 轮伞花序

聚伞花序着生在对生叶的叶腋,花序轴及花梗极短,呈轮状排列,如一串红(*Salvia splendens* Ker Gawl.)。

四、实训作业

根据实训课上观察的植物花序类型,填写表1-4。

表 1-4　植物花的着生方式及花序类型

植物名称	花单生	花簇生	形成花序	花序类型	花序图片	备注

五、思考题

（1）如何辨别有限花序和无限花序？

（2）如何区分简单花序和复合花序？

项目六　被子植物果实的形态特征

一、实训目的

(1)能够用形态学术语阐述被子植物果实的形态特征。
(2)能够识别不同的果实类型。

二、实训材料

校园及周边的植物。

三、实训内容

(一)真果和假果

根据果皮的来源,果实可分为真果和假果。

(1)真果　仅由植物花的子房发育形成的果实叫真果。
(2)假果　有些植物的果实,除子房外,花的其他部分,如花萼、花托、花序轴等参与了果实的形成,这样的果实叫假果,如梨(*Pyrus* L.)。

(二)单果、聚合果和聚花果

根据果实是否由一朵花的单个雌蕊、多个雌蕊或花序发育而来的,可分为单果、聚合果和聚花果(复果)。

(1)单果　单果是一朵花中仅有一个雌蕊形成的,心皮数目一至多个。
(2)聚合果　聚合果是由一朵花中的离生心皮雌蕊发育而成的果实,每个心皮形成一个小果,许多的小果聚生在花托上。根据小果本身性质的不同分为聚合瘦果、聚合蓇葖果等。
(3)聚花果　聚花果(复果)是由整个花序形成的果实。如桑椹是由一个柔荑花序发育而来的,其上散生着多数单性花,每朵花有 4 萼片和 1 子房,子房成熟为小坚果,而萼片变为肉质多浆的结构,包围于小坚果之外。

(三)单果的类型

根据单果成熟后果皮性质不同,可分为干果和肉质果两类。

1.干果

果实成熟时果皮干燥,根据果皮开裂与否,又可分为裂果和闭果。

(1) 裂果　果实成熟后果皮开裂,根据心皮数目和开裂方式不同,可分为蓇葖果、荚果、角果、蒴果。

1) 蓇葖果　由单雌蕊子房发育而成,成熟时沿背缝线或腹缝线开裂,如梧桐 [*Firmiana simplex* (L.) W. Wight]、飞燕草 [*Consolida ajacis* (L.) Schur]、八角茴香 (*Illicium verum*)。

2) 荚果　由单雌蕊子房发育而成,成熟后沿果皮背缝线和腹缝线两边开裂,如豆科植物的果实。但是也有少数豆科植物的荚果是不开裂的,如紫荆 (*Cercis chinensis* Bunge)、刺槐 (*Robinia pseudoacacia* L.)、花生 (*Arachis hypogaea* L.) 等。

3) 角果　由两个心皮的复雌蕊子房发育而成,两心皮合生处形成假隔膜,成熟时果皮沿两侧腹缝线开裂,如十字花科植物的果实。根据果实长短不同,又有长角果和短角果之分,前者如萝卜 (*Raphanus sativus* L.)、油菜 (*Brassica campestris* L.),后者如荠菜 [*Capsella bursa-pastoris* (L.) Medik.]、独行菜 (*Lepidium apetalum* Willd.)。

4) 蒴果　由两个及以上心皮的复雌蕊子房形成,成熟时以多种方式(如背裂、腹裂、盖裂、孔裂等)开裂,如陆地棉 (*Gossypium hirsutum* L.)、曼陀萝 (*Datura Stramonium* L.)、木槿 (*Hibiscus syriacus* L.)、罂粟 (*Papaver somniferum* L.)、车前 (*Plantago asiatica* L.) 等。

(2) 闭果　果实成熟后,果皮不开裂,这类果实有瘦果、颖果、坚果、翅果、分果。

1) 瘦果　由单雌蕊或 2~3 个心皮合生的复雌蕊子房发育而成,子房一室,内含一粒种子,果皮与种皮分离,如向日葵 (*Helianthus annuus* L.)。

2) 颖果　由 2~3 个心皮的复雌蕊子房发育而成,子房一室,内含一粒种子,但果皮与种皮愈合,因此常将果实误认为种子,如竹类、水稻 (*Oryza sativa* L.)、小麦 (*Triticum aestivum* L.)、玉米 (*Zea mays* L.)。

3) 坚果　果皮坚硬,一室,内含一粒种子,果皮与种皮分离,如板栗 (*Castanea mollissima* Blume)、茅栗 (*Castanea seguinii* Dode) 等。

4) 翅果　果皮沿一侧、两侧或周围延伸成翅状,以适应风力传播,如槭树科植物、臭椿 [*Ailanthus altissima* (Mill.) Swingle]、榆 (*Ulmus pumila* L.) 等。

5) 分果　复雌蕊子房发育而成,成熟后各心皮分离,形成分离的小果,但小果果皮不开裂,如锦葵 (*Malva cathayensis* M. G. Gilbert Y. Tang & Dorr)、蜀葵 (*Alcea rosea* L.) 等。其他如伞形科植物的果实,成熟后分离为两个瘦果称为双悬果;唇形科和紫草科植物的果实成熟后分离为四个小坚果。

2. 肉质果

果皮或其他组成部分成熟后肉质多汁,常见的有浆果、柑果、核果、梨果、瓠果等。

(1) 浆果　由复雌蕊发育而成,外果皮薄,中果皮、内果皮肉质或有时内果皮的细胞分离成汁液状,如葡萄 (*Vitis vinifera* L.)、番茄 (*Solanum lycopersicum* L.)、柿 (*Diospyros kaki* Thunb.) 等。

(2) 柑果　由多心皮复雌蕊发育而成,果皮和中果皮无明显分界,或中果皮较疏松,并有很多维管束,内果皮形成若干室,向内生有许多肉质表皮毛,内果皮是主要食用部分,如柑橘 (*Citrus reticulata* Blanco)、柚 [*Citrus maxima* (Burm.) Merr.]、橙 [*Citrus sinensis* (L.) Osbeck] 等。

（3）核果 由单雌蕊或复雌蕊子房发育而成，外果皮薄膜质，中果皮肉质，内果皮骨质形成坚硬的壳，通常一粒种子，如桃[*Prunus persica*（L.）Batsch]、杏（*Prunus armeniaca* L.）、枣（*Ziziphus jujuba* Mill.）等。

（4）梨果 由下位子房的复雌蕊形成，花托强烈增大和肉质化并与果皮愈合，外果皮、中果皮肉质化而无明显界线，内果皮革质，如梨（*Pyrus* L.）、苹果（*Malus pumila* Mill.）等。

（5）瓠果 由下位子房的复雌蕊形成，花托与果皮愈合，无明显外、中、内果皮之分，果皮和胎座肉质化，如葫芦科植物的果实。

观察植物的果实特征，并鉴别果实的类型。

四、实训作业

根据实训课上观察到的植物果实的类型，鉴别果实的类型并填写表1-5。

表1-5 果实的类型

植物名称	真果/假果	单果/聚合果/聚花果	肉质果/干果	裂果/闭果	单果类型

五、思考题

（1）如何鉴别真果和假果，以及聚合果和聚花果？
（2）如何鉴别不同类型的单果？

项目七 植物种类鉴定、检索表的编制及使用

一、实训目的

(1)能够阐述被子植物分类的基本方法和步骤。
(2)能够运用形态学术语描述植物的形态特征。
(3)利用植物检索表和植物图鉴鉴定植物的种类。
(4)学会编制检索表。

二、实训材料与用具

(1)材料　油菜(*Brassica campestris* L.)、白萝卜(*Raphanus sativus* L.)、荠菜[*Capsella bursa-pastoris* (L.) Medik.]、碎米荠(*Cardamine occulta* Hornem.)等十字花科植物,广玉兰(*Magnolia grandiflora* Linn.)、鹅掌楸[*Liriodendron chinense* (Hemsl.) Sarg.]、含笑[*Michelia figo* (Lour.) Spreng.]等代表植物。

(2)用具　手术剪、尖镊子、解剖针、解剖镜、铅笔、检索表等。

三、实训内容

(一)植物的鉴定方法

1.植物的观察和特征描述

要对被鉴定植物的生长环境、植物体各部分特征做详细的观察和记录。一般由整体到局部,由宏观到微观,由外部到内部。各器官的观察顺序一般是,先看植物根、茎、叶的形态特征和花序类型,然后是植物花、果实和种子。主要观察、描述与该植物的分类有关的特征,特别是对花的各部分特征一定要观察清楚。

(1)习性　生长习性(旱生、水生、中生等)、生长周期等。
(2)根系　类型、形状、颜色、变态根等。
(3)茎　草木本、乔灌木、生长习性、分枝类型等;生长姿态、节、截面形状、变态茎等。
(4)叶　叶序类型(基生、轮生、对生、互生等)、叶柄、托叶、叶片(形状、大小、颜色、叶基、叶缘、叶先端、叶表面、叶脉、附属物等)、变态类型等。
(5)花　花的着生方式或花序类型,着生位置,花梗;花基数;对称类型;苞片;花被联合与否,花冠和花萼类型、个数、排列方式、形状、大小、颜色、宿存与否,有无副萼、副花冠等;雄蕊个数,着生位置,花药着生方式、开裂方式,花粉形状,多雄蕊的排列方式可观察

花蕾中花药的排列,也可在花丝基部横切所有雄蕊花丝再观察;雌蕊的个数、外形、心皮离生还是合生、心皮数;胎座类型、每子房室胚珠数目等;蜜腺的数目、形状、位置等。胎座类型和胚珠数目应分别观察子房的横切和纵切后再确定,胚珠的着生类型和胚珠的取向可观察子房的纵切。

在以上观察中,应注意根据观察部分的大小,选择用肉眼观察还是在低倍物镜或高倍物镜下观察。某些小型花的解剖操作应在解剖镜下进行。以观察盛开的花为宜。

(6)果实　类型、外形、颜色、大小等。先通过对子房、幼果和成熟果实的形态进行解剖和观察,判别果实的结构与来源;再通过对果实形态、果皮质地、成熟果皮是否开裂以及开裂的方式、种皮与果皮是否合生等进行观察与记录,判断果实类型。

(7)种子　类型、形状、大小、颜色、附属物等。

(8)其他　花果期、分布区、用途等。

关于如何描述植物,举例如下:白菜(*Brassica rapa* var. *glabra*)为二年生草本植物。单叶互生;基生叶的柄具有叶片下延的翅。总状花序,花黄色;萼片4;花瓣4;呈十字形花冠;雄蕊6;呈四强雄蕊(四长两短);雌蕊由2个合生心皮组成,子房上位;长角果具喙,成熟时裂成两瓣,中间具假隔膜,内含有多数种子。再根据检索表沿着门、纲、目、科、属、种的顺序进行检索。

2. 利用检索表鉴定植物

利用植物分类检索表鉴定植物。鉴定时,要根据观察到的特征,从头按次序逐项往下查检索表。在看相对的二项特征时,要看到底哪一项符合你要鉴定的植物特征,顺着符合的一项查下去,直到查出为止。因此,在鉴定的过程中,不允许跳过一项而去查另一项,因为这样特别容易发生错误。最终检索出该种植物的科名、属名、种名。

3. 核对

为了证明鉴定的结果是否正确,还应查找有关专著或有关的资料(如植物志、植物图鉴等)进行核对,看是否完全符合该科、该属、该种的特征,植物标本上的形态特征是否和书上的图、文一致。如果全部符合,证明鉴定的结论是正确的,否则还需再加以研究,直至完全正确为止。

(二)检索表的类型

目前广泛采用的检索表有两种类型,即定距检索表(等距检索表、不齐头检索表)与平行检索表(齐头检索表)。两种检索表所采用的植物特征是完全相同的,不同之处在于它们的编排方式上。现分别介绍如下:

1. 定距检索表

在这种检索表中,每一对两个相对立的特征编为相同的序号,并纵向相隔一定距离,且都书写在距书页左边同等距离的地方;每个分支的下边,又出现两个相对应的分支,再编写相同的序号,书写在较先出现的一个分支序号向右退一个字格的地方,这样如此往复下去,直到要编制的终点为止。例如高等植物分门定距检索表如下:

1. 植物无花,无种子,以孢子繁殖。
　　　　2. 小型绿色植物,结构简单,仅有茎、叶之分或有时仅为扁平的叶状体,不具真正的根和维管束。 ………………………………………………………… 苔藓植物门 Bryophyta
　　　　2. 通常为中型或大型草本,很少为木本植物,有根、茎、叶之分,并有维管束。 ………………………………………………………………………………… 蕨类植物门 Pteridophyta
　　1. 植物有花,以种子繁殖。
　　　　3. 胚珠裸露,不为心皮所包被 ………………………………… 裸子植物门 Gymnospermae
　　　　3. 胚珠被心皮构成的子房包被 ……………………………… 被子植物门 Angiospermae
　2. 平行检索表
　　在这种检索表中,每一对两个相对立的特征编写相同的编号,平行排列在一起,在每个分支的末尾,再编写出名称或序号。此名称为已查到对象的名称(中文名和学名);序号为下一步依次查阅的序号,并重新书写在相对应的分支之前。高等植物分门平行检索表如下：
　　1. 植物无花,无种子,以孢子繁殖。 ……………………………………………………… 2
　　1. 植物有花,以种子繁殖。 ………………………………………………………………… 3
　　2. 小型绿色植物,结构简单,仅有茎、叶之分或有时仅为扁平的叶状体,不具真正的根和维管束。 ………………………………………………………………… 苔藓植物门 Bryophyta
　　2. 通常为中形或大形草本,很少为木本植物,有根、茎、叶之分,并有维管束。 …… ………………………………………………………………………… 蕨类植物门 Pteridophyta
　　3. 胚珠裸露,不为心皮所包被 …………………………………… 裸子植物门 Gymnospermae
　　3. 胚珠被心皮构成的子房包被 ………………………………… 被子植物门 Angiospermae
　　这两种检索表在应用时各有优缺点,但目前采用最多的还是定距检索表。
　（三）检索表的编制
　　植物检索表是人们鉴别植物种类的检索工具,是根据法国学者拉马克的二歧分类原则,即非此即彼的原则来编制,也即把某群植物的同一关键特征,不同的相对性状(如是孢子繁殖还是种子繁殖；子叶1枚还是2枚等),用对比的方法逐步排列并进行分类,相对立的两个性状被编为同样的号码,将植物分为两类(如分为双子叶植物和单子叶植物两类),再把每类中的植物根据相对性状又分成相对的两类(如将双子叶植物又分为离瓣花和合瓣花两类),依次下去,直到编制的目标检索表的终点为止。为了便于使用,在各类分支的前边按其出现的先后顺序加上一定的顺序数字或符号,相对应的两类或两个分支前的顺序数字或符号应是相同的。
　　检索表编制的注意事项：
　　(1)首先要决定做分科、分属还是分种的检索表。并认真地观察和记录植物的特征,在掌握各种植物特征的基础上,列出相似特征和区别特征的比较表,同时要找出各种植物之间的突出区别,尽可能采用质量性状(有明显间断的性状),不使用数量性状。只要有2个以上需要鉴别的科、属或种,均可采用编制检索表的方式加以区别。
　　(2)在选择区别特征时,最好选用相反的特征。如单叶或复叶、木本或草本,或采用易于区别的稳定的性状,如花的结构,避免使用诸如叶的大小等不稳定的性状。

(3)采用的特征要明显。一定要采用植物自身的自然性状,不能使用植物的人为属性,如是否可食、所在科属等。

(4)检索表的编排号码。只能用两个相同的号码,不能用3个甚至4个相同的号码并排。

(5)有时,同一种植物,由于生长的环境不同,既有乔木,也有灌木,遇到这种情况时,在乔木和灌木的各项中都可编进去,这样就保证可以查到。

四、实训作业

(1)每位同学选取至少5种代表植物,观察并描述植物的形态特征;在解剖镜下解剖花、果并观察记载;然后查检索表,直到检索出种名;再利用《中国植物志》等工具书核对。把鉴定植物的具体过程记录下来。

(2)任选所观察的4~6种植物,编制定距检索表或平行检索表。

五、思考题

(1)植物检索表编制的原理是什么?

(2)用检索表鉴定植物时应注意的问题有哪些?

(3)比较平行检索表与定距检索表的异同点。

项目八　被子植物分科(一)

一、实训目的

(1)能够叙述木兰科、樟科、胡椒科、睡莲科、毛茛科、罂粟科、金缕梅科、杜仲科、桑科、胡桃科、壳斗科的主要特征。

(2)能够识别这些科的常见植物。

二、实训材料与用具

(1)材料　广玉兰(*Magnolia grandiflora* Linn.)、樟(*Camphora officinarum* Nees)、胡椒(*Piper nigrum* L.)、莲(*Nelumbo nucifera* Gaertn.)、牡丹(*Paeonia* × *suffruticosa* Andr.)、虞美人(*Papaver rhoeas* L.)、红花檵木(*Loropetalum chinense* var. *rubrum*)、杜仲(*Eucommia ulmoides* Oliv.)、桑(*Morus alba* L.)、胡桃楸(*Juglans mandshurica* Maxim.)、麻栎(*Quercus acutissima* Carruth.)等代表植物。

(2)用具　解剖针、镊子、放大镜、解剖镜、剪刀、刀片等。

三、实训内容

(一)木兰科

(1)本科概述　木兰科(Magnoliaceae)约有15属250多种,主要分布在东亚和北美。我国有11属130种,主要分布在华南和西南,以云南省分布最为集中。

(2)本科植物观察　取鹅掌楸[*Liriodendron chinense* (Hemsl.) Sarg.]、广玉兰(*Magnolia grandiflora* Linn.)、玉兰[*Yulania denudata* (Desr.) D. L. Fu]等植物,观察植物的形态特征,重点观察茎的类型、枝条上的环状托叶痕、花的着生方式、花的组成及其特征、果实的特点和类型等,总结本科的主要特征。

(3)本科主要特征　木本,枝条上有环状托叶痕;花单生,两性,花萼、花瓣不分,雌蕊、雄蕊多数且离生;聚合蓇葖果。

(二)樟科

(1)本科概述　樟科(Lauraceae)约有45属2500种,主要分布在热带和亚热带地区。我国有24属430多种,多产于长江流域及以南各省,尤以西南和华南最多。

(2)本科植物观察　取樟(*Camphora officinarum* Nees)等植物,观察茎的性质、叶上有无腺点、叶序类型、花序类型、花的组成、花被片数目、排列方式、花药开裂方式、果实类型等特征,总结本科的主要特征。

(3)本科主要特征　木本,有油腺;单叶互生,革质;花两性,3基数,轮状排列,花药瓣裂;浆果状核果,种子无胚乳。

(三)胡椒科

(1)本科概述　胡椒科(Piperaceae)有8~9属,近3100种,分布于热带、亚热带。我国有4属71种,产于西南部至东南部。

(2)本科植物观察　取胡椒(*Piper nigrum* L.)等植物,观察其主要特征,如茎的性质、生长习性、有无辛辣味、叶片脉序的特点、叶序类型、花的着生方式、花序类型、花有无花被、子房的位置、胎座类型、果实类型等。多观察本科几种植物,总结本科的主要特征。

(3)本科主要特征　叶常有辛辣味,具离基三出脉;花小,无花被;子房上位,1室1胚珠;核果。

(四)睡莲科

(1)本科概述　睡莲科(Nymphaeaceae)有8属,约100种。我国有5属13种,各省均产。

(2)本科植物观察　取莲(*Nelumbo nucifera* Gaertn.)、白睡莲(*Nymphaea alba* L.)、王莲[*Victoria amazonica* (Poepp.) Sowerby]等植物,观察植物的生长习性、根和茎的特点、叶的形状、花的着生方式、花托的特点、花萼和花冠的数目及形态、雄蕊的数目及特点、雌蕊的数目及心皮数目、心皮是否联合、子房和花托的相对位置、果实的形态及类型等特征,总结本科的主要特征。

(3)本科主要特征　水生草本,有根茎;叶心形至盾状,芽时内卷;花单生;花萼、花瓣与雄蕊逐渐过渡;雄蕊多数;雌蕊由2至多数心皮构成,分离或结合为多室子房;果实浆果状。

(五)毛茛科

(1)本科概述　毛茛科(Ranunculaceae)约有50属2000种,广布世界各地,多见于北温带及寒带。我国有39属750种,分布于全国各地。

(2)本科植物观察　取牡丹(*Paeonia* × *suffruticosa* Andr.)、芍药(*Paeonia lactiflora* Pall.)、毛茛(*Ranunculus japonicus* Thunb.)等植物,观察茎的类型、叶的类型、叶缘的特点、花的组成、雌雄蕊数目及排列方式、花托的形态、果实的形状及类型等特点,总结本科的主要特征。

(3)本科主要特征　草本,叶分裂或为复叶;花两性,雌、雄蕊多数离生,螺旋状排列于膨大的花托上;聚合瘦果或聚合蓇葖果。

(六)罂粟科

(1)本科概述　罂粟科(Papaveraceae)有25属300种,主产于北温带,少数产于中南美洲。我国有11属55种。

(2)本科植物观察　取虞美人(*Papaver rhoeas* L.)等植物,观察茎的类型、是否有乳汁、有无萼片、花瓣数目及排列方式、雄蕊数目及着生方式、子房与花托的相对位置、心皮数目、胎座类型、果实类型等,总结本科的主要特征。

(3)本科主要特征　植株有黄色、白色叶液;花萼早落;雄蕊多数,分离;子房上位,侧膜胎座;蒴果。

(七)金缕梅科

(1)本科概述　金缕梅科(Hamamelidaceae)有27属130余种,主产于亚洲的亚热带地区,少数产于北美、大洋洲及马达加斯岛。我国有17属约80种,集中分布于我国南部。

(2)本科植物观察　取红花檵木(*Loropetalum chinense* var. *rubrum*)、枫香(*Liquidambar formosana* Hance)、金缕梅(*Hamamelis mollis* Oliv.)等植物,观察茎的类型、植物体表是否有星状毛、叶序、叶的类型、花的组成、萼片数目、萼片合生还是离生、萼片是否与子房结合、子房与花托的相对位置、子房室数目、花柱是否脱落、果实特点及类型等,总结本科的主要特征。

(3)本科主要特征　木本,具星状毛;单叶互生;萼筒多少与子房结合,子房下位或半下位,2室,花柱宿存;蒴果木质化。

(八)杜仲科

(1)本科概述　杜仲科(Eucommiaceae)仅1属1种,为我国特有,原产于黄河以南,五岭以北各省,现分布于全国各地。

(2)本科植物观察　取杜仲(*Eucommia ulmoides* Oliv.),观察茎的类型、叶序类型、叶的组成、花的各部分组成及特点、果实类型等,总结本科的主要特征。

(3)本科主要特征　落叶乔木,单叶互生,无托叶。花单生,雌雄异株,无花被;翅果。

(九)桑科

(1)本科概述　桑科(Moraceae)约有69属1400种,主产于热带和亚热带。我国有18属164种,主产于长江流域以南各省。

(2)本科植物观察　取桑(*Morus alba* L.)、构树[*Broussonetia papyrifera*(L.)L'Hér. ex Vent.]、无花果(*Ficus carica* Linn.)等植物,观察茎的类型、叶序、叶的类型、是否有乳汁、花序类型、花的各部分组成及特点、雄蕊与萼片的数量和位置关系、子房的位置、果实类型等,总结本科的主要特征。

(3)本科主要特征　木本,单叶互生,常有乳汁;花小,单性,单被,集成各式花序;雄蕊与萼片同数对生;子房上位;聚花果。

(十)胡桃科

(1)本科概述　胡桃科(Juglandaceae)约有8属60种,分布于北半球。我国有7属25种。

(2)本科植物观察　取胡桃楸(*Juglans mandshurica* Maxim.)、胡桃(*Juglans regia* L.)、枫杨(*Pterocarya stenoptera* C. DC.)等代表植物,观察茎的类型、叶序类型、叶的类型、花单生簇生还是形成花序、花序类型、花的组成及特点、子房与花托的相对位置、子房室的数目、胎座的类型、胚珠的数目、果实的类型等,总结本科的主要特征。

(3)本科主要特征　落叶乔木,羽状复叶互生;花单性,单被;雄花柔荑花序;雌花单生或穗状,子房下位,1室1胚珠;核果或翅果。

(十一)壳斗科(山毛榉科)

(1) 本科概述　壳斗科(Fagaceae)约有 8 属 900 种,主产于热带及北半球的亚热带。我国有 6 属 300 种,分布于全国各地。

(2) 本科植物观察　取栓皮栎(*Quercus variabilis* Blume)、麻栎(*Quercus acutissima* Carruth.)、板栗(*Castanea mollissima* Blum)等植物,观察茎的类型、叶序的类型、叶的类型、叶的形状、脉序的类型、花的组成、花的着生方式、花序的类型、有无总苞、总苞的特点、果实的类型等,总结本科的主要特征。

(3) 本科主要特征　木本,单叶互生,羽状脉直达叶缘;雌雄同株,无花瓣;雄花呈柔荑花序;雌花 1~3 朵生于总苞中;坚果。

四、实训作业

(1) 列表比较木兰科、樟科、胡椒科、睡莲科、毛茛科、罂粟科、金缕梅科、杜仲科、桑科、胡桃科、壳斗科植物茎、叶、花和果实等器官的主要特征,并列出各科的代表植物。

(2) 写出以上各科植物的花程式。

五、思考题

(1) 在调查的植物中,还有哪些植物属于以上这些科?

(2) 如何鉴别植物的科、属、种?

项目九　被子植物分科(二)

一、实训目的

(1)能够叙述石竹科、苋科、藜科、蓼科、山茶科、锦葵科、葫芦科、杨柳科、十字花科、杜鹃花科、报春花科的主要特征。

(2)能够识别这些科的常见植物。

二、实训材料与用具

(1)材料　石竹(*Dianthus chinensis* L.)、苋(*Amaranthus tricolor* L.)、菠菜(*Spinacia oleracea* L.)、红蓼[*Persicaria orientalis* (L.) Spach]、山茶(*Camellia japonica* L.)、蜀葵(*Alcea rosea* L.)、黄瓜(*Cucumis sativus* L.)、垂柳(*Salix babylonica* L.)、油菜(*Brassica campestris* L.)、杜鹃(*Rhododendron simsii* Planch.)、点地梅[*Androsace umbellata* (Lour.) Merr.]等代表植物。

(2)用具　解剖针、镊子、放大镜、解剖镜、剪刀、刀片等。

三、实训内容

(一)石竹科

(1)本科概述　石竹科(Caryophyllaceae)约有70属2000种,广布于全世界,主产于温带和寒带。我国有27属300种,分布于全国各地。

(2)本科植物观察　取繁缕[*Stellaria media* (L.) Vill.]、石竹(*Dianthus chinensis* L.)等代表植物,观察茎的类型、茎的分枝方式、茎的节部特征、叶序、叶的类型、花的组成及其特点、雄蕊和花瓣之间的数量关系、胎座类型、果实类型等特点,总结本科的主要特征。

(3)本科主要特征　草本节膨大;单叶全缘对生;花两性,雄蕊5个或为花瓣的两倍;特立中央胎座;蒴果。

(二)苋科

(1)本科概述　苋科(Amaranthaceae)约有65属850种,分布于热带和温带。我国有13属50种,分布于全国各地。

(2)本科植物观察　取反枝苋(*Amaranthus retroflexus* L.)、鸡冠花(*Celosia cristata* L.)、土牛膝(*Achyranthes aspera* L.)等代表植物,观察茎的类型、叶序的类型、叶的类型、

叶的组成、花的组成、花被的质地及其与雄蕊的关系、构成雌蕊的心皮数目、胎座类型、子房与花托的相对位置、果实类型等特征,总结出本科的主要特征。

(3)本科主要特征　草本,单叶,无托叶;花小,单被,萼片干膜质;雄蕊与萼片同数对生;胞果,盖裂。

(三)藜科

(1)本科概述　藜科(Chenopodiaceae)约有102属1400种,广布于全世界,多生于海边和荒漠地区。我国有39属188种,以西部分布最多。

(2)本科植物观察　取菠菜(*Spinacia oleracea* L.)、藜(*Chenopodium album* L.)等代表植物,观察部位茎的类型、叶序的类型、叶的类型、叶的组成、花的组成、花被的质地及其与雄蕊的关系、构成雌蕊的心皮数目、胎座类型、子房与花托的相对位置、果实类型等特征。总结本科的主要特征,找出本科与苋科的异同点。

(3)本科主要特征　草本,常有粉粒;花小,单被,萼片草质;雄蕊与萼片同数对生;胞果,胚环形。

(四)蓼科

(1)本科概述　蓼科(Polygonaceae)约有32属1200种,广布于全世界,主产于北温带。我国有12属200种,多为杂粮作物、药用植物和田间杂草。

(2)本科植物观察　取红蓼[*Persicaria orientalis* (L.) Spach]、萹蓄(*Polygonum aviculare* L.)等代表植物,观察茎的类型、茎节部的特征、叶序的类型、叶的类型、叶的组成、花的组成、花被的质地、果实类型等特征,总结出本科的主要特征,找出与石竹科、藜科、苋科的异同点。

(3)本科主要特征　草本,节膨大;单叶全缘互生,有膜质托叶鞘;花两性,单被,萼片呈花瓣状;瘦果,常包于宿存花被中。

(五)山茶科

(1)本科概述　山茶科(Theaceae)约有28属700种,主要分布于东亚。我国有15属400种,广泛分布于长江流域及南部各省的常绿林中。

(2)本科植物观察　取山茶(*Camellia japonica* L.)等代表植物,观察茎和叶的类型、叶序的类型、叶的组成、叶的质地、花的组成及各部分特征、花的着生方式、子房与花托的相对位置、胎座类型、果实类型等特征,总结出本科的主要特征。

(3)本科主要特征　常绿木本;单叶互生,叶革质;花两性或单性,整齐,五基数;雄蕊多数;子房上位,中轴胎座;蒴果或浆果。

(六)锦葵科

(1)本科概述　锦葵科(Malvaceae)约有75属1000种,主要分布于温带和热带。我国有16属81种。

(2)本科植物观察　取蜀葵(*Alcea rosea* L.)、木槿(*Hibiscus syriacus* L.)、苘麻(*Abutilon theophrasti* Medicus)、陆地棉(*Gossypium hirsutum* L.)等代表植物,观察茎的类型、植物体表是否有毛、叶和叶序的类型、叶的组成、花的对称方式、花有无副萼、有无花萼和花冠、萼片或花瓣是合生还是离生、萼片或花瓣的排列方式、雄蕊类型及数目、雌蕊类型、心皮数目、子房与花托的相对位置、胎座类型、果实类型等特征,总结本科的主要特征。

(3) 本科主要特征　草本或灌木,体表常有星状毛;单叶互生,掌状脉,有托叶;花两性,整齐,5基数;常有副萼;雄蕊多数,单体雄蕊,花药一室;子房上位;蒴果或分果。

(七) 葫芦科

(1) 本科概述　葫芦科(Cucurbitaceae)约有100属800种,主产于热带和亚热带。我国有20属130种,另引种栽培7属30种。

(2) 本科植物观察　取黄瓜(*Cucumis sativus* L.)、西瓜(*Citrullus lanatus*)等代表植物,观察茎的类型、有无卷须、叶裂的排列方式、花的组成、雄蕊类型特征、雌蕊类型及心皮数目、子房和花托的相对位置、胎座类型、果实类型等特征,总结本科的主要特征。

(3) 本科主要特征　草质藤本,常具卷须,叶掌状分裂;花单性,雌雄异株或同株;雄蕊5枚,聚药雄蕊,花丝两两结合,一个分离;雌蕊由3心皮组成,下位子房;瓠果,具3个侧膜胎座。

(八) 杨柳科

(1) 本科概述　杨柳科(Salicaceae)约有3属450种,主产于北温带。我国有3属225种,分布于全国各地,许多种类为优良的造林数种。

(2) 本科植物观察　取垂柳(*Salix babylonica* L.)、毛白杨(*Populus tomentosa* Carrière)等代表植物,观察茎的类型、叶的类型及叶序的类型、花是否形成花序、有无花被、雌雄蕊的组成及特点、有无花盘或腺体、果实类型、种子上是否有毛,总结本科的主要特征。

(3) 本科主要特征　木本,单叶互生;雌雄异株,柔荑花序;无花被,有花盘或腺体;蒴果;种子有长毛。

(九) 十字花科

(1) 本科概述　十字花科(Cruciferae)约有375属3000种,主产于北温带。我国有96属410种,全国均有分布,常栽培做蔬菜和油料,部分种可药用和观赏。

(2) 本科植物观察　取油菜(*Brassica campestris.* L.)、诸葛菜[*Orychophragmus violaceus* (L.) O. E. Schulz]、蔊菜[*Rorippa indica* (L.) Hiern]、荠菜[*Capsella bursa-pastoris* (Linn.) Medic.]等植物,观察茎的类型、是否有特殊气味、花序类型、花冠类型、雄蕊类型、构成雌蕊的心皮数目、果实类型等特征,总结本科的主要特征。

(3) 本科主要特征　草本;常有辛辣味;总状花序;十字形花冠;四强雄蕊;角果,具假隔膜。

(十) 杜鹃花科

(1) 本科概述　杜鹃花科(Ericaceae)约有75属1350种,广布于全球,主产于温带和亚寒带。我国有20属700余种,以西南山区种类最丰富。

(2) 本科植物观察　取杜鹃(*Rhododendron simsii* Planch.)等代表植物,观察茎的类型、叶和叶序的类型、花的组成、花瓣是合生或离生、花冠类型、有无距等特征,总结本科的主要特征。

(3)本科主要特征 木本,单叶互生,革质,花冠合瓣,常呈坛状、钟状,花药顶孔开裂,稀纵裂,常具附属物(芒或距)。

(十一)报春花科

(1)本科概述 报春花科(Primulaceae)约有30属1000余种,广布于全球,尤以北半球为多。我国有11属700余种,全国均有分布。

(2)本科植物观察 取点地梅[*Androsace umbellata* (Lour.) Merr.]、报春花(*Primula malacoides* Franch.)等植物,观察茎的类型、花的组成、花瓣合生或离生、花冠裂片与雄蕊的数量关系、心皮数目、胎座类型、果实类型等特征,总结本科的主要特征。

(3)本科主要特征 草本,花5基数,花冠合瓣,雄蕊与花冠裂片同数而对生,心皮5枚,1室,特立中央胎座;蒴果。

四、实训作业

(1)列表比较石竹科、苋科、藜科、蓼科、山茶科、锦葵科、葫芦科、杨柳科、十字花科、杜鹃花科、报春花科植物茎、叶、花和果实等器官的主要特征,并列出各科的代表植物。

(2)写出以上各科植物的花程式。

五、思考题

(1)在调查的植物中,还有哪些植物属于以上这些科?

(2)在所调查的相同科植物中,它们的形态特征有哪些区别,分别属于哪个属?分属的依据是什么?

项目十 被子植物分科(三)

一、实训目的

(1)能够叙述蔷薇科、豆科、卫矛科、大戟科、鼠李科、葡萄科、无患子科、槭树科、漆树科、芸香科、伞形科的主要特征。

(2)能够识别这些科的常见植物。

二、实训材料与用具

(1)材料 月季花(*Rosa chinensis* Jacq.)、紫藤[*Wisteria sinensis* (Sims)Sweet]、冬青卫矛(*Euonymus japonicus* Thunb.)、乌桕[*Triadica sebifera* (Linnaeus)Small]、枣(*Ziziphus jujuba* Mill.)、栾树(*Koelreuteria paniculata* Laxm.)、鸡爪槭(*Acer palmatum* Thunb.)、黄栌(*Cotinus coggygria* var. *cinereus* Engl.)、花椒(*Zanthoxylum bungeanum* Maxim.)、天胡荽(*Hydrocotyle sibthorpioides* Lam.)等代表植物。

(2)用具 解剖针、镊子、放大镜、解剖镜、剪刀、刀片等。

三、实训内容

(一)蔷薇科

(1)本科概述 蔷薇科(Rosaceae)有4亚科,约有124属3300种。广布于全世界,北温带分布较多,南半球数量很少。我国有47属854种。

(2)本科植物观察 取珍珠梅[*Sorbaria sorbifolia* (L.) A. Braun]、月季花(*Rosa chinensis* Jacq.)、碧桃(*Prunus persica* 'Duplex')、枇杷[*Eriobotrya japonica* (Thunb.) Lindl.]等植物,观察叶序的类型、叶的类型、花部的组成及各部分特点、果实类型等特征,总结本科的主要特征。再观察比较以上4种植物,有无托叶、花托形状、子房与花托的相对位置、雌蕊类型、构成雌蕊的心皮数目、果实类型,总结出4亚科的特征。

(3)本科主要特征 叶互生,常有托叶;花两性,辐射对称,五基数,花托凸隆至凹陷;核果、梨果、聚合果或蓇葖果。

(二)豆科

(1)本科概述 豆科(Leguminosae)约有690属17000多种,广布于全世界。我国有150属1100多种,各省区均有分布。热带地区以木本的含羞草亚科和云实亚科为主,而温带地区则以草本的蝶形花亚科为主。

（2）本科植物观察　取含羞草（*Mimosa pudica* L.）、豌豆（*Pisum sativum* L.）、紫荆（*Cercis chinensis* Bunge）等代表植物,观察叶的类型、有无叶枕、花冠类型、雄蕊特点及类型、雌蕊特点及类型、心皮数目、果实类型,总结本科的主要特征以及3亚科之间的区别。

（3）本科主要特征　叶常为羽状复叶或三出复叶,有叶枕;花冠多为蝶形或假蝶形,雄蕊为二体、单体或分离,雌蕊由1心皮构成;果实为荚果。

（三）卫矛科

（1）本科概述　卫矛科（Celastraceae）约有40属400种,分布于热带至温带。我国有12属200余种。

（2）本科植物观察　取冬青卫矛（*Euonymus japonicus* Thunb.）、扶芳藤［*Euonymus fortunei* (Turcz.) Hand.-Mazz.］等植物,观察茎的类型、花的组成及颜色、萼片和花瓣的数目、花盘的特点、胎座类型、雌蕊的特点、种子的颜色及附属物等特征,总结本科的主要特征。

（3）本科主要特征　木本;花小形,常带绿色,4~5基数;花盘显著,子房1~5室,花柱短;种子具有鲜艳色彩的假种皮。

（四）大戟科

（1）本科概述　大戟科（Euphorbiaceae）约有300属8000多种,主要分布于热带。我国有66属360多种。

（2）本科植物观察　取乌桕［*Triadica sebifera* (Linnaeus) Small］、铁苋菜（*Acalypha australis* L.）等植物,观察植物体有无乳汁、叶的类型、叶的基部有无腺体、花的组成、胎座类型、果实类型等特征,总结本科的主要特征。

（3）本科主要特征　常具乳汁;单叶,基部常有2个腺体;花单性;蒴果3室。

（五）鼠李科

（1）本科概述　鼠李科（Rhamnaceae）有58属750种,分布于温带至热带。我国有14属130余种,主产于长江以南地区。

（2）本科植物观察　取枣（*Ziziphus jujuba* Mill.）、拐枣（*Hovenia acerba* Lindl.）等植物,观察植物体有无刺、叶序类型、花的组成和特点、萼片或花瓣的数目、雄蕊与花瓣的位置和数量关系、花盘的特点、胎座类型、心皮数目、柱头和花柱数目、果实类型等特征,总结本科的主要特征。

（3）本科主要特征　常具刺;单叶互生;花小,4~5基数,雄蕊与花瓣对生,花盘肉质;花柱2~4裂;核果、蒴果或翅果。

（六）葡萄科

（1）本科概述　葡萄科（Vitaceae）有12属700余种,多分布于热带至温带地区。

（2）本科植物观察　取乌蔹莓［*Causonis japonica* (Thunb.) Raf.］、葡萄（*Vitis vinifera* L.）等植物,观察茎的生长习性、卷须的特征、叶序类型、叶的组成、花部特征、萼片和花瓣的数目、雄蕊与花瓣的位置和数量关系、花盘的特点、子房和花托的相对位置、果实类型等特征,总结本科的主要特征。

(3)本科主要特征　藤本,具与叶对生卷须;叶互生,有托叶;花小,聚伞花序,4~5基数,雄蕊与花瓣同数对生,花盘杯状或分裂;子房上位;浆果。

(七)无患子科

(1)本科概述　无患子科(Sapinaceae)约有150属2000种,分布于亚热带和热带。我国有24属40种。在APGⅢ系统中无患子科还包含了槭树科和七叶树科的种类,共147属2215种,下设七叶树亚科、槭亚科、车桑子亚科和无患子亚科共4个亚科。

(2)本科植物观察　取栾树(*Koelreuteria paniculata* Laxm.)等植物,观察茎的性质、叶的类型、花的组成、萼片和花瓣的数目、花盘特点、假种皮的特点等特征,总结本科的主要特征。

(3)本科主要特征　乔木或灌木,常为羽状复叶;4~5基数,花盘发达;种子具假种皮,无胚乳。

(八)槭树科

(1)本科概述　槭树科(Aceraceae)有3属300余种,分布于北温带及热带山区。我国产2属,约200余种,南北各省均有分布。在APGⅢ系统中,槭树科作为无患子科的槭亚科。

(2)本科植物观察　取五角槭[*Acer pictum* subsp. mono (Maxim.) H. Ohashi]、鸡爪槭(*Acer palmatum* Thunb. in Murray)等植物,观察叶序类型、叶裂的形态特点、花的组成、花的对称形式、萼片和花瓣数目、雄蕊数目及特点、心皮数、果实类型等特征,总结本科的主要特征。

(3)本科主要特征　叶对生,掌状分裂;花4~5基数,雄蕊8,花辐射对称,心皮2,具翅的扁平分果。

(九)漆树科

(1)本科概述　漆树科(Anacardiaceae)约有60属600余种,分布于全球热带、亚热带。我国有16属54种,主要分布于长江以南各省。

(2)本科植物观察　取黄栌(*Cotinus coggygria* Scop.)等植物,观察茎的性质、是否含有树脂或乳汁、萼片或花瓣的数目、花盘的形状、心皮数目、果实类型等特征,总结本科的主要特征。

(3)本科主要特征　木本,含树脂或乳汁;花5基数,花盘环状或坛状;心皮1~5;核果。

(十)芸香科

(1)本科概述　芸香科(Rutaceae)约有150属1700种,分布于温带和热带。我国有29属150种。

(2)本科植物观察　取花椒(*Zanthoxylum bungeanum* Maxim.)、橘子(*Citrus reticulata* Blanco)、柚子[*Citrus maxima* (Burm) Merr.]等植物,观察茎的性质、茎上有无刺、叶的类型、叶上有无分泌结构、萼片或花瓣的数目、花盘的特点、果实类型等特征,总结本科的主要特征。

(3)本科主要特征　木本,茎常带刺;单身复叶或羽状复叶,叶片上常有透明油点;萼片、花瓣常 4~5 片,具明显花盘;柑果、浆果、蓇葖果或核果。

(十一)伞形科

(1)本科概述　伞形科(Umbelliferae)约 250 属 2000 多种,多产于北温带。我国有 57 属近 500 种,主要供蔬菜和药用。

(2)本科植物观察　取芹菜(*Apium graveolens* L.)、天胡荽(*Hydrocotyle sibthorpioides* Lam.)等植物,观察茎的性质、叶柄形态、萼片或花瓣数目、花序类型、果实类型等特征,总结本科的主要特征。

(3)本科主要特征　草本;叶柄基部成鞘状抱茎,伞形、复伞形花序,花 5 基数,双悬果。

四、实训作业

(1)列表比较蔷薇科、豆科、卫矛科、大戟科、鼠李科、葡萄科、无患子科、槭树科、漆树科、芸香科、伞形科植物茎、叶、花和果实等器官的主要特征,并列出各科的代表植物。

(2)列表比较蔷薇科 4 亚科的区别。

(3)编制检索表,以区分豆科 3 亚科。

(4)写出以上各科植物的花程式。

五、思考题

(1)在调查的植物中,还有哪些植物属于以上这些科?

(2)在所调查的相同科植物中,它们的形态特征有哪些区别,分别属于哪个属?分属的依据是什么?

项目十一　被子植物分科(四)

一、实训目的

(1)能够叙述茄科、旋花科、唇形科、木犀科、玄参科、茜草科、忍冬科、菊科、冬青科、小檗科的主要特征。
(2)能够识别这些科的常见植物。

二、实训材料与用具

(1)材料　辣椒(*Capsicum annuum* L.)、打碗花(*Calystegia hederacea* Wall. in Roxb.)、一串红(*Salvia splendens* Ker Gawl.)、金钟花(*Forsythia viridissima* Lindl.)、阿拉伯婆婆纳(*Veronica persica* Poir.)、栀子(*Gardenia jasminoides* J. Ellis)、金银花(*Lonicera japonica* Thunb.)、万寿菊(*Tagetes erecta* L.)、枸骨(*Ilex cornuta* Lindl. & Paxton)、紫叶小檗(*Berberis thunbergii* 'Atropurpurea')等代表植物。
(2)用具　解剖针、镊子、放大镜、解剖镜、剪刀、刀片等。

三、实训内容

(一)茄科

(1)本科概述　茄科(Solanaceae)约有85属3000种,广布于温带、亚热带和热带,南美洲种类最多。中国有24属约115种,南北各地都有分布。
(2)本科植物观察　取番茄(*Solanum lycopersicum* L.)、辣椒(*Capsicum annuum* L.)、茄子(*Solanum melongena* L.)、烟草(*Nicotiana tabacum* L.)、矮牵牛[*Petunia hybrida* (Hook.) E. Vilm.]等植物,观察花的组成及特点、花冠类型、花萼是否脱落、雄蕊数目、雄蕊着生位置、花药的开裂方式等特征,总结本科的主要特征。
(3)本科主要特征　花萼宿存,花冠轮状,雄蕊5个,着生于花冠基部,并与之互生,花药常孔裂。

(二)旋花科

(1)本科概述　旋花科(Convolvulaceae)约有50属1500余种,多数产于美洲和亚洲的热带和亚热带。我国有22属125种。
(2)本科植物观察　取圆叶牵牛[*Ipomoea purpurea* (L.) Roth]、打碗花(*Calystegia*

hederacea Wall. in Roxb.)、甘薯[*Dioscorea esculenta*（Lour.）Burkill]等植物,观察茎的生长习性、植物体是否有乳汁、花冠类型、果实类型等特征,总结本科的主要特征。

（3）本科主要特征　茎缠绕,具乳汁,花冠漏斗状,蒴果。

（三）唇形科

（1）本科概述　唇形科(Labiatae)约有220属3500余种,广布于全世界。我国约有99属800余种,全国均有分布。

（2）本科植物观察　取一串红(*Salvia splendens* Ker Gawl.)、紫苏[*Perilla frutescens*(L.) Britt.]等植物,观察茎的性质、茎的形状、叶序类型、花冠类型、雄蕊类型、心皮数目、果实类型等特征,总结本科的主要特征。

（3）本科主要特征　茎四棱,单叶对生,花冠唇形,二强雄蕊,心皮2个,4个小坚果。

（四）木犀科

（1）本科概述　木犀科(Oleaceae)约30属600种,广布于温带和热带地区。我国有12属200种,南北各省均有分布。

（2）本科植物观察　取木樨[*Osmanthus fragrans*（Thunb.）Loureiro]、金钟花(*Forsythia viridissima* Lindl.)、迎春花(*Jasminum nudiflorum* Lindl.)等植物,观察茎的性质、叶序类型、花的组成、花的对称方式、雄蕊数目、子房位置、胎座类型等特征,总结本科的主要特征。

（3）本科主要特征　木本;叶对生;花4基数,整齐,雄蕊2,子房上位,2室。

（五）玄参科

（1）本科概述　玄参科(Scrophulariaceae)有200余属约3000种,广布于世界各地。我国有54属约600种,分布于南北各地,主产于西南。

（2）本科植物观察　取地黄[*Rehmannia glutinosa*（Gaert.）Libosch. ex Fisch. et Mey.]、阿拉伯婆婆纳(*Veronica persica* Poir.)、通泉草[*Mazus pumilus*（Burm. f.）Steenis]等植物,观察茎的性质、植物体是否被毛、叶序类型、花的组成及对称方式、花冠类型、雄蕊类型、心皮数目、子房室数目、胎座类型、果实类型等特征,总结本科的主要特征。

（3）本科主要特征　草本,稀木本并具星状毛;叶对生;花两侧对称;花冠二唇形,二强雄蕊,2心皮,2室,中轴胎座;蒴果。

（六）茜草科

（1）本科概述　茜草科(Rubiaceae)约有450属5000多种,广布于全球热带和亚热带,少数产于温带。我国有70余属450余种,多数产于西南和东南。

（2）本科植物观察　取栀子(*Gardenia jasminoides* J. Ellis)、茜草(*Rubia cordifolia* L.)等植物,观察叶的组成、叶的类型、叶序类型、叶缘特征、托叶是否脱落、花的组成、萼片或花瓣数目、子房位置、胎座类型、子房室数目、果实类型等特征,总结本科的主要特征。

（3）本科主要特征　单叶,对生或轮生,常全缘;托叶2,宿存;花4或5基数,子房下位,1至数室,常2室,核果。

（七）忍冬科

（1）本科概述　忍冬科(Caprifoliaceae)约有14属400余种,主产于北半球。我国有

12 属 200 余种,分布于南北各省区。

(2)本科植物观察　取金银花(*Lonicera japonica* Thunb.)等植物,观察叶序类型、叶的组成、花的组成和对称方式、萼片或花瓣数目、子房位置、胎座类型等特征,总结本科的主要特征。

(3)本科主要特征　叶对生,无托叶;花 5 基数,辐射或两侧对称,子房下位,常 3 室。

(八)菊科

(1)本科概述　菊科(Asteraceae)是被子植物最大的一个科,有 1000 多属,3 万余种,广布于全世界。我国有 200 多属,2000 余种,可分为管状花亚科和舌状花亚科。

(2)本科植物观察　取万寿菊(*Tagetes erecta* L.)、百日菊(*Zinnia elegans* Jacq.)、蒲公英(*Taraxacum mongolicum* Hand.-Mazz.)等植物,观察茎的性质、花序类型、花冠类型、雄蕊类型、果实类型及其附属物等特征,总结本科的主要特征。

(3)本科主要特征　草本,头状花序,聚药雄蕊,瘦果顶端带冠毛或鳞片。

(九)冬青科

(1)本科概述　冬青科(Aquifoliaceae)有 4 属 400～500 种,其中绝大部分种为冬青属,分布中心为热带美洲和热带至暖带亚洲。我国产 1 属,约 204 种,以西南地区最盛。冬青科主要分布于长江流域以南各省区,最北达秦岭南坡,为我国南方常绿阔叶林中常见的树种。

(2)本科植物观察　取冬青(*Ilex chinensis*)、枸骨(*Ilex cornuta* Lindl. & Paxton)等植物,观察茎的性质、叶序和叶的类型、叶缘是否有刺、有无托叶、花的组成及对称方式、花被的排列方式、子房位置、心皮数、果实类型等特征,总结本科的主要特征。

(3)本科主要特征　乔木或灌木;单叶,互生,稀对生或假轮生,叶片通常革质、纸质,稀膜质,具锯齿、腺状锯齿或具刺齿,或全缘,具柄;托叶无或小,早落。花小,辐射对称,单性,稀两性或杂性,雌雄异株,稀单生;花萼 4～6 片,覆瓦状排列,宿存或早落;花瓣 4～6,分离或基部合生,通常圆形,或先端具 1 内折的小尖头,覆瓦状排列;雄蕊与花瓣同数,且与之互生;子房上位,心皮 2～5,合生,2 至多室;果通常为浆果状核果。

(十)小檗科

(1)本科概述　小檗科(Berberidaceae)有 17 属 650 种,主产于北温带和亚热带高山地区。中国有 11 属,约 320 种。

(2)本科植物观察　取紫叶小檗(*Berberis thunbergii* 'Atropurpurea')、南天竹(*Nandina domestica* Thunb.)、十大功劳[*Mahonia fortunei* (Lindl.) Fedde]等植物,观察茎的性质、有无刺、叶序类型、叶的类型、花序类型、花的组成及各部分特点、雄蕊与花瓣的数量和位置关系、子房位置、胎座类型、果实类型等特征,总结本科的主要特征。

(3)本科主要特征　灌木或多年生草本,稀小乔木,茎具刺或无。叶互生,稀对生或基生,单叶或 1～3 回羽状复叶。花序顶生或腋生,花单生、簇生或组成总状花序,穗状花序、伞形花序、聚伞花序或圆锥花序;花两性,辐射对称,花被通常 3 基数,偶 2 基数,稀缺如;萼片 6～9,常花瓣状,离生,2～3 轮;花瓣 6,扁平,盔状或呈距状,或变为蜜腺状,基部有蜜腺或缺;雄蕊与花瓣同数而对生,花药 2 室,瓣裂或纵裂;子房上位;基生或侧膜胎座;浆果、蒴果、蓇葖果或瘦果。

四、实训作业

(1)列表比较茄科、旋花科、唇形科、木犀科、玄参科、茜草科、忍冬科、菊科、冬青科、小檗科植物茎、叶、花和果实等器官的主要特征,并列出各科的代表植物。

(2)写出以上各科植物的花程式。

五、思考题

(1)在调查的植物中,还有哪些植物属于这些科?

(2)在所调查的相同科植物中,它们的形态特征有哪些区别,分别属于哪个属?分属的依据是什么?

项目十二　被子植物分科(五)

一、实训目的

(1)能够叙述泽泻科、棕榈科、天南星科、莎草科、禾本科、姜科、百合科、兰科的主要特征。

(2)能够识别这些科的常见植物。

二、实训材料与用具

(1)材料　泽泻(*Alisma plantago-aquatica* L.)、棕榈[*Trachycarpus fortunei* (Hook.) H. Wendl.]、白鹤芋(*Spathiphyllum kochii* Engl. et Krause)、莎草(*Cyperus rotundus* L.)、黑麦草(*Lolium perenne* L.)、姜(*Zingiber officinale* Roscoe)、萱草[*Hemerocallis fulva* (L.) L.]、蝴蝶兰(*Phalaenopsis aphrodite* Rchb. f.)等代表植物。

(2)用具　解剖针、镊子、放大镜、解剖镜、剪刀、刀片等。

三、实训内容

(一)泽泻科

(1)本科概述　泽泻科(Alismataceae)约13属90种,广布于全球。我国有5属13种,南北均产。

(2)本科植物观察　取泽泻(*Alisma plantago-aquatica* L.)、慈姑(*Sagittaria trifolia* var. *sinensis* Sims)等植物,观察其生活环境、茎的性质、花的组成及特点、花在花序轴上的排列方式、花序类型等特征,总结本科的主要特征。

(3)本科主要特征　水生或沼生草本,花轮状排列于花序轴上,外轮花被呈萼状。

(二)棕榈科

(1)本科概述　棕榈科(Palmae)约215属2500余种,分布于热带和亚热带,以热带美洲和热带亚洲为分布中心。我国有22属60余种,主要分布于南部至东南部省,多为重要纤维、油料、淀粉及观赏植物。

(2)本科植物观察　取棕榈[*Trachycarpus fortunei* (Hook.) H. Wendl.]等植物,观察茎的性质、茎的分枝类型、叶的组成、叶的基本形态、花序的类型、花的组成等特征,总结本科的主要特征。

(3)本科主要特征　木本,树干不分枝,大型叶丛生于树干顶部,肉穗花序具佛焰状总苞,花 3 基数。

(三)天南星科

(1)本科概述　天南星科(Araceae)约有 115 属 1800 种,主要分布于热带和亚热带。我国有 35 属 206 种(包括栽培植物),主要分布于南方。

(2)本科植物观察　取白鹤芋(*Spathiphyllum kochii* Engl. et Krause)、海芋[*Alocasia odora*(Roxburgh) K. Koch]等植物,观察茎的性质、有无汁液、汁液有无气味、花序类型、花序外总苞的形态等特征,总结本科的主要特征。

(3)本科主要特征　多年生草本,肉穗花序,花序外或花序下具有 1 片佛焰苞。

(四)莎草科

(1)本科概述　莎草科(Cyperaceae)约有 96 属 9000 多种,广布于世界各地。我国有 31 属 670 多种,其中许多为农田杂草。

(2)本科植物观察　取莎草(*Cyperus rotundus* L.)等植物,观察茎的类型、茎的形状、叶的排列方式、叶鞘特征、花被特征、花序类型、果实类型等特征,总结本科的主要特征。

(3)本科主要特征　草本,茎常三棱形,实心,叶常 3 列,叶鞘闭合;花被退化,小穗组合成各种花序;小坚果。

(五)禾本科

(1)本科概述　禾本科(Gramineae)是被子植物中的大科之一,有 750 多属,12000 多种,遍布全世界。禾本科是经济价值最高的科,如稻(*Oryza sativa* L.)、麦(*Triticum aestivum* L)、玉米(*Zea mays* L.)、小米(*Setaria italica*)、高粱[*Sorghum bicolor*(L.) Moench]等是人类的主要粮食作物。本科分为禾亚科和竹亚科。

(2)本科植物观察　取芦苇[*Phragmites australis*(Cav.) Trin.]、黑麦(*Secale cereale* L.)、早园竹(*Phyllostachys propinqua* McClure)等植物,观察茎的形状、内部是否中空、叶的排列、叶鞘特征、花序的类型等特征,总结本科的主要特征。

(3)本科主要特征　秆圆柱形,节间常中空。叶 2 列,叶鞘边缘分离而覆盖;由小穗组成种花序。

(六)姜科

(1)本科概述　姜科(Zingiberaceae)约有 50 属 1000 余种,广布于热带及亚热带地区。我国约有 17 属 110 种,主要分布于西南至东部。

(2)本科植物观察　取姜(*Zingiber officinale* Roscoe)等植物,观察茎的性质、是否有气味、叶鞘特征、叶舌特征、花被特征、雄蕊个数等特征,总结本科的主要特征。

(3)本科主要特征　多年生草本,通常有香气,叶鞘顶端有明显的叶舌,外轮花被与内轮区别明显,具发育雄蕊 1 枚和通常呈花瓣状的退化雄蕊。

(七)百合科

(1)本科概述　百合科(Liliaceae)有 200 多属 2800 多种,广布于世界各地,尤以温带和亚热带最多。

(2)本科植物观察 取萱草[*Hemerocallis fulva*(L.)L.]、葱(*Allium fistulosum* L.)等植物,观察叶的类型及特征、花被片数目及排列、雄蕊个数及排列、胎座类型、子房室数目、心皮数目、果实类型等特征,总结本科的主要特征。

(3)本科主要特征 单叶;花被片6片,排列成两轮,雄蕊6枚与之对生,子房3室;果实为蒴果或浆果。

(八)兰科

(1)本科概述 兰科(Orchidaceae)是种子植物第二大科,约有700属20000种,广布于热带、亚热带与温带地区,尤以南美洲与亚洲的热带地区最多;我国约有150属1000余种,主要分布于长江流域和以南各省,西南部和台湾尤盛。

(2)本科植物观察 取蝴蝶兰(*Phalaenopsis aphrodite* Rchb. f.)、建兰(*Cymbidium ensifolium* L.)等植物,观察茎的性质、花的对称方式、花被片的形态及排列、合蕊柱的形态、雄蕊个数及特征、雌蕊特征、子房位置、种子的特征等,总结本科的主要特征。

(3)本科主要特征 草本,花两侧对称,形成唇瓣,雄蕊和雌蕊结合形成合蕊柱,雄蕊1或2,花粉结合成花粉块,子房下位,种子微小。

四、实训作业

(1)列表比较泽泻科、棕榈科、天南星科、莎草科、禾本科、姜科、百合科、兰科植物茎、叶、花和果实等器官的主要特征,并列出各科的代表植物。

(2)写出以上各科植物的花程式。

五、思考题

(1)在调查的植物中,还有哪些植物属于这些科?

(2)在所调查的相同科植物中,它们的形态特征有哪些区别,分别属于哪个属?分属的依据是什么?

项目十三　植物标本的采集、制作和保存

植物标本主要有两种：一种是腊(xī)叶标本，一种是浸渍标本。腊叶标本是指将新鲜的植物材料干燥后制成的干标本，又称压制标本，通常是将新鲜的植物材料用吸水纸压制使之干燥后装订在台纸(一种白色硬纸)上制成的标本。藻类、苔藓类、小型蕨类、小型草本植物或木本植物的部分枝条，都适用腊叶标本制作方法。浸制标本是指将新鲜的植物材料放入化学溶液中制成的标本。浸渍标本可分为防腐性浸渍标本和原色浸渍标本。常用的浸渍标本为防腐性浸渍标本。

一、实训目的

(1)学会采集、制作和保存腊叶标本及浸渍标本的方法。
(2)了解制作标本的意义。

二、实训材料与用具

用具包括标本夹、捆扎带、采集记录本(采集记录纸)、采集袋、吊牌、解剖刀、GPS、旧报纸、草纸、修枝剪、高枝剪、小铲子、解剖刀片、塑料袋、照相机、加热器等。各用具用途如下：
(1)标本夹用于压制标本，应用较普遍的是木质标本夹。
(2)捆扎带用来捆扎木质标本夹。
(3)修枝剪用来采集标本。
(4)高枝剪用来剪取树冠标本。
(5)小铲子用来从土壤中挖出草本植物根、根状茎等。
(6)吊牌可以记录标本号数等信息。一般用硬纸裁剪成长方形的小纸片，大小是2 cm×1 cm，一端拴上白线。如图1-1所示。
(7)采集记录本用来记录标本(图1-2)。
(8)采集袋一般是塑料袋，用来放置采集的植物材料。
(9)解剖刀片用来解剖花或果实。
(10)照相机用于标本的拍照，能有效获取和保留植物的形态特征、生境状况等信息。

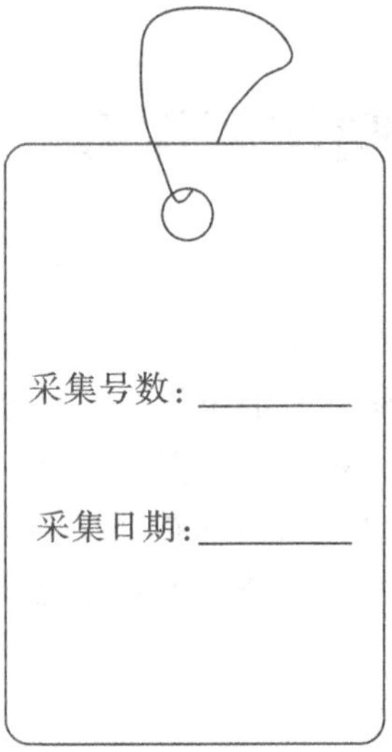

图 1-1　吊牌　　　　　　　　　图 1-2　植物标本采集记录本

三、实训内容

(一)腊叶标本的采集与制作

1. 修整植物

要尽量选择具备营养器官和生殖器官的完整植株做标本。采集草本、灌木等小型植物标本时,一定要采集根;乔木和灌木标本需要采集带有花或果的营养枝;雌雄异株的植物,要分别采集雄株和雌株标本;采集寄生植物时,要同时采集寄主植物;具地下根茎、块茎、鳞茎、块根的植物应挖出地下部;对于极小的标本,可用餐巾纸直接压制。采集乔木标本,可以剥取一小块树皮,以利于鉴定。标本的长度一般在 35~40 cm,宽度在 25 cm 左右。采集后,去掉泥污,挂好标签,将采集记录补充完整。

在吸水纸上将标本整形,使标本的枝、叶、果和花展开平放,避免重叠,注意使少部分叶的背面向上。尽量使标本既保持自然状态,又看上去很美观。较小标本可直接压制;大型标本则应进行折叠处理,形状可为"V""N"或"W"字形,最长段一般为 35 cm 左右,尽量保留有花、果部分;弹性较大的植物(禾本科、莎草科植物等),在对其进行造型处理时,可用夹子或回形针等固定其折角;叶片较大的可留任意半侧,或将标本拆分为几份,标本编号使用同样的编号,但各部分需标上"A""B""C"等用以区分;对一些不便压制的浆果、块茎、块根,则应进行浸制保存。

对肉质多浆植物,须用开水将其烫死;同时,可用刀等工具对其肉汁部分进行处理,利于其干燥;对于一些易落叶的植物,也可用开水烫后再压制;肉质变态器官烫后宜用解剖刀将肉质部分分割开再进行压制。

野外采集必须在野外记录笺上做现场记录,要将植物的俗名、用途、生态环境(林内、山坡、山谷、水中、岩石上等)、习性(乔木、灌木、草本、直立、攀缘、缠绕、寄生等)、海拔、形态(叶、花和果的形态)、颜色与气味、乔木的胸径(专指乔木的高处的直径)等记录下来。野外记录的同时也要对每份标本进行编号,标本上的号签和野外记录笺上必须一致,这样可按号签查找野外记录。同一地点、时间内采集的同种标本,一般要采集2~3份,可编同一号数。不同地点、时间采集的同一种植物标本,应分别编不同的号,每份标本都应拴上各自号签,以免出错。

2. 压制

压制的目的是使标本干燥、平整和定形。标本整形后应压入带有吸水草纸或者报纸的标本夹内。标本夹底层先放一定厚度的干燥吸水纸或瓦楞纸(图1-3),再将标本展开,标本的枝叶须按一定的角度和位置平展,避免重叠,在同一面上的叶片应正反面均有。铺平标本后,再在其上铺压数层干燥吸水纸,如此反复依次向上压制第二份、第三份植物标本。压制时各层需厚薄均匀,以免倾斜。到一定的厚度(30~50 cm),需将标本夹用绳索捆扎结实,置于室内干燥通风处。早期标本夹要尽量捆紧,使标本被压平、定形,3~4天后可适当放松。

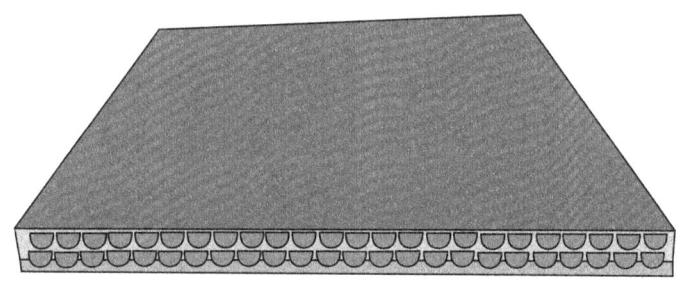

图1-3 瓦楞纸

3. 换纸

经常更换干燥的吸水草纸或者报纸,使标本尽快干燥。标本压制初期,每天换2~3次干燥的吸水草纸或者报纸;2~3天后可每天换1次,1周后3天1次,经10~15天直至标本完全干燥为止。更换下来的吸水草纸或报纸干燥后可重复利用。

标本的干燥要适度。适度干燥的标本具有弹性,可用手把标本拿起来,没有干透的标本,个别部分柔软易弯曲;过于干燥的标本,很脆且硬易被折断。

在压制过程中,落下来的花、果、叶等,要用纸袋装起,注明标本的编号,以便上台纸时附上。

换纸翻压时,若有中等大小的果实,如木兰科的蓇葖果、山核桃等,应在果实周围叠放草纸,草纸可使果实附近的叶片整齐,同时不影响上下标本的整齐度。对于比较容易黏合的花,如凤仙花科、兰科植物的花,可将其解剖,用照相机或体视镜等拍摄其结构,然后浸泡或用纸巾压干。蛇菰科、水晶兰科等植物等需同时制作浸泡标本。浸泡标本既可用来保存花的实体特征,又利于标本鉴定。松柏类标本,在压制之前可用沸水浸泡5~10 min,以避免叶和果实脱落。没有花或果实的标本,可采集活体标本种植,供后续研究。

4. 消毒

标本需经过消毒处理,以增加保存时间。可以采用1%升汞或75%乙醇溶液消毒,用毛笔蘸取75%的乙醇,轻轻擦拭标本上的霉斑或虫卵,可防止标本霉变或虫刻;也可以用二氧化硫或其他药剂熏蒸消毒;还可以使用紫外光灯消毒;甚至可以将标本放在超低温冰柜($-37 \sim -40$ ℃)冷冻1~2周,晾干后来消毒。

5. 上台纸

腊叶标本需要装贴在台纸上。将标本放在台纸上,用明胶或乳胶把标本贴在台纸上,再用线或纸条将枝干、果等部分与台纸缝牢,或将台纸穿孔贴纸条在背面。过小的标本如堇菜类、小龙胆等,可将其装入贴在台纸上的纸袋中。台纸的左上角贴一份已抄好的野外记录笺,右下角贴定号签,经鉴定后写上拉丁学名和鉴定者。有价值且易脱落的部分,如花、种子、果实等应放置在小折叠袋中。

6. 保存

腊叶标本应保存在标本柜内。标本柜以铁制柜最好,也可用木制或用纸盒分装标本。为了防止标本发霉、虫蛀,柜子应放在干燥处,且每层放入干燥剂与樟脑球,适时更换,并每2~3年以"六六六"等粉剂喷洒消毒,以达到防霉防虫的目的。也可在初春关好门窗,将福尔马林溶液在酒精灯上加热,用蒸汽熏杀虫菌3天,防虫蛀霉烂。

标本橱的每格内存放的标本份数不宜太多,以免压坏。对于珍贵的标本,可在台纸上顶边粘贴与台纸等大的透明硫酸纸或塑料薄膜作盖纸;或将标本置于专门的透明袋内,以免磨损,利于更好地保存。

(二)浸制标本的采集与制作

1. 浸渍标本的类型和试剂

浸制标本是指将新鲜的植物材料放入化学浸渍液制成的标本。浸渍标本可分为防腐性浸渍标本和原色浸渍标本。常用的浸渍标本为防腐性浸渍标本。常用的试剂有甲醛、乙酸、乙醇、乙酸铜、氯化铜、甘油、亚硫酸、硼酸、明矾、氯化钠、硼酸、升汞、甘油等。

2. 标本的采集、浸制和保存

标本材料应采摘新鲜无病(植物病害标本除外)的材料,果实以八成熟为宜。浸制材料应保存在玻璃广口瓶或标本瓶中,注意瓶中浸泡的材料不可过满。在装好材料和药液后加盖,并用聚乙烯醇、凡士林等将瓶口封严,在瓶的外面贴上标本签。制作好的浸制标本应陈列在室温较低、无阳光直射的标本柜中。浸制标本一般可保存1~3年。[①][②]

(1)绿色标本的浸制 有3种溶液可以保存绿色标本。

1)将6 g乙酸铜结晶加入100 mL乙酸溶液中,制成原液,使用时稀释1~4倍,作为浸渍液。处理标本时,先用80 ℃水浴锅加热;将洗净的标本置入浸渍液中,当标本的绿

---

① 防腐性浸制标本

福尔马林固定液配方为:甲醛(38%)5 mL,乙酸5 mL,70%乙醇90 mL。若浸泡材料比较幼嫩,乙醇浓度可设置为50%,防止材料收缩。该类固定液使用比较广泛。

乙醇浸制标本,指用工业酒精或用无水乙醇配成的70%乙醇溶液浸泡标本。

② 原色标本浸制:根据标本的颜色采用不同的溶液来浸制。

色渐渐褪成黄褐色时,继续加热,待颜色变为绿色后停止加热,立即取出并用清水漂洗,然后置于保存液(5%福尔马林液)中。

2)用氯化铜 10 g、甘油 2.5 mL、市售福尔马林 5 mL、乙酸 2.5 mL、50% 乙醇 90 mL 配成药液,将标本洗净放入,浸泡一周左右,取出洗净,放入保存液(5% 福尔马林液)中保存。幼嫩的器官或果实不宜加热处理,可采用这种溶液浸制保色。

3)用 50 mL 乙酸和 50 mL 水配成 50% 乙酸溶液后,在其中慢慢加入乙酸铜粉末,不断搅拌,直到饱和为止,使用时将配成乙酸铜溶液(取乙酸铜原液 1 份,加水 4 份稀释),然后倒入大烧杯内,将洗净的标本置入浸渍液中,加热至 70~85 ℃,然后将新鲜绿色植物置于保存液(5% 福尔马林液)中保存。还可用硫酸铜代替乙酸铜,配成饱和硫酸铜溶液,同上述方法一样处理绿色植物。对于一些特别幼嫩的植物,不宜加热,可浸入 5% 硫酸铜溶液里。

(2)红色标本的浸制　植物的花、果实多是红色。花、果显色是类胡萝卜素及溶于水的花青素受酸碱度变化而导致的颜色变化。红色标本可以使用甲醛 5 mL、亚硫酸 2 mL、硼酸 2 g 加水定容至 1000 mL 的溶液保存。

(3)黄绿色标本的浸制　将黄绿色的果实或植物黄绿色部分(如梨、金橘、甜瓜等)洗干净,放到 0.15%~0.5% 亚硫酸中,直接保存。

(4)紫色标本的浸制　紫色的标本,如紫茄子,可用明矾 3 g、氯化钠 160 g、硼酸 2 g、甲醛 1 mL,加水定容至 1000 mL 的溶液直接保存。紫色葡萄可用升汞 1 g、甘油 4 mL 加水定容至 1000 mL 的溶液直接保存。

四、实训作业

每位同学分别采集并制作完成 3~5 种腊叶标本和浸制标本。

五、思考题

(1)采集植物标本的方法与注意事项有哪些?
(2)如何制作腊叶标本?

项目十四 植物群落多样性调查

每种植物都不是单独地生存在地球上,不同种植物通过相互影响,以集合形式生存于特定环境中,这种植物集合即为植物群落。植物群落是每个植物个体通过互惠、竞争等相互作用而形成的一个巧妙组合,是适应其共同生存环境的结果,例如一片森林、一个生有藻类的水塘等。因此,植物群落是植物存活于世的最基本单元,是构成植被的基础。因此,进行某一地区的植被调查,必须从调查植物群落入手,然后通过植物群落的本身特征以及与环境的相互联系,找出各类群落之间的相互关系。

每一相对稳定的植物群落都有其基本特征,包括种类组成、种类的数量特征、外貌特征和结构特征。种类的数量特征一般用多度、密度和盖度来表示。植物群落的外貌指群落的外表形态或相貌,主要取决于植物种类的形态习性、生活型组成等。群落结构是指群落的所有种类及其个体在空间和时间上的配置状态,它包括层片结构、垂直结构、水平结构和时间结构等。

植物群落调查有多种方法,如样地法、样线法、距离抽样法和点样法,其中样地法是基础方法。调查所获得的数据、资料比较详细可靠,可为编制植被图,统计植物资源的种类、蕴藏量以及掌握其分布规律,充分和合理地开发利用植被资源提供科学依据。

一、实训目的

学会利用样地法调查植物群落,并进行群落分析。

二、实训用具

卷尺、皮尺、笔记本、放大镜、手机、GPS 定位仪、海拔仪、罗盘仪等。

三、实训内容

(一)踏查预测

踏查预测是植物群落调查的第一步,在了解该地区已有资料的基础上,根据地形图情况进行实地踏查。即在调查地区,按十字交叉的路线实地观察一次,对该地区有一个整体的概貌了解,初步把植物群落进行分类和命名,并绘制草图,表示出各种植物群落分布位置和界限。还要确定调查地区的植被分类系统,为以后详细调查打下基础。

(二)样地设置

调查地区有多种植被类型,每个类型所占有的位置、形状、大小又各不相同,我们不可能也没有必要把所有地段全面地进行调查;特别是数量特征更不可能全部查清,所以只能采用抽样调查方法完成这一工作。实际上就是选择有代表性的、一定数量的小面积地段进行详细调查,以此估计推断此类群落的整体,这些小面积地段称为样地。

1. 选择样地的原则

用客观取样法选择能反映植物群落特征的典型地段作为样地。对植物群落物种多样性的考查,应在样地内进行,以样地内得到的数据来推测整个群落的情况。选择样地时,应遵循以下原则:①种的分布要有均匀性;②结构完整,层次分明;③环境条件(尤指土壤和地形)一致;④选择群落的中心部位,避免过渡地段。

2. 样地的形状

正方形的为样方;长方形的为样带;圆形的为样圆;直线形的为样线。样方是面积取样中最常用的形式,样方调查也是植被调查中使用最普遍的一种抽样技术。

3. 样方的大小

样方的大小主要取决于所调查的群落的性质和所预期的数据种类。可根据最小面积原则即具体情况决定。一般乔木样方为 20 m×20 m;灌木样方为 5 m×5 m;草本样方为 1 m×1 m。

4. 样地的数目

样地数目的多少取决于群落结构的复杂程度。样地数目的最低限度必须囊括群落大部分现存种。如果群落内部植物分部结构较均一,少数样地就能很好地表现出群落的特征;如果群落结构复杂,并且变化很大,植物分布又不规则时,则必须增加样地数目,以提高调查资料的可靠性。通常每个调查单元样地数目以不少于 3 个为宜。

5. 样地的布局

样地布局的方法较多,通常用到的方法:①典型取样,就是从某一类型群落中,主观地选择被认为有代表性的,或者有意思地选取具有某种特点的地段作为调查样地。②系统取样,严格按照一定的方向和距离,确定样地位置。在样地植物调查中常采用此法。③随机抽样,其原则是使调查群落的各个部分都有同等机会被抽取作样地。把要调查的群落分成大小均匀的若干部分,对每个部分进行编号或确定坐标位置,随机选出一定数量的,占有一定位置的样地。

(三)选定样方

采用一种方法选取样地。注意不能选择在两种群落交错地带或特殊小地形或小环境处。

(四)样地调查

1. 样地环境信息调查

以样方为单位,用 GPS 测定样地的经纬度,海拔仪测定样地的海拔,罗盘仪测定样地的坡向及坡度,并判断土壤类型、地形及群落内人为活动等,将样方号、样方面积、调查日期、调查人、植物群落类型、经纬度、海拔、地貌、土壤类型、坡向、坡度、地形、群落内地质情况、人类及动物活动情况等相关信息记录下来。

以样方为单位,从植物群落主要结构层开始,调查其中的每个物种。计算或估算样方中每个物种的密度、多度、高度、盖度和频度等。对不同的结构层,其调查内容有所差异,应依据研究内容来取舍。对乔木层,调查内容主要为物种名称、株高、胸径、盖度、郁闭度和物候等;对灌木层,调查内容主要为物种名称、多度、盖度、平均高度、郁闭度和物候等;对草本层,调查内容主要为物种名称、多度、盖度、平均高度和物候等;对层外植物,调查内容主要为物种名称、蔓数、盖度和物候等(表1-6)。

表1-6 样方内植物种类调查表

物种名称	株高/cm		胸径/cm		株(丛)幅/cm		树龄/年	密度	多度	郁闭度	盖度	频度	优势度	重要值	物候
	最高	平均	最大	平均	最大	平均									

2. 植物群落基本特征调查

(1)密度 计数样方内单个物种的株数,将样方内该物种的株数除以样方面积。每个种的密度除以所有种的密度和为相对密度。

(2)多度 样方内单个物种的株数除以样地中全部种的个体总数。调查时,根状植物统计枝条数,丛生植物统计丛数,以植株的根部是否位于样方内为标准。也可采用估算法估计样方内每种植物个体的相对数量。一个物种的多度除以所有种的总多度为相对多度。

(3)高度 高度调查时需测出最高高度、最低高度和平均高度。用测高仪或尺来测量植物的最高点与地面的距离。草本植物可测量自然状态的高度,也可把植株拉直来量。也可采用估算法,先用测高仪或尺测出群落中的1株植物,再以该植株为参照,估算其他植株的高度。每个种的所有个体高度和除以所有种的个体高度和为相对高度。

(4)盖度 指植物体地上部分的垂直投影面积除以样地面积的百分比。群落中某一物种的分盖度占所有分盖度之和的百分比为相对盖度。某一物种的盖度占盖度最大物种的盖度的百分比为盖度比。

(5)郁闭度 植冠垂直投影面积除以所有植物垂直投影面积。

(6)频度 样地中某种植物出现的样方数与全部样方数的比率,即该物种的频度。该种的频度除以所有种的频度总和即为相对频度。

(7)优势度 用尺测算出某物种的胸高(距地面1.3 m处的茎干)断面积,再将该面积除以样方面积,得出的值即该物种的优势度。一个种的优势度除以所有种的总优势度为相对优势度。

(8)重要值 重要值是衡量一个种在群落中的地位与作用的综合指标。

乔木的重要值计算公式:

$$重要值 = (相对密度 + 相对频度 + 相对优势度)/3$$

灌木和草本的重要值计算公式：
$$重要值=（相对密度+相对频度+相对盖度）/3$$

（9）物候　通过对某一物种的目测或解剖观察，确定该物种所处的发育期：萌动、抽条、花前营养期、花蕾期、花期、结实期、果（落）后营养期、（地上部分）枯死。

四、实训作业

（1）以小组为单位，采用样地法，自主开展校园植物群落物种多样性调查。
（2）通过调查，整理数据并写出调查报告。

第二部分　植物识别与园林应用

项目一　裸子植物门

一、银杏

学名：*Ginkgo biloba* L.
科属名称：银杏科银杏属。
形态特征：落叶乔木；二叉脉序，叶片扇形，常簇状生长，入秋后变黄，树皮呈灰褐色，深纵裂，粗糙；枝近轮生，斜上伸展。果实黄色，被白粉。
生长习性：喜光，对气候、土壤适应性良好；不耐盐碱，水湿。
地理分布：中国大部分地区均有栽培。
园林用途：树形优美，黄色的扇形叶片引人注目，可作为园景树、行道树。

二、雪松

学名：*Cedrus deodara*(Roxb.)G.Don
科属名称：松科松属。
形态特征：常绿高大乔木；它的枝叶平展、微斜展或微下垂；叶子呈针形蓝绿色，在长枝上螺旋排列，在短枝上呈簇生状；球果直立，成熟前绿色，成熟时红褐色；雌雄同株，花单生于支顶。
生长习性：喜温凉、湿润气候；抗寒性强；喜光；在土层深厚、排水良好的酸性土壤上生长旺盛。
地理分布：中国大部分地区均有栽培。分布于阿富汗至印度，海拔1300～3300 m地带。
园林用途：树体高大，树形优美，其主干下部的大枝自近地面处平展，形成繁茂雄伟的树冠，常作为园景树孤植或群植于庭院前广场，也可作为行道树。

三、黑松

学名:*Pinus thunbergii* Parl

科属名称:松科松属。

形态特征:常绿乔木;幼树树皮暗灰色,老则灰黑色,树冠无毛;针叶是深绿色,有光泽,粗硬,边缘有细锯齿,背腹面均有气孔线;雌雄球花淡红褐色,球果成熟前绿色,熟时褐色,圆锥状卵圆形或卵圆形;种子倒卵状椭圆形。

生长习性:喜光,耐干旱瘠薄,不耐水涝;适生于温暖、湿润的海洋性气候区域,因其耐海雾,抗海风,也可在海滩盐土地生长;抗病虫能力强,生长慢,寿命长。

地理分布:中国山东、江苏、安徽、江西、浙江、福建等沿海诸省普遍栽培。朝鲜半岛东部沿海地区也有栽培。

园林用途:黑松是荒山绿化、道路行道绿化首选树种。

四、水杉

学名:*Metasequoia glyptostroboides* Hu & W. C. Cheng

科属名称:杉科水杉属。

形态特征:落叶乔木,树干笔直;叶条形,沿中脉有两条较边带稍宽的淡黄色气孔带,叶在侧生小枝上列成二列,羽状,冬季与枝一同脱落;球果下垂,近四棱状球形或矩圆状球形,成熟前绿色,熟时深褐色;种子扁平,倒卵形,间或圆形或矩圆形,周围有翅。

生长习性:喜温暖、湿润气候;不耐贫瘠和干旱,耐寒性强,耐水湿能力强;在轻盐碱地可以生长为喜光性树种。

地理分布:中国北至辽宁辽东半岛,南抵广东均有栽培。被世界各地引进北至伏尔加格勒、阿拉斯加等北纬60°的地方。

园林用途:常作为行道树,也可以群植于公园,形成壮观的景色。

五、苏铁

学名:*Cycas revoluta* Thunb.

科属名称:苏铁科苏铁属。

形态特征:羽状叶从茎的顶部生出,整个羽状叶的轮廓呈倒卵状狭披针形,叶轴两侧有齿状刺;羽状裂片条形,厚革质,边缘显著地向下反卷,先端有刺状尖头,两侧不对称,上面深绿色有光泽,中央凹槽内有稍隆起的中脉,下面浅绿色,两侧有疏柔毛或无毛;雄球花圆柱形,种子红褐色或橘红色,倒卵圆形或卵圆形,稍扁,密生灰黄色短绒毛,后渐脱落,顶端有尖头;花期6~8月,种子10月成熟。

生长习性:喜光,喜铁元素,稍耐半阴,不耐寒冷;喜肥沃、湿润和微酸性的土壤,但也能耐干旱。

地理分布：中国福建、台湾、广东等地常有栽培。日本南部、菲律宾和印度尼西亚也有分布。

园林用途：树形古雅，主干粗壮，坚硬如铁；羽叶洁滑光亮，四季常青，南方多植于庭前阶旁及草坪内；北方宜作大型盆栽，布置庭院屋廊及厅室。

六、罗汉松

学名：*Podocarpus macrophyllus*（Thunb.）Sweet

科属名称：罗汉松科罗汉松属。

形态特征：树皮薄片状脱落；枝条开展或斜展；顶芽卵圆形，芽鳞先端长渐尖；叶螺旋状着生，革质，线状披针形，先端尖，基部楔形；雌球花单生稀成对，有梗；雄球花穗状、腋生，常3~5个簇生于极短的总梗上；种子卵圆形或近球形。

生长习性：喜温暖、湿润气候；耐寒性弱，耐阴性强；喜排水良好、湿润的砂质壤土，对土壤适应性强，盐碱土上亦能生存。

地理分布：原产于中国长江以南等地，在江苏、安徽等地也可生长。

园林用途：可用作盆景或造型树，也能用作篱笆。

项目二 被子植物门——双子叶植物纲

一、鹅掌楸

学名：*Liriodendron chinense* (Hemsl.) Sarg.
科属名称：木兰科鹅掌楸属。
形态特征：落叶乔木；叶片马褂状，近基部每边具1侧裂片，先端具2浅裂，下面苍白色。
生长习性：生长于山地中，阳性树种，叶片抗热性强，耐一定低温。
地理分布：分布于中国和越南北部。
园林用途：树形雄伟，叶形大而奇特，抗性强，可作为行道树、庭荫树。

二、广玉兰

学名：*Magnolia grandiflora* L.
科属名称：木兰科木兰属。
形态特征：常绿乔木；树皮淡褐色或灰色；小枝、芽、叶下面、叶柄均密被褐色或灰褐色短绒毛；花顶生；聚合蓇葖果，种子红色。
生长习性：喜光，喜温暖、湿润气候；有一定抗寒能力，适生于干燥、肥沃、湿润与排水良好微酸性或中性土壤；在碱性土种植易发生黄化。
地理分布：分布于北美洲以及中国大陆的长江流域及以南地区。
园林用途：叶片宽大，花朵大，常作为园景树。

三、白玉兰

学名：*Magnolia denudata* Desr.
科属名称：木兰科玉兰属。
形态特征：落叶乔木；托叶痕几达叶柄中部，花先叶开放，花白色或带粉色，有香气。花梗显著膨大，密被淡黄色长绢毛；花被片9片。
生长习性：喜阳光，稍耐阴；有一定耐寒性，在中国华北地区背风向阳处能露地越冬；喜肥沃、适当润湿且排水良好的弱酸土壤，但也能生长于弱碱性土壤。
地理分布：中国各大城市园林广泛栽培；现在欧洲、美国、日本等国家或地区都有引种栽培。

园林用途:花期长,叶色浓绿,为著名的庭园观赏植物,也可作为行道树。

四、紫玉兰

学名:*Yulania liliiflora*(Desr.)D. L. Fu
科属名称:木兰科玉兰属。
形态特征:落叶灌木,树皮灰褐色,小枝绿紫色或淡褐紫色。叶椭圆状倒卵形或倒卵形,先端急尖或渐尖,上面深绿色,幼嫩时疏生短柔毛,下面灰绿色,沿脉有短柔毛;花叶同时开放,瓶形,直立于粗壮、被毛的花梗上,稍有香气;花被片内两轮肉质,外面紫色或紫红色,内面带白色,花瓣状,椭圆状倒卵形;雄蕊紫红色,雌蕊群淡紫色,无毛。聚合果深紫褐色,圆柱形,成熟蓇葖近圆球形,顶端具短喙。
生长习性:喜温暖、湿润和阳光充足的环境,较耐寒,但不耐旱和盐碱,怕水淹,要求肥沃、排水好的砂壤土。
地理分布:分布于中国云南、福建、湖北、四川等地。
园林用途:花朵艳丽怡人,芳香淡雅,孤植或丛植都很美观,树形婀娜,枝繁花茂,是优良的庭园、街道绿化植物。

五、含笑

学名:*Michelia figo*(Lour.)Spreng
科属名称:木兰科含笑属。
形态特征:常绿灌木,树皮灰褐色,分枝繁密;芽、嫩枝、叶柄、花梗均密被黄褐色绒毛;叶革质,狭椭圆形或倒卵状椭圆形;花直立,淡黄色而边缘有时红色或紫色,具甜浓的芳香;聚合果为卵圆形或球形。
生长习性:喜温暖、多湿气候及酸性土壤,喜半阴,不耐干旱及烈日暴晒,不耐寒,忌涝,对土壤要求不高。
地理分布:原产于华南南部各省区,现广植于中国各地。
园林用途:叶片碧绿,花朵洁白芳香,可以孤植建筑周边或作为行道树,常作为园景树,也可作盆栽。

六、樟

学名:*Cinnamomum camphora*(Linn.)Presl
科属名称:樟科樟属。
形态特征:常绿乔木;离基三出叶脉,叶片卵状椭圆形,全缘,具有腺点,老叶变红;树皮纵裂;圆锥花序,白色略带黄色;果实球形,紫黑色。
生长习性:喜光,稍耐阴;喜温暖、湿润气候,耐寒性不强。适生于深厚肥沃的酸性或中性砂壤土,根系发达,深根性,抗倒能力强。

地理分布：产于中国南方及西南各省区；越南、朝鲜、日本也有分布，其他各国常有引种栽培。

园林用途：冠大荫浓，可作为庭荫树、行道树。

七、加杨

学名：*Populus × canadensis* Moench

科属名称：杨柳科杨属。

形态特征：落叶乔木；树干通常端直；树皮粗厚，深沟裂，下部暗灰色，上部褐灰色；树冠卵形；萌枝及苗茎棱角明显，小枝圆柱形；叶三角形或三角状卵形，先端渐尖，基部截形或宽楔形；花序轴光滑，苞片淡绿褐色，花盘淡黄绿色，花丝白色；蒴果卵圆形。

生长习性：喜温暖、湿润气候，喜光，耐寒，喜湿润且排水良好的冲积土，对水涝、盐碱和薄土地均有一定的适应能力。

地理分布：在中国除广东、云南、西藏外，各省区均有分布。

园林用途：宜作行道树、庭荫树及防护林等，也适合工矿区等的绿化。

八、垂柳

学名：*Salix babylonica* L.

科属名称：杨柳科柳属。

形态特征：落叶乔木；叶狭披针形或线状披针形，先端长渐尖，基部楔形两面无毛或微有毛，锯齿缘，树皮灰黑色，不规则开裂；枝细下垂，淡褐黄色、淡褐色或带紫色，无毛；花序有毛。

生长习性：喜光，喜温暖、湿润气候及潮湿深厚的酸性及中性土壤；较耐寒，特耐水湿；根系发达，对有毒气体有一定的抗性。

地理分布：中国长江流域与黄河流域，其他各地也有栽培。在亚洲、欧洲、美洲各国均有引种。

园林用途：主要作为在道路旁、水边等地的绿化树种。

九、杜鹃

学名：*Rhododendron simsii* Planch.

科属名称：杜鹃花科杜鹃花属。

形态特征：落叶灌木；叶为革质，常聚集生在枝端，呈卵形、椭圆状卵形或倒卵形，前端短逐渐变尖，叶子边缘微微反卷并带有细齿，上面深绿色，下面淡白色；花冠呈阔漏斗形、倒卵形，一般2~6簇生于枝顶。

生长习性：喜酸性、肥沃土壤，耐阴凉，喜温暖。

地理分布：主产于东亚和东南亚，广泛分布于欧洲、亚洲、北美洲，在中国分布于西南、华南地区。

园林用途：杜鹃适宜在林缘、溪边、池畔及岩石旁成丛成片栽植，也可在疏林下散植。杜鹃可作花篱，也可栽种在庭园中作为矮墙屏障。另外杜鹃还是优良的盆景材料。

十、乌桕

学名：*Sapium sebiferum*（L.）Roxb.

科属名称：大戟科乌桕属。

形态特征：落叶乔木；具乳状汁液，树皮暗黑色，纵裂，叶互生，纸质，叶片菱形、菱状卵形或稀有菱状倒卵形，全缘，花单性，雌雄同株，总状花序；蒴果球形，成熟时黑色，外被白色，蜡质假种皮。

生长习性：阳性植物，性喜高温、湿润；对土壤适应性较强，中性、微酸性和钙质土都能适应。

地理分布：分布于中国黄河以南各省区；日本、越南、印度、欧美、非洲、美洲也有分布。

园林用途：树冠整齐，秋叶变红，可孤植、群植于公园，观叶观果。

十一、冬青卫矛

学名：*Euonymus japonicus* Thunb.

科属名称：卫矛科卫矛属。

形态特征：常绿灌木；叶对生，革质，倒卵形或椭圆形，先端圆钝，基部楔形，具浅细钝齿；聚伞花序，花白绿色，花萼裂片半圆形，花瓣近卵圆形，花盘肥大；蒴果近球形，熟时淡红色。

生长习性：喜光，亦较耐阴，喜温暖、湿润气候亦较耐寒，要求肥沃疏松的土壤，极耐修剪整形。

地理分布：原产于日本南部，现在中国浙江南部、安徽南部、福建、台湾、江西、湖南、广东、广西等地均有分布。

园林用途：耐修剪，可作绿篱，也可作家庭盆景。

十二、扶芳藤

学名：*Euonymus fortunei*（Turcz.）Hand.–Mazz.

科属名称：卫矛科卫矛属。

形态特征：常绿藤状灌木；叶对生，薄革质，椭圆形，边缘齿浅，聚伞花序，白绿色，蒴果近球形，熟时粉红色，果皮光滑，种子假种皮鲜红色。

生长习性：喜温暖、湿润环境，喜阳光，亦耐阴；对土壤适应性强，酸碱及中性土壤均能正常生长，可在砂石地、石灰岩山地栽培，适于在疏松、肥沃的砂壤土中生长。

地理分布:产于中国江苏、浙江、安徽、江西、湖北、湖南、四川、陕西等省。

园林用途:适宜在林缘、林下作地被,也可点缀墙角、山石、老树等。扶芳藤为地面覆盖的最佳绿化观叶植物,特别是它的彩叶变异品种,具有较高的观赏价值。

十三、珊瑚树

学名:*Viburnum odoratissimum* Ker. -Gawl.

科属名称:忍冬科荚蒾属。

形态特征:常绿灌木或小乔木;枝有小瘤状皮孔;叶革质,椭圆形,对生,表面暗绿色;花为圆锥花序顶生,长生于枝顶,花芳香,无梗或有短梗,萼筒筒状钟形,无毛,萼檐碟状;花冠无毛,白色;果熟时红色,后黑色,卵圆形或卵状椭圆形;花期5~6月,果期9~10月。

生长习性:喜温暖,稍耐寒,喜光、稍耐阴;在潮湿、肥沃的中性土壤中生长迅速旺盛,也能适应酸性或微碱性土壤。

地理分布:分布于中国、印度东部、缅甸北部、泰国和越南。

园林用途:对煤烟和有毒气体具有较强的抗性和吸收能力,尤其适合于城市作绿篱、绿墙或园景丛植,枝繁叶茂,遮蔽效果好,又耐修剪,因此在绿化中被广泛应用,红果形如珊瑚。

十四、桂花

学名:*Osmanthus fragrans*(Thunb.)Lour.

科属名称:木犀科木犀属。

形态特征:常绿灌木;树皮灰褐色,叶片革质,椭圆形或椭圆状披针形,全缘或上半部具细锯齿,腺点呈水泡状凸起,聚伞花序,花冠黄白色。

生长习性:喜温暖,能耐阴,喜湿润;抗逆性强,既耐高温,也较耐寒。

地理分布:广泛栽种于我国淮河流域及以南地区。

园林用途:桂花枝繁叶茂,开花芳香,可作为园景树、行道树,成丛、成林栽植。

十五、迎春

学名:*Jasminum nudiflorum* Lindl.

科属名称:木犀科素馨属。

形态特征:落叶灌木;枝光滑无毛,茎四棱形,叶对生,三出复叶,小枝基部常具单叶;花单生于去年生小枝的叶腋,花冠为金黄色,花瓣通常为倒卵形或椭圆形。

生长习性:喜光,稍耐阴,略耐寒,怕涝,喜温暖、湿润的气候,要求疏松肥沃和排水良好的砂质土,适合在酸性土中生长;根部萌发力强;枝条着地处极易生根。

地理分布:产于中国甘肃、陕西、四川、云南西北部、西藏东南部;中国及世界各地普遍栽培。

园林用途：枝条披垂，冬末至早春先花后叶，花色金黄，叶丛翠绿。在园林绿化中宜配植于湖边、溪畔、桥头、墙隅，或在草坪、林缘、坡地，房屋周围也可栽植，可供早春观花。

十六、金钟花

学名：*Forsythia viridissima* Lindl.

科属名称：木犀科连翘属。

形态特征：落叶灌木；单叶，长椭圆形，上部具不规则锐齿，无毛，花生于叶腋，先叶开花，花冠深黄色；果实卵圆形。

生长习性：极其耐热、耐旱、耐寒和耐湿，适应能力强，对土壤、环境的要求都不高；喜湿润环境，严禁积水。

地理分布：除华南地带外，我国各地均有栽培，尤以长江流域一带较为普遍。

园林用途：花朵颜色艳丽，适合栽培在庭院内，构建具有特色的景观布景，也适合用于城市绿化，种植在城市的绿化带中。

十七、小叶女贞

学名：*Ligustrum quihoui* Carr.

科属名称：木犀科女贞属。

形态特征：落叶或半常绿灌木；枝淡棕色，叶片薄革质，具腺点，两面无毛，圆锥花序顶生，白色有香味；果实近球形，紫黑色。

生长习性：喜光耐阴，较耐寒，抗多种有毒气体。

地理分布：现在广泛分布于中国华东、华中、华北、华南、西南等地区。

园林用途：枝叶紧密耐修剪，主要作绿篱栽植，也作盆景。

十八、杜仲

学名：*Eucommia ulmoides* Oliv.

科属名称：杜仲科杜仲属。

形态特征：落叶乔木；树皮灰褐色，粗糙，内含橡胶，折断拉开有多数细丝；嫩枝有黄褐色毛，不久变秃净，老枝有明显的皮孔；叶椭圆形、卵形或矩圆形，薄革质，基部圆形或阔楔形，先端渐尖；上面暗绿色，边缘有锯齿，翅果扁平，长椭圆形。

生长习性：喜温暖、湿润气候和阳光充足的环境，耐严寒。

地理分布：分布于中国陕西、甘肃、河南（淅川）、湖北、四川、云南、贵州、湖南、安徽、江西、广西及浙江等省区，各地广泛栽培。

园林用途：成群栽植于建筑前或广场等空地。

十九、南天竹

学名：*Nandina domestica* Thunb.

科属名称：小檗科南天竹属。

形态特征：常绿小灌木；茎表面光滑无毛，红色；叶较小，叶片薄，呈椭圆形且为深绿色，无毛；花朵较小，白色带有芳香，呈四角形；果柄短且果实呈球形，橙红色；种子扁圆形。

生长习性：多生长在山谷或山坡和灌木林下；性喜温暖、多湿及通风良好的半阴环境，较耐寒，要求肥沃、排水良好的砂质土壤，既能耐湿，也能耐旱。

地理分布：分布于中国长江流域及陕西、河南等地；日本、印度也有种植。

园林用途：枝叶扶疏，秋冬叶色变红，有红果，经久不落，可以赏叶观果，可作绿篱，或成丛栽植于公园。

二十、十大功劳

学名：*Mahonia fortunei*（Lindl.）Fedde

科属名称：小檗科十大功劳属。

形态特征：枝干形似南天竹，茎具抱茎叶鞘，奇数羽状复叶，小叶5~9枚，狭披针形，叶硬革质，表面亮绿色，背面淡绿色，两面平滑无毛，叶缘有针刺状锯齿6~13对，入秋叶片转红，顶生直立总状花序；两性花，花黄色，有香气；浆果卵形，蓝黑色，微披白粉。

生长习性：耐阴，也较耐寒，喜温暖、湿润气候及肥沃湿润、排水良好的土壤，耐旱，对土壤要求不严，在酸性、中性土壤中均能生长。

地理分布：分布于中国华东、华南及西南各地。

园林用途：在园林中可作为绿篱，果园、菜园的四角作为境界林，也适于建筑物周边配植。

二十一、枫香树

学名：*Liquidambar formosana* Hance

科属名称：金缕梅科枫香树属。

形态特征：落叶乔木，树皮灰褐色，小枝干被柔毛，略有皮孔，叶薄革质，掌状三裂，网脉明显，边缘有锯齿；蒴果，有宿存花柱及针刺状萼齿，种子褐色。

生长习性：喜温暖、湿润气候，性喜光，幼树梢耐阴，深根性，耐干旱、瘠薄土壤，不耐水涝。

地理分布：分布于中国秦岭及淮河以南各省；亦见于越南北部、老挝及朝鲜南部。

园林用途：树形优美，叶片入秋变红，是城市和公园的重要异色植物，常与其他常绿树种搭配。具有观赏作用，可孤植于公园转角。

二十二、红花檵木

学名：*Loropetalum chinense* var. *rubrum*
科属名称：金缕梅科檵木属。
形态特征：常绿灌木；叶革质卵形，紫红色，下面被星毛，稍带灰白色，全缘，花簇生，紫红色；蒴果卵圆形，被褐色星状绒毛；种子圆卵形，黑色，发亮。
生长习性：喜光，稍耐阴，但阴时叶色容易变绿；适应性强，耐旱，耐寒冷，耐修剪，耐瘠薄。
地理分布：广泛栽培于中国南方。
园林用途：枝繁叶茂，优良异色叶树种，可以孤植于草地或作彩篱。

二十三、二球悬铃木

学名：*Platanus acerifolia* (Aiton) Willd.
科属名称：悬铃木科悬铃木属。
形态特征：落叶乔木；树皮呈片状脱落；幼枝覆盖有绒毛，老枝无毛，呈红褐色；叶呈宽卵形，基部平截或微心形；花序球形，通常两个生一串上，花为单性，雌雄同株。
生长习性：喜光，不耐阴，抗旱性强，较耐湿，喜温暖、湿润气候。
地理分布：世界各地均有引种，中国自东北、西北、华北至华中、西南、华东均广泛栽培。
园林用途：冠大荫浓，适应性强，为行道树和庭园树。

二十四、枸骨

学名：*Ilex cornuta* Lindl. & Paxton
科属名称：冬青科冬青属。
形态特征：常绿灌木；树皮灰白色，叶片厚革质，全缘，先端具三枚坚硬刺齿，深绿色，具光泽，托叶胼胝质；果实椭圆形，熟时鲜红色。
生长习性：耐干旱，喜酸性土壤，不耐盐碱，较耐寒，适宜在阴湿环境生长。
地理分布：中国各地常有栽培；欧美国家和朝鲜也有分布。
园林用途：秋天果实累累，是良好观叶、观果植物，叶片有刺，也可以作刺篱栽培。

二十五、桑

学名：*Morus alba* L.
科属名称：桑科桑属。
形态特征：落叶乔木；树体富含乳浆，树皮粗糙，黄褐色；叶子较大，呈椭圆形，边缘有粗锯齿,叶面无毛,有光泽,叶背脉上有疏毛;花朵较小,成簇开放,淡黄色,花柱较短;聚花果果实较小,成熟暗红色,呈圆球形。

生长习性:喜温暖、湿润气候,稍耐阴。耐旱,不耐涝,耐瘠薄。

地理分布:中国东北至西南各省区常有栽培;朝鲜、日本、蒙古、俄罗斯、欧洲等地以及印度、越南均有栽培。

园林用途:树冠浓绿茂盛,抗性强,可作城市绿化树种。

二十六、君迁子

学名:*Diospyros lotus* L.

科属名称:柿科柿属。

形态特征:落叶乔木;小枝为褐色或棕色,平滑或有黄灰色柔毛;叶片为椭圆形至长椭圆形;花为红色或淡黄色;果实近球形或椭圆形,成熟时蓝黑色,常附着白色薄蜡层;果实长椭圆形,基部常有宿存的星芒状毛。

生长习性:为阳性树种,能耐半阴,抗寒抗旱的能力较强,也耐瘠薄的土壤,生长较快,寿命较长。

地理分布:中国南北各省广有栽培;亚洲西部、欧洲南部、地中海各国也有分布。

园林用途:抗性强,广泛栽植,可作庭园树或行道树,也可以栽植后嫁接成柿子树。

二十七、胡桃楸

学名:*Juglans mandshurica* Maxim.

科属名称:胡桃科胡桃属。

形态特征:落叶乔木;树皮具浅纵裂,奇数羽状复叶,小叶卵状椭圆形至长椭圆披针形,边缘具细锯齿,深绿色,雄性葇荑花序,雌性穗状花序;果序俯垂,果球形、卵圆形或椭圆状卵圆形,顶端尖,密被腺毛。

生长习性:喜光,在土层深厚、肥沃、排水良好的山中下腹或河岸腐殖质多的湿润、疏松土地上生长良好,不适宜过干过湿,耐寒,不耐庇荫。

地理分布:分布于中国黑龙江、吉林、辽宁、内蒙古、山西、河南、河北等省地;朝鲜、俄罗斯、日本等国家亦有分布。

园林用途:枝干粗壮,叶面舒展,秋叶金黄,可用作园景树、行道树及庭荫树。

二十八、胡桃

学名:*Juglans regia* L.

科属名称:胡桃科胡桃属。

形态特征:落叶乔木;树干较别的种类矮,树冠广阔;小枝灰绿色无毛;奇数羽状复叶,小叶呈椭圆状卵形至长椭圆形;果序短;果实近于球状,无毛;果核稍具皱曲,顶端具短尖头;隔膜较薄,内里无空隙;内果皮壁内具不规则的空隙。

生长习性:喜光,耐寒,抗旱、抗病能力强,适应多种土壤生长,喜肥沃、湿润的砂质土壤,但对水肥要求不严,常见于山区河谷两旁土层深厚的地方。

地理分布:分布于中国华北、西北以及华南等。

园林用途:树冠庞大雄伟,枝叶茂密,绿荫覆地,加之灰白洁净的树干,是良好的庭荫树,孤植、丛植于草地或园中隙地。

二十九、枫杨

学名:*Pterocarya stenoptera* C. DC.

科属名称:胡桃科枫杨属。

形态特征:大乔木,幼树树皮平滑,浅灰色,老时则深纵裂;小枝灰色至暗褐色,具灰黄色皮孔;叶多为偶数或稀奇数羽状复叶,雄性葇荑花序,单独生于去年生枝条上叶痕腋内;雌性葇荑花序顶生,花序苞片及小苞片基部常有细小的星芒状毛,并密被腺体;果实长椭圆形,果翅狭、条形或阔条形,具近于平行的脉。

生长习性:喜深厚、肥沃、湿润的土壤,以暖温带和亚热带气候较为适宜;喜光树种,不耐庇荫。耐湿性强,但不耐长期积水和水位太高之地。

地理分布:中国华北、华中、华东、华南和西南各地均有分布。

园林用途:树干高大,树体通直粗壮,树冠丰满开展,枝叶茂盛,绿荫浓密,叶色鲜亮艳丽,形态优美典雅,可作庭园树或行道树。

三十、七叶树

学名:*Aesculus chinensis* Bunge

科属名称:七叶树科七叶树属。

形态特征:落叶乔木;树皮深褐色或灰褐色;小枝圆柱形,黄褐色或灰褐色;掌状复叶,小叶纸质,边缘有细锯齿;花瓣白色,长圆倒卵形至长圆倒披针形;果实球形或倒卵圆形,黄褐色,无刺;种子近于球形,褐色。

生长习性:喜温暖、湿润的气候,较耐寒,耐半阴,深根性,畏酷热。

地理分布:中国黄河流域及东部各省均有栽培。

园林用途:树干耸直,冠大荫浓,初夏繁花满树,白色花序硕大,是优良的行道树和园林观赏植物,可作人行步道、公园、广场绿化树种,既可孤植也可群植,或与常绿树和阔叶树混种。

三十一、结香

学名:*Edgeworthia chrysantha* Lindl.

科属名称:瑞香科结香属。

形态特征:落叶灌木;枝干三叉分支,幼枝常被短柔毛,韧皮极坚韧;叶长圆形,披针形至倒披针形,先端短尖,基部楔形或渐狭,两面均被银灰色绢状毛;花黄色,顶生头状花序;果实绿色椭圆形。

生长习性:喜半阴,也耐日晒;是暖温带植物,喜温暖,耐寒性略差;根肉质,忌积水。

地理分布:分布于中国河南、陕西及长江流域以南诸省区;日本、缅甸、美国东南部、韩国等国家也有分布。

园林用途:开花芳香,适宜栽植建筑物阴面或林下,也可以作盆栽。

三十二、茶梅

学名:*Camellia sasanqua* Thunb.

科属名称:山茶科山茶属。

形态特征:因其花型兼具了梅花和茶花的特点,故名茶梅。小乔木,嫩枝有毛;叶革质,椭圆形,先端短尖,基部楔形,有时略圆,边缘有细锯齿;萼片6~7,花瓣6~7片,阔倒卵形,近离生,雄蕊离生,花柱3深裂几及离部;蒴果球形,种子褐色,无毛。

生长习性:喜温暖湿润;喜光且稍耐阴,忌强光,属半阴性植物;pH 值以 5.5~6 为宜;较为耐寒,但一般以不低于-2 ℃为宜;畏酷热,30 ℃以上时生长缓慢,最适温度为 18~25 ℃;抗性较强,病虫害少。

地理分布:原产于日本,目前在中国长江流域广泛栽培。

园林用途:可于庭园和草坪中孤植或对植;较低矮的茶梅可与其他花灌木配植花坛、花境,或作配景材料,植于林缘、角落、墙基等处作点缀装饰;亦可作基础种植及常绿篱垣材料,开花时可为花篱,落花后又可为绿篱,也可盆栽。

三十三、木槿

学名:*Hibiscus syriacus* L.

科属名称:锦葵科木槿属。

形态特征:落叶灌木;小枝密被黄色星状绒毛,托叶线形且有柔毛;叶菱形至三角状卵形,边缘具不整齐齿缺,花单生于枝端叶腋间,被星状短绒毛;花萼钟形,密被星状短绒毛,裂片5,三角形;花钟形,色彩有纯白、淡粉红、淡紫、紫红等;蒴果卵圆形,密被绒毛;种子肾形,成熟种子黑褐色,背部被黄白色长柔毛。

生长习性:适应性很强,较耐干燥和贫瘠,对土壤要求不严格,在重黏土中也能生长;喜光,稍耐阴,喜温暖、湿润气候,耐修剪,耐热又耐寒。

地理分布:主要分布于热带和亚热带地区,中国除华北、西北、东北的部分地区外均有栽培。

园林用途:夏、秋季的重要观花灌木,也是一种很常见的灌木花种。南方多作花篱、绿篱;北方作庭园点缀及室内盆栽。对二氧二硫与氯化物等有害气体具有一定的抗性,同时还具有一定的滞尘功能,是有污染工厂的主要绿化树种。

三十四、臭椿

学名：*Ailanthus altissima*（Mill.）Swingle
科属名称：苦木科臭椿属。
形态特征：落叶乔木；奇数羽状复叶，小叶对生或近对生，纸质，卵状披针形，揉碎后具臭味，圆锥花序，花瓣白色，翅果红色长椭圆形。
生长习性：深根性，喜光，不耐阴，生长较快，适应性强，耐干旱、瘠薄、耐微碱，但不耐水湿。
地理分布：主产于亚洲东南部，世界各地分布广泛。
园林用途：树干通直高大，春季嫩叶紫红色，秋季红果满树，可以作行道树。

三十五、海桐

学名：*Pittosporum tobira*（Thunb.）W. T. Aiton
科属名称：海桐科海桐属。
形态特征：常绿灌木；嫩枝被褐色柔毛，叶聚生于枝顶，革质倒卵形，浓密且有光泽；伞形花序顶生，花为白色，气味芳香，蒴果呈球形，三瓣裂开，红色。
生长习性：能耐寒冷，亦颇耐暑热；黄河流域以南，可在露地安全越冬；对土壤的适应性强，在黏土、砂土及轻盐碱土中均能正常生长。
地理分布：中国江苏南部、浙江、福建、台湾、广东等地均有分布，朝鲜、日本等国家亦有分布。
园林用途：叶色浓绿，花朵芳香，入秋果实露出红种子，常成丛栽植，也可以作绿篱。

三十六、蜡梅

学名：*Chimonanthus praecox*（L.）Link
科属名称：蜡梅科蜡梅属。
形态特征：落叶灌木；花被外轮蜡黄色、内轮黄色，有光泽蜡质、紫色条纹，呈浓香花托坛状，口部收缩；果托近木质化，坛状或倒卵状椭圆形，口部收缩，并具有钻状披针形的被毛附生物。
生长习性：性喜光，稍耐阴；具一定耐寒性，在露地越冬时，一般要求-10 ℃以上；较耐旱，不耐水淹，忌黏土和盐碱土，喜肥沃、疏松、湿润、排水良好的中性或微酸性砂质土壤。
地理分布：在中国西南、华中、华东、华北均有分布；日本、朝鲜和欧洲、美洲均有引种栽培。
园林用途：一般孤植、对植、丛植、群植于园林与建筑物的入口处两侧。

三十七、月季花

学名:*Rosa chinensis* Jacq.

科属名称:蔷薇科蔷薇属。

形态特征:常绿、半常绿灌木;叶子为羽状复叶,表面深绿有光泽而叶背青白,且无毛面具有小托叶,边缘有锐锯齿,小枝有钩状皮刺;花分单瓣和重瓣;果卵圆形或梨形,熟时红色。

生长习性:喜温暖、日照充足、空气流通的环境,喜温暖、湿润的气候,适应性强,耐寒,耐旱,对气候、土壤要求不严格。

地理分布:在中国主要分布于湖北、四川和甘肃等省的山区,尤以上海、南京、常州、天津、郑州和北京等市种植最多。各省区及世界各地普遍栽培,栽培品种甚多。

园林用途:春季主要观赏花卉,花期长,价格低,是布置花镜花坛的优良花材,可作刺篱花篱,盆景。

三十八、木瓜

学名:*Pseudocydonia sinensis* (Thouin) C. K. Schneid

科属名称:蔷薇科木瓜属。

形态特征:落叶灌木或小乔木,树皮片状脱落,小枝无刺,幼时有柔毛;叶为椭圆形,有锯齿;托叶膜质,花瓣为淡粉红色,单生于叶腋,果为长椭圆形,暗黄色,木质,有芳香味,果柄短。

生长习性:不耐阴,喜阳光充足、雨量充分、温暖的环境,喜半干半湿的土壤环境,适应性较强,耐寒,耐旱。

地理分布:分布于中国山东、陕西、湖北、江西、安徽、江苏、浙江、广东、广西等地。

园林用途:树姿优美,花簇集中,花量大色美,常被作为观赏树种孤植或者群植,作为盆景或在庭园或园林中栽培。

三十九、贴梗海棠

学名:*Chaenomeles speciosa* (Sweet) Nakai

科属名称:蔷薇科木瓜海棠属。

形态特征:落叶灌木,高达 2 m,枝条直立开展,有刺;叶片卵形至椭圆形,稀长椭圆形,长 3~9 cm,宽 1.5~5 cm;花先叶开放,3~5 朵簇生于二年生老枝上;果实球形或卵球形;萼片脱落,果梗短或近于无梗。

生长习性:喜光又稍耐阴,有一定耐寒能力,对土壤要求不严,耐瘠薄,但喜排水良好的肥沃土壤。

地理分布:中国各地常有栽培。

园林用途：亭亭玉立，花果繁茂，清香四溢。作为独特孤植观赏树或三五成丛地点缀于园林小品或园林绿地中，也可培育成独干或多干的乔灌木作片林或庭园点缀；春季观花，夏秋赏果，淡雅俏秀，多姿多彩。

四十、垂丝海棠

学名：*Malus halliana* Koehne

科属名称：蔷薇科苹果属。

形态特征：花丝下垂，花开朝下，名字由此而来；落叶小乔木，树冠疏散，枝开展；小枝细弱，微弯曲，圆柱形，呈紫色或紫褐色；冬芽卵形，先端渐尖，无毛或仅在鳞片边缘具柔毛，紫色；叶片卵形或椭圆形至长椭卵形，锯齿细钝或近全缘，质较厚实，表面有光泽，上面深绿色，有光泽并常带紫晕；花梗细弱，下垂，有稀疏柔毛，紫色，花瓣倒卵形，基部有短爪，粉红色，果实梨形或倒卵形，略带紫色，成熟很迟，萼片脱落。

生长习性：喜阳光，不耐阴，也不甚耐寒，喜温暖、湿润环境，适生于阳光充足、背风之处，对土壤要求不严格，微酸或微碱性土壤均可成长，但以土层深厚、疏松、肥沃、排水良好略带黏质的土壤生长更好。

地理分布：中国陕西、安徽、江苏、浙江、四川、云南等地均有栽培。

园林用途：观赏价值极高，树形优美、花色艳丽，可作大型盆栽或绿化树栽植。

四十一、枇杷

学名：*Eriobotrya japonica*（Thunb.）Lindl.

科属名称：蔷薇科枇杷属。

形态特征：常绿乔木；小枝粗壮，有绣色或灰棕色的茸毛，叶片革质呈倒披针形，上部边缘有疏锯齿，叶柄有灰棕色茸毛；圆锥花序顶生，花萼筒呈浅杯状；果实呈球形或长圆形，橙色或黄色，外有锈色柔毛。

生长习性：根系较浅，适宜温暖、湿润的气候，在生长发育过程中要求较高温度，较耐盐碱，喜排水良好、富腐殖质的中性或酸性土壤。

地理分布：中国长江流域以南均有栽培，多在低山丘陵及平原地区栽培；日本、越南、印度、缅甸、泰国、印度尼西亚也有栽培。

园林用途：树姿优美，花、果色泽艳丽，作为园景树，可孤植、群植。

四十二、石楠

学名：*Photinia serratifolia*（Desf.）Kalkman

科属名称：蔷薇科石楠属。

形态特征：常绿乔木；树枝为褐灰色；叶片呈革质，叶片的形状为长椭圆形或倒卵状椭圆形，叶片翠绿色，具光泽，花瓣为白色，近圆形；果实为红色球形，后成褐紫色；种子为平滑的棕色卵形。

生长习性:深根性,喜温暖、湿润气候,喜光稍耐阴,对土壤要求不严格,以肥沃、湿润、土层深厚、排水良好、微酸性的砂质土壤为佳。

地理分布:中国陕西秦岭南坡、甘肃南部及淮河流域以南各省区均有栽培;日本、印度尼西亚也有栽培。

园林用途:树冠可修剪造型,是具观赏价值的常绿阔叶乔木。作为庭荫树或进行绿篱栽植,常种植于庭园、路旁、街头交叉点。

四十三、碧桃

学名:*Amygdalus persica* L. var. *persica* f. *duplex* Rehd.

科属名称:蔷薇科桃属。

形态特征:桃的变种。落叶乔木;叶椭圆状披针形,叶缘有细锯齿,小枝红褐色或褐绿色,花单生,重瓣或半重瓣,核果近球形,表面密被短绒毛。

生长习性:喜阳光、温暖的生长环境,耐旱、耐寒的能力较好;但是不耐水湿,不喜欢土壤有积水;适宜于肥沃并且排水性良好的砂质土壤。

地理分布:原产我国,各省区广泛栽培;世界各地均有栽植。

园林用途:被广泛用于湖滨、溪流、道路两侧和公园等。可片植形成桃林,也可孤植点缀于草坪中,亦可与贴梗海棠等花灌木配植,形成百花齐放的景象。

四十四、梅

学名:*Armeniaca mume* Sibe.

科属名称:蔷薇科杏属。

形态特征:落叶小乔木,稀灌木;树皮浅灰色或带绿色,平滑;小枝绿色,光滑无毛;叶片卵形或椭圆形,叶边常具小锐锯齿,灰绿色;花单生或有时2朵同生于1芽内,香味浓,先于叶开放;花萼通常红褐色,但有些品种的花萼为绿色或绿紫色;花瓣倒卵形,白色至粉红色;果实近球形,黄色或绿白色,被柔毛,味酸;果肉与核粘贴;核椭圆形,两侧微扁。

生长习性:喜温暖、湿润的气候,耐寒性不强,较耐干旱,不耐涝,寿命长。

地理分布:中国各地均有栽培,但以长江流域以南各省最多,江苏北部和河南南部也有少数品种,某些品种已在华北引种成功。

园林用途:通常作为盆景种植,最宜植于庭园、草坪、低山丘陵,可孤植、丛植、群植。

四十五、日本晚樱

学名:*Prunus serrulata* var. *lannesiana* (Carri.) Makino

科属名称:蔷薇科李属。

形态特征:落叶乔木植物;小枝粗壮无毛;叶片倒卵形或椭圆形,先端长尾状渐尖,边缘有长芒状重锯齿;花总梗短,有时无总梗,伞房花序,花瓣先端凹形,粉红色或近白色;果卵形,成熟时黑色有光泽。

生长习性:喜光,耐寒,喜湿,喜肥沃、深厚且排水良好的微酸性土壤,中性土也适应,不耐盐碱。

地理分布:引自于日本,中国各地均有栽培。

园林用途:常用作行道树、风景树、庭荫树。

四十六、棣棠

学名:*Kerria japonica*(L.)DC.

科属名称:蔷薇科棣棠花属。

形态特征:落叶灌木,小枝绿色,具棱,无毛;单叶互生,叶卵形或三角状卵形,顶端长渐尖,基部圆形、截形或微心形,边缘有尖锐重锯齿;花两性,单花大,花梗无毛;萼片卵状椭圆形,顶端急尖,有小尖头,全缘,无毛,果时宿存;花瓣宽椭圆形,顶端微凹;雄蕊多数,花盘环状;花柱顶生,直立;瘦果倒卵球形,侧扁,有皱褶,黑褐色。

生长习性:喜光,较耐阴,喜温暖、湿润气候,不甚耐寒,萌蘖力强。

地理分布:原产中国华北至华南,分布于中国华东、西南及陕西、甘肃、河南、湖北、湖南等地。

园林用途:适于栽植成绿篱、花篱和配植于林下,或丛植于草坪、角隅、路边、林缘、假山旁等。花可作切花和插瓶观赏。

四十七、紫荆

学名:*Cercis chinensis* Bunge

科属名称:豆科紫荆属。

形态特征:落叶灌木;树皮和小枝灰白色;叶纸质,近圆形或三角状圆形,先端急尖,基部浅至深心形,两面通常无毛,叶缘膜质透明,花紫红色或粉红色,簇生于老枝和主干上;荚果扁狭长形,绿色,种子黑褐色,光亮,有毒。

生长习性:喜光,有一定的耐寒性;耐修剪,喜肥沃、排水良好的土壤,不耐淹。

地理分布:产于中国东南部,北至河北,南至广东、广西,西至云南、四川,西北至陕西,东至浙江、江苏和山东等省区均有栽培。

园林用途:作为园景树,常灌丛式植于建筑周边。

四十八、紫藤

学名:*Wisteria sinensis*(Sims)Sweet

科属名称:豆科紫藤属。

形态特征:落叶藤本;茎左旋,奇数羽状复叶,小叶纸质,卵状椭圆形或卵状披针形,小托叶刺毛状;总状花序,花冠紫色,荚果倒披针形,密被绒毛,种子呈褐色,扁圆形,具有光泽。

生长习性:对气候和土壤的适应性强,较耐寒,能耐水湿及瘠薄土壤,喜光,较耐阴。以土层深厚、排水良好、向阳避风的地方栽培最适宜,主根深,侧根浅,不耐移栽。

地理分布:中国辽宁、陕西、甘肃及华北和长江以南各省区均有栽培。

园林用途:作为观花绿荫藤本植物,宜作棚架、门廊、枯树、山石、墙面的绿化材料,也可修剪成灌木状植于草坪、溪水边、岩石旁,还可用于盆栽。

四十九、合欢

学名:*Albizia julibrissin* Durazz.

科属名称:豆科合欢属。

形态特征:落叶乔木,树冠开展;小枝有棱角,嫩枝、叶子、花序上都有细小绒毛;二回羽状复叶互生各部分,叶子有针状的外观,较小,很早就会脱落;花序在枝顶部排成圆锥形状,花多为粉红色;果实呈带状,嫩的果实外表有柔毛,成熟的则没有柔毛。

生长习性:生长快,喜光,耐寒性稍差,耐干旱和贫瘠,对土壤要求不高,不耐水涝。

地理分布:中国东北至华南及西南部各省区均有种植。

园林用途:树形开张,冠大荫浓,夏季花开时节色香俱佳,开花如绒簇,可用作园景树、城市行道树、观赏树、风景区造景树、滨水绿化树。

五十、白车轴草

学名:*Trifolium repens* L.

科属名称:豆科车轴草属。

形态特征:多年生草本;主根短,侧根和须根发达;茎匍匐蔓生,上部稍上升,节上生根,全株无毛;掌状三出复叶;托叶卵状披针形,膜质,基部抱茎成鞘状,离生部分锐尖;叶柄较长,小叶倒卵形至近圆形,先端凹头至钝圆,基部楔形渐窄至小叶柄,中脉在下面隆起,花序球形顶生,总花梗甚长,比叶柄长近1倍,花朵密集;无总苞;苞片披针形,膜质,锥尖;花梗比花萼稍长或等长,开花立即下垂;萼钟形,具脉纹10条,萼齿5,披针形,稍不等长,短于萼筒,萼喉开张,无毛;花冠白色、乳黄色或淡红色,具香气;旗瓣椭圆形,比翼瓣和龙骨瓣长近1倍,龙骨瓣比翼瓣稍短;荚果长圆形;种子通常3粒;种子阔卵形。

生长习性:为长日照植物,不耐荫蔽;具有一定的耐旱性,喜温暖、湿润气候,不耐长期积水,对土壤要求不高,尤其喜欢黏土、弱酸性土壤,不耐盐碱。

地理分布:原产欧洲和北非,世界各地均有栽培。

园林用途:管理粗放且使用年限长,具有改善土壤及水土保湿作用,可用于园林、公园、高尔夫球场等绿化草坪的建植。

五十一、紫薇

学名：*Lagerstroemia indica* L.
科属名称：千屈菜科紫薇属。
形态特征：落叶小乔木或灌木；树干高，树皮平滑，呈灰色或灰褐色；枝干多扭曲，小枝纤细，略呈翅状；叶纸质，呈椭圆形、阔矩圆形；花淡红色、紫色或白色，圆锥花序生于顶端；蒴果椭圆状球形或阔圆形，种子有翅。
生长习性：半阴生，喜生于肥沃、湿润的土壤上，也能耐旱，不论钙质土或酸性土都生长良好。
地理分布：中国广东、广西、湖南、福建、江西、浙江、江苏、湖北、河南、河北、山东、安徽、陕西、四川、云南、贵州及吉林均有生长或栽培。
园林用途：花色鲜艳，花期长，可作为庭园观赏树，也可作为盆景。

五十二、石榴

学名：*Punica granatum* L.
科属名称：千屈菜科石榴属。
形态特征：落叶灌木或乔木；小枝柔韧，不易折断；枝具小刺；旺树多刺，老树少刺；叶对生或簇生，呈长披针形至长圆形，顶端尖，表面有光泽；浆果为近球形，通常淡黄褐色或淡黄绿色；种子多数，肉质外种皮为淡红色至乳白色。
生长习性：喜温暖、向阳的环境，耐旱、耐寒，也耐瘠薄，不耐涝和荫蔽。对土壤要求不严，但以排水良好的夹沙土栽培为宜。
地理分布：全世界的温带和热带都有种植，中国南北都有栽培。
园林用途：石榴花形状有单重瓣之分，颜色以火红色为最多，果实丰硕，是观花观果的优良树种，可列植于道路边，或群植于公园。

五十三、凌霄

学名：*Campsis grandiflora* (Thunb.) Schum.
科属名称：紫葳科凌霄属。
形态特征：攀缘藤本；茎木质，表皮脱落，枯褐色，以气生根攀附于它物之上；叶对生，为奇数羽状复叶；小叶卵形至卵状披针形，边缘有粗锯齿；顶生疏散的短圆锥花序，花萼钟状，花冠内面鲜红色，外面橙黄色，蒴果细长如豆荚。
生长习性：生性强健，性喜温暖；有一定的耐寒能力；生长喜阳光充足，但也较耐阴；在盐碱瘠薄的土壤中也能正常生长。
地理分布：中国长江流域各地，以及河北、山东、河南、福建、广东、广西、陕西、台湾均有栽培；日本、越南、印度、巴基斯坦也有栽培。

园林用途：老干扭曲盘旋、苍劲古朴，其花色鲜艳，芳香味浓，花期很长，可作室内的盆栽，是一种受人喜爱的地栽和盆栽花卉。

五十四、地锦

学名：*Parthenocissus tricuspidata* (Siebold & Zucc.) Planch.

科属名称：葡萄科地锦属。

形态特征：木质藤本；小枝圆柱形，几无毛或微被疏柔毛；卷须顶端嫩时膨大呈圆珠形，后遇附着物扩大成吸盘；单叶，3浅裂或不裂，叶片通常倒卵圆形，边缘有粗锯齿，多歧聚伞花序；果实球形，种子倒卵圆形，顶端圆形，基部急尖成短喙。

生长习性：喜阴湿，耐旱，耐寒，对气候、土壤的适应能力很强，对土壤酸碱适应范围较大，但以排水良好的砂质土或壤土最为适宜。

地理分布：分布于中国吉林、辽宁、河北、河南、山东、安徽、江苏、浙江、福建、台湾；朝鲜、日本也有分布。

园林用途：是园林绿化中很好的垂直绿化材料，既能美化墙壁，又有防暑隔热的作用。对二氧化硫等有害气体有较强的抗性，适宜在宅院墙壁、围墙等处配植。

五十五、栾

学名：*Koelreuteria paniculata* Laxm.

科属名称：无患子科栾属。

形态特征：落叶乔木或灌木；树皮厚，灰褐色至灰黑色，老时纵裂；一回、不完全二回或偶为二回羽状复叶，叶对生或互生，纸质，卵形、阔卵形至卵状披针形；聚伞圆锥花序；花淡黄色，花瓣4枚；花盘偏斜，有圆钝小裂片；子房三棱形；蒴果圆锥形，具3棱，顶端渐尖，室背开裂为3果瓣，果瓣膜质卵形，外面有网纹；每室1颗种子，黑色，近球形。

生长习性：阳性树种，喜光，耐旱，耐寒，耐贫瘠，在弱酸性和碱性土壤中均能生长良好。

地理分布：在中国分布于大部分省区，自东北辽宁起，经中部至西南部的云南。

园林用途：适于用作行道树和庭荫树。

五十六、鸡爪槭

学名：*Acer palmatum* Thunb.

科属名称：槭树科槭属。

形态特征：落叶小乔木；树皮深灰色，树冠伞形；枝条开张，细弱，小枝紫色或淡紫绿色，老枝淡灰紫色；叶对生；叶近圆形，基部心形或近心形，5~9掌状分裂，通常7裂，裂片长圆卵形或披针形，先端锐尖或长锐尖，边缘具紧贴的尖锐锯齿，裂片间的凹缺钝尖或锐尖，深达叶片直径的1/2或1/3；伞房花序，花紫色，杂性，雄花与两性花同株；花萼与花瓣均为5;雄蕊8,花盘微裂,位于雄蕊外侧,花柱长,2裂,柱头扁平,花梗细瘦;幼果紫红色,熟后褐黄色,翅果,果核球形,脉纹显著,两翅张开成钝角。

生长习性:喜温暖气候,适生于阴凉疏松、肥沃之地。

地理分布:分布于中国山东、河南南部、江苏、浙江、安徽、江西、湖北、湖南、贵州等省;朝鲜和日本也有分布。

园林用途:叶形美观,入秋后转为鲜红色,色艳如花,灿烂如霞,为优良的观叶树种,可作行道和观赏树栽植。常用不同品种配植于一起,形成色彩斑斓的槭树园;也可在常绿树丛中杂以槭类品种,营造"万绿丛中一点红"景观;植于山麓、池畔以显其潇洒、婆娑的绰约风姿,配以山石则具古雅之趣。另外,还可植于花坛中作主景树,植于园门两侧,建筑物角隅,装点风景;也可作室内盆栽。

五十七、五角枫

学名:*Acer pictum* subsp. *mono*（Maxim.）H. Ohashi

科属名称:槭树科槭属。

形态特征:落叶乔木,高可达20 m;树皮粗糙,有裂纹,灰色或灰褐色;小枝细瘦,冬芽近于球形,鳞片卵形,花多数,杂性,雄花与两性花同株,生于有叶的枝上,花的开放与叶的生长同时;萼片黄绿色,长圆形,花瓣淡白色,椭圆形或椭圆倒卵形,花药黄色,椭圆形;子房无毛或近于无毛,翅果嫩时紫绿色,成熟时淡黄色;小坚果压扁状,翅长圆形。

生长习性:喜阳,稍耐阴,喜温凉、湿润气候,耐寒性强,但过于干冷则对生长不利,在炎热地区也如此。对土壤要求不严,在酸性土、中性土及石灰性土中均能生长,但以湿润、肥沃、土层深厚的土中生长最好。

地理分布:分布于中国东北、华北和长江流域各省。

园林用途:五角枫的秋叶变亮黄色或红色,适宜作庭荫树、行道树及风景林树种。

五十八、三角枫

学名:*Acer buergerianum* Miq.

科属名称:槭树科槭属。

形态特征:落叶乔木,高5~10 m;树皮暗灰色,片状剥落;叶倒卵状三角形、三角形或椭圆形,长6~10 cm,宽3~5 cm,通常3裂,裂片三角形,近于等大而呈三叉状,顶端短渐尖,全缘或略有浅齿,表面深绿色,无毛,背面有白粉,初有细柔毛,后变无毛;伞房花序顶生,有柔毛;花黄绿色,发叶后开花;子房密生柔毛;翅果棕黄色,两翅呈镰刀状,中部最宽,基部缩窄,两翅开展成锐角,小坚果凸起,有脉纹。

生长习性:喜光,稍耐阴,喜温暖、湿润气候,稍耐寒,较耐水湿,耐修剪。

地理分布:产于中国长江中下游地区,黄河流域亦有栽培。

园林用途:宜作庭荫树、行道树及护岸树种,也可栽作绿篱。

五十九、常春藤

学名：*Hedera nepalensis* var. *sinensis*（Tobl.）Rehd.

科属名称：五加科常春藤属。

形态特征：多年生常绿攀缘灌木；茎灰棕色或黑棕色，光滑，有气生根，幼枝被鳞片状柔毛；单叶互生，无托叶，叶二型；伞形花序单个顶生，或2~7个总状排列或伞房状排列成圆锥花序；萼密生棕色鳞片，边缘近全缘，花瓣5，三角状卵形，外面有鳞片，雄蕊5，子房下位，5室，花柱全部合生成柱状；花盘隆起；果实圆球形，花柱长，宿存。

生长习性：阴性植物，在全光照的环境中也可生长，耐寒性较强，不耐盐碱。

地理分布：产于中国陕西、甘肃及黄河流域以南至华南和西南。

园林用途：在庭园中可攀缘于假山、岩石，或在建筑阴面作垂直绿化材料，也可作盆栽，供室内绿化观赏用。

六十、栀子

学名：*Gardenia jasminoides* J. Ellis

科属名称：茜草科栀子属。

形态特征：常绿灌木；枝圆柱形，灰色；叶对生，或为3枚轮生，革质，托叶膜质；花芳香，通常单朵生于枝顶；萼管倒圆锥形或卵形，有纵棱；花冠白色或乳黄色，高脚碟状，喉部有疏柔毛，冠管狭圆筒形；果卵形、近球形、椭圆形或长圆形，黄色或橙红色，有翅状纵棱5~9条，顶部有宿存萼片；种子多数，扁，近圆形，稍有棱角。

生长习性：喜温暖、湿润气候，较耐旱，忌积水。适宜生长在疏松、肥沃、排水良好、轻黏性酸性土壤中。

地理分布：在中国分布广泛。

园林用途：花大而美丽，芳香，适用于阶前、池畔和路旁的配植，也可作绿篱和盆栽观赏。

六十一、万寿菊

学名：*Tagetes erecta* L.

科属名称：菊科万寿菊属。

形态特征：一年生草本；茎直立，粗壮，具纵细条棱，分枝向上平展；叶羽状分裂，裂片长椭圆形或披针形，边缘具锐锯齿，沿叶缘有少数腺体；头状花序单生，花序梗顶端棍棒状膨大；舌状花黄色或暗橙色，舌片倒卵形，基部收缩成长爪，顶端微弯缺；管状花花冠黄色，瘦果线形，基部缩小，黑色或褐色，被短微毛。

生长习性：喜光，充足阳光对万寿菊生长十分有利，阳光不足，茎叶柔软细长，开花少而小；对土壤要求不严，以肥沃、排水良好的砂质壤土为好。

地理分布:中国各地均有栽培。
园林用途:常用来点缀花坛、广场、花丛、花境,培植花篱。

六十二、银叶菊

学名:*Jacobaea maritima*(L.)Pelser & Meijden

科属名称:菊科千里光属。

形态特征:多年生草本;茎、叶被银白色柔毛覆盖;基生叶椭圆状披针形,全缘,上部叶片1~2回羽状分裂;头状花序集成伞房花序,舌状花小,金黄色,管状花褐黄色。

生长习性:喜温暖、光照充足的环境,较耐寒,较耐热,耐瘠;喜肥沃疏松、排水良好的土壤。

地理分布:原产于地中海沿岸,现中国广泛栽培。

园林用途:可与其他色彩的纯色花卉配植栽植,作草坪及地被观叶类植物,是重要的花坛观叶植物。

六十三、蒲公英

学名:*Taraxacum mongolicum* Hand. Mazz

科属名称:菊科蒲公英属。

形态特征:多年生草本;叶倒卵状披针形、倒披针形或长圆状披针形,先端钝或急尖,边缘有时具波状齿或羽状深裂,有时倒向羽状深裂或大头羽状深裂,顶端裂片较大,三角形或三角状戟形,全缘或具齿,裂片间常夹生小齿,基部渐窄成叶柄,叶柄及主脉常带红紫色,疏被蛛丝状白色柔毛或几无毛;花葶上部紫红色,密被蛛丝状白色长柔毛;头状花序,总苞钟状,淡绿色;外层总苞片卵状披针形或披针形,边缘宽膜质,基部淡绿色,上部紫红色,先端增厚或具小到中等的角状突起;内层总苞片线状披针形,先端紫红色,具小角状突起;舌状花黄色,边缘花舌片背面具紫红色条纹,花药和柱头暗绿色;瘦果倒卵状披针形,暗褐色,上部具小刺,下部具成行排列的小瘤,冠毛白色。

生长习性:抗旱、抗涝、耐瘠薄能力较强,种植、管护成本低,广泛生长于中低海拔地区的山坡草地、路边、田野、河滩。

地理分布:在全国大部分地区均有分布。

园林用途:花期较长,具有观赏价值,做缀花草坪或者植于园林铺路的砖石条缝中。

六十四、酢浆草

学名:*Oxalis corniculata* L.

科属名称:酢浆草科酢浆草属。

形态特征:多年生草本植物,全株被柔毛;根茎稍肥厚;茎细弱,多分枝,直立或匍匐,匍匐茎节上生根;叶基生或茎上互生;托叶小,长圆形或卵形,边缘被密长柔毛,基部与叶柄合生,或同一植株下部托叶明显而上部托叶不明显;叶柄基部具关节;小叶3,无柄,倒心形,先端凹入,基部宽楔形,两面被柔毛或表面无毛,沿脉被毛较密,边缘具贴伏缘毛;花单生或数朵集为伞形花序状,腋生,总花梗淡红色,与叶近等长,果后延伸;小苞片披针形,膜质;萼片5,披针形或长圆状披针形,背面和边缘被柔毛,宿存;花瓣5,黄色,长圆状倒卵形,雄蕊花丝白色半透明,有时被疏短柔毛,基部合生,长、短互间,长者花药较大且早熟;蒴果近圆柱形,被柔毛,5棱;种子扁卵形,褐色或红棕色,具横向肋状网纹。

生长习性:喜向阳、温暖、湿润的环境,抗旱能力较强,不耐寒,对土壤适应性较强,一般园土均可生长,但以腐殖质丰富的砂质壤土生长旺盛。

地理分布:目前在中国各地均有分布;亚洲温带、亚热带、欧洲、地中海、北美等地也有分布。

园林用途:是园林绿化极好的地被植物。

六十五、三色堇

学名:*Viola tricolor* L.
科属名称:堇菜科堇菜属。
形态特征:二年或多年生草本;地上茎较粗;叶片长卵形或披针形,上部位叶叶柄较长,下部位较短;三色堇花的个头比较大,通常每花有紫、白、黄三色;蒴果呈现椭圆形。
生长习性:较耐寒,喜凉爽,喜阳光;忌高温和积水,耐寒抗霜,日照长短比光照强度对开花的影响大,喜肥沃、排水良好、富含有机质的中性壤土或黏壤土。
地理分布:中国南北方均有栽培。
园林用途:在庭园布置上常地栽于花坛上,可作毛毡花坛、花丛花坛,成片、成线、成圆镶边栽植都很相宜;还适宜布置花境、草坪边缘;不同的品种与其他花卉配合栽种能形成独特的早春景观;另外也可作盆栽。

六十六、睡莲

学名:*Nymphaea tetragona* Georgi
科属名称:睡莲科睡莲属。
形态特征:多年水生草本;根状茎短粗;叶纸质,心状卵形或卵状椭圆形,基部具深弯缺,裂片急尖,稍开展或几重合,全缘,上面光亮,下面带红色或紫色,两面皆无毛,具小点;花梗细长;花萼基部四棱形,萼片革质,宽披针形或窄卵形,宿存;花瓣白色,宽披针形、长圆形或倒卵形,内轮不变成雄蕊;雄蕊比花瓣短,花药条形,浆果球形,为宿存萼片包裹;种子椭圆形,黑色。
生长习性:喜阳光、通风良好的环境,对土质要求不严,喜富含有机质的壤土。
地理分布:在中国广泛分布;俄罗斯、朝鲜、日本、印度、越南、美国均有分布。
园林用途:在园林水景和园林小品中经常出现。

六十七、佛甲草

学名：*Sedum lineare* Thunb.

科属名称：景天科景天属。

形态特征：多年生草本,全株无毛;3叶轮生,少有4叶轮生或对生的,叶线形,先端钝尖,基部无柄,有短距;花序聚伞状,顶生,中央有一朵有短梗的花;萼片5,线状披针形,花瓣5,黄色,披针形,先端急尖,基部稍狭;雄蕊10,较花瓣短;鳞片5,宽楔形至近四方形;蓇葖略叉开,花柱短,种子小。

生长习性：生长适应性强,耐旱,较耐寒,易栽种。

地理分布：主要分布于北温带和热带,中国及日本等地均有分布。在中国自然分布面很广,地域跨度大。

园林用途：可作盆栽;可与乔木、花灌木配植在一起作为园林绿化;也可以作为花坛、花境的底色或道路两侧的镶边材料,或者生长于庭园假山石上,点缀山石;根系浅,可作屋顶绿化植物;是优良的地被植物,可作护坡草。

六十八、矾根

学名：*Heuchera micrantha* Dougl.

科属名称：虎耳草科矾根属。

形态特征：多年生宿根耐寒草本花卉,浅根性;叶基生,阔心型,深紫色,花小,钟状,两侧对称。

生长习性：耐寒,喜阳耐阴;喜中性偏酸、疏松肥沃的壤土,适宜生长在湿润、但排水良好、半遮阴的土壤中,忌强光直射。

地理分布：原产于美洲中部,在我国北方适宜生长。

园林用途：多用于林下花境、花坛、花带、地被、庭园绿化等。

六十九、绣球

学名：*Hydrangea macrophylla* (Thunb.) Ser.

科属名称：绣球花科绣球属。

形态特征：绣球原名"八仙花",人们见此花长得像绣球,又称之为"绣球花"。木本,树冠为球形;叶为倒卵形或宽椭圆形,叶柄粗,无毛;花序为球形或头状,分枝粗,附着有柔毛,花密集;果实为陀螺状。

生长习性：喜光耐半阴,宜温暖、湿润环境,不甚耐寒;土壤酸碱度对花色影响极大,酸性土上开蓝色花,碱性土上开红色花。

地理分布：中国福建、江西、广东、香港及云南、贵州、四川等地均有栽培。

园林用途：可配植于稀疏的树荫下及林荫道旁,片植于荫向山坡、建筑物入口处,丛植于庭院一角。

项目三　被子植物门——单子叶植物纲

一、棕榈

学名：*Trachycarpus fortunei*（Hook.）H. Wendl.

科属名称：棕榈科棕榈属。

形态特征：乔木状,树干圆柱形,老叶柄基部不易脱落和密集的网状纤维;黄绿色花序,多次分枝,通常是雌雄异株;果实阔肾形,成熟时由黄色变为淡蓝色,有白粉。

生长习性：喜温暖、湿润气候,极耐寒,较耐阴,极耐旱,不能抵受太大的日夜温差;适生于排水良好、湿润、肥沃的中性、石灰性或微酸性土壤,耐轻盐碱,也耐一定的干旱与水湿;抗大气污染能力强,易风倒,生长慢。

地理分布：分布于中国黄河以南各省区;日本、印度、缅甸也有。

园林用途：树形优美,常作园景树,可于建筑周边孤植。

二、芭蕉

学名：*Musa basjoo* Siebold & Zucc. ex Iinuma

科属名称：芭蕉科芭蕉属。

形态特征：多年生草本植物;根茎较长,叶片长圆形,具横出平行脉,叶面为鲜绿色,有光泽;叶柄粗壮,先端钝,基部圆形或不对称;花序顶生,下垂,浆果长圆形,种子黑色。

生长习性：喜温暖、湿润的气候,对温度和土壤有着较高要求,要求土层深厚、疏松肥沃、排水良好。

地理分布：中国南方大部分地区以及陕西、甘肃、河南部分地区都有栽培。

园林用途：是中国园林中重要的意象植物,可于建筑周边丛植,还可以作盆景。

三、美人蕉

学名：*Canna indica* L.

科属名称：美人蕉科美人蕉属。

形态特征：多年生草本植物;球根类花卉,根为具块状;全株绿色没有毛,被蜡质白粉;地上假茎直立无分枝,叶片为卵状长圆形,单叶互生,具鞘状的叶柄;总状花序,或簇生;萼片3;花冠外轮退化雄蕊2~3枚;蒴果,长卵形,外被软刺。

生长习性：几乎不择土壤,以湿润、肥沃的疏松砂壤土为好,稍耐水湿;喜温暖、湿润气候,不耐霜冻,喜阳光充足、土地肥沃,在原产地无休眠性,周年生长开花;适应性强。

地理分布:原产于美洲、印度、马来半岛等热带地区。全国各地均可栽培,但不耐寒,长江中下游地区,冬季地上部枯萎,地下根茎可露地越冬。

园林用途:可盆栽,也可地栽,装饰花坛。在园林绿化中被广泛用于道路绿化、小区绿化、工厂、公园等地。宜作花境背景或在花坛中心栽植,也可成丛或成带状种植在林缘、草地边缘。矮生品种可盆栽或作阳面斜坡地被植物。

四、芦苇

学名:*Phragmites australis*（Cav.）Trin. ex Steud.

科属名称:禾本科芦苇属。

形态特征:多年生草本植物;有发达的根状茎,秆直立;叶片披针状线形,排列成两行;叶鞘长于其节间,叶舌边缘密生一圈长约 1 mm 的短纤毛,两侧缘毛长 3~5 mm,易脱落;圆锥状花序微向下弯垂,分枝多数,着生稠密下垂的小穗;果实呈披针形。

生长习性:芦苇能适应不同的生态环境,根据对环境的适应性,分为湿地芦苇和旱生芦苇。

地理分布:在全球广泛分布。

园林用途:芦苇花序雄伟美观,常种植在湖边、河岸低湿处等。

五、早园竹

学名:*Phyllostachys propinqua* McClure

科属名称:禾本科刚竹属。

形态特征:幼竿绿色被以渐变厚的白粉,光滑无毛,竿环微隆起,与箨环同高。箨鞘背面淡红褐色或黄褐色,另有颜色深浅不同的纵条纹,无毛,亦无白粉,上部两侧常先变干枯而呈草黄色,被紫褐色小斑点和斑块,尤以上部较密;无箨耳及鞘口䍁毛;箨舌淡褐色,拱形,有时中部微隆起,边缘生短纤毛;箨片披针形或线状披针形,绿色,背面带紫褐色;末级小枝具 2 或 3 叶;常无叶耳及鞘口䍁毛;叶舌强烈隆起,先端拱形,被微纤毛;叶片披针形或带状披针形,笋期 4 月上旬开始,出笋持续时间较长。

生长习性:喜温暖、湿润气候,耐旱力、抗寒性强;适应性强,轻碱地、沙土及低洼地均能生长,喜疏松、肥沃、土层深厚、透气、保水性能良好的砂质壤土,怕积水,喜光怕风。

地理分布:分布于中国河南、江苏、安徽、浙江、贵州、广西、湖北等省区。

园林用途:地下鞭根系发达,纵横交错,具有良好的保土、涵水功能。竹林四季常青,挺拔秀丽,既可防风遮阴,又可点缀庭园,美化环境。

六、麦冬

学名:*Ophiopogon japonicus*（L. f.）Ker Gawl.

科属名称:百合科沿阶草属。

形态特征:根较粗,中间或近末端具椭圆形或纺锤形小块根,小块根淡褐黄色;茎很短;花单生或成对生;种子球形。

生长习性:喜温暖、湿润气候,生长过程中需水量大,要求光照充足,尤其是块根膨大期,光照充足才能促进块根的膨大。对土壤条件有特殊要求,宜于土质疏松、肥沃湿润、排水良好的微碱性砂质壤土。

地理分布:中国大部分地区均有栽培。

园林用途:具有很高的绿化价值,银边麦冬、金边阔叶麦冬、黑麦冬等具极佳的观赏价值,既可以用来进行室外绿化,又是不可多得的室内盆栽观赏佳品。

七、梧桐

学名:*Firmiana simplex* (L.) W. Wight

科属名称:梧桐科梧桐属。

形态特征:落叶乔木;梧桐树皮青绿色,平滑;叶心形,叶柄与叶片等长;花为圆锥花序顶生,花色淡黄;果为蓇葖果膜质,有柄;种子球形。

生长习性:喜温暖、湿润的气候,喜光,稍耐阴,不耐寒,喜肥沃、湿润的砂质土壤。

地理分布:在中国广泛分布;日本等国家也有分布。

园林用途:梧桐高大挺拔,冠形优美,对二氧化硫、氯气等有毒气体有较强的对抗性,是公园、绿地、社区、校园及庭园绿化的良好树种。

八、鸢尾

学名:*Iris tectorum* Maxim.

科属名称:鸢尾科鸢尾属。

形态特征:多年生草本植物;根茎粗壮,植株基部围有老叶残留的膜质叶鞘及纤维。叶基生,黄绿色,稍弯曲,中部略宽,宽剑形,顶端渐尖或短渐尖,基部鞘状,有数条不明显的纵脉。花茎光滑,顶部常有1~2个短侧枝,中、下部有1~2枚茎生叶;苞片2~3枚,绿色,草质,边缘膜质,色淡,披针形或长卵圆形,顶端渐尖或长渐尖,内包含有1~2朵花。花梗短;花被管细长,上端膨大成喇叭形,外花被裂片圆形或宽卵形,顶端微凹,爪部狭楔形,中脉上有不规则的鸡冠状附属物,成不整齐的繸裂,内花被裂片椭圆形,花盛开时向外平展,爪部突然变细;花丝细长;花柱分枝扁平,顶端裂片近四方形,有疏齿,子房纺锤状圆柱形。蒴果长椭圆形或倒卵形,有6条明显的肋,成熟时自上而下3瓣裂;种子黑褐色,梨形,无附属物。

生长习性:喜阳光充足、气候凉爽的环境,耐寒力强,喜适度湿润、排水良好、富含腐殖质、略带碱性的黏性石灰质土壤。

地理分布:在中国分布较广。

园林用途:是庭园中的重要花卉之一,也是优美的盆花、切花和花坛用花,有些种类为优良的鲜切花材料,可用于地被植物。

第三部分 植物的结构及发育

项目一 光学显微镜的结构、使用及植物细胞结构的观察

一、实训目的

(1)能够阐述光学显微镜的基本结构。
(2)能够正确使用显微镜。
(3)学会制作临时装片。
(4)能够用生物绘图法正确绘制观察到的细胞及组织结构。
(5)能够叙述光学显微镜下植物细胞的基本结构。

二、实训材料、器具与试剂

(1)材料　洋葱。
(2)器具　光学显微镜、载玻片、盖玻片、刀片、吸水纸、镊子、滴管、纱布、擦镜纸等。
(3)试剂　碘−碘化钾溶液、蒸馏水。

三、实训内容

(一)光学显微镜的结构

显微镜可分为光学显微镜和电子显微镜。光学显微镜包括单式光学显微镜和复式光学显微镜。复式光学显微镜常用于研究植物细胞、组织和器官的微观结构。复式光学显微镜又分为双目光学显微镜和单目光学显微镜,二者均利用光学原理,把标本放大成像,使得观察者能够看到细胞、组织和器官的微观结构。样本图像的放大倍数为目镜放大倍数和物镜放大倍数的乘积。二者的主要区别在于双目光学显微镜具有倍数相同的

成对目镜,并在镜筒座上安有调节瞳间距的示距滑板,两个目镜套筒上分别有用于调节视度差的镜筒长补偿环,单目光学显微镜则缺少这些装备。这两种显微镜其他结构大致相同,可分为机械部分和光学部分。

1. 机械部分

(1) 镜座(镜基) 即镜基部的底座,起稳定和支持整个镜体的功能。底座上装有照明装置,并附有照明亮度调节钮。

(2) 镜臂(镜架) 连接镜筒、载物台及镜座的部分,是显微镜的主要支持架。

(3) 物镜转换器 固定在镜筒或镜筒座下端,上面有3~4个物镜螺旋口。物镜按倍数高低顺序安放,当转动转换器时,物镜自动固定在使用的位置上。每个物镜的光轴与目镜光轴同心。

(4) 镜筒 即显微镜上部圆形中空的长筒,上面放置目镜,下端与物镜转换器相连,使目镜和物镜配合并保持一定距离。镜筒的作用是保护成像的光路和亮度。

(5) 载物台 载物台是承载玻片标本的平台,中央有一圆形或椭圆形的通光孔。在载物台上装有用以固定玻片的压片夹或移动标本玻片的推进器。推进器由两个重叠式螺旋调节,一个调节标本玻片前后方向移动,另一个调节标本玻片左右方向移动。在推进器的纵横方向上分别标有刻度尺,用以记录观察玻片标本在视野中移动的位置。

(6) 调焦装置 是指位于镜臂中下部两侧的同轴手轮。大的叫粗调焦螺旋,小的叫微调(或细调)焦螺旋。粗调焦螺旋用于粗略调焦;微调焦螺旋在粗调基础上进一步精确调焦,使所观察的标本成像更清晰。显微镜型号不同,调焦方式也不同。

(7) 聚光器升降螺旋 安装在载物台下方一侧。可上下调节聚光器,使光亮度适宜。

2. 光学部分

由成像系统和照明系统组成。成像系统包括物镜和目镜,照明系统包括反光镜或集光镜、聚光器(包括聚光镜和可变光栏)、照明装置。

(1) 物镜 在成像中将被检物体第一次放大。一般显微镜有3~4个不同放大倍数的物镜,在其金属筒口处标有物镜的种类、放大倍数、数值孔径等。如物镜上刻有"40、0.65、160、0.17"字样,40为物镜放大倍数,0.65表示数值孔径,即镜口率,放大倍数不同,镜口率也不同。镜口率越大,工作距离越小,分辨率越高。物镜的工作距离是指在显微镜对好焦后,前透镜表面与盖玻片表面之间的距离。分辨率指显微镜能分辨两点之间的最小距离,分辨的距离越小,分辨率越高。通常10×以下的物镜为低倍镜,40×~100×之间的物镜为高倍镜。100×物镜又被称为油镜,观察时在盖玻片与前透镜(物镜前面对着盖玻片的透镜)之间需用与玻璃折射率相仿的香柏油,使进入油镜的光线增多,视野亮度增强,物像清晰。

(2) 目镜 安放于镜筒上端,作用是将物镜放大的实像再放大1次,并把物像映入观察者的眼中。放大倍数一般为5×、10×、15×。目镜内的视野圈即为视野范围。

(3) 内置光源或反光镜 内置光源通常位于镜座内,可以通过调节镜座右侧的光调节旋钮调节光线强弱。使用显微镜时,先打开电源开关,将亮度调节平推钮移至适当位置,以此来获得适宜的视野亮度。待观察结束时,将亮度调节平推钮移到最小亮度处,然后才可关上电源开关。

在利用自然光源时用反光镜,它是一具平、凹两面的圆镜,可向各个方向转动,用镜面反射光线,并通过聚光器将其反射到物镜中。凹面镜有一定的聚光作用,光线较弱时使用,而平面镜反光较弱,当光线较强时使用。

(4)聚光镜(聚光器)　位于载物台通光孔下方的聚光器架上,由聚光镜(几个凸透镜)和虹彩光圈(可变光栏)组成。它使散射光集聚成束,以增强标本的亮度。

(5)可变光栏(虹彩光圈)　由十几张弧形金属薄片组成,可通过控制聚光镜数值孔径的大小,以调节通光量。观察时聚光镜的数值孔径应与物镜数值孔径相匹配,以得到物镜成像的最佳效果。可变光栏下面有一个滤光片托架,可根据需要安放某种色调的滤光片。

(二)光学显微镜的使用

1. 低倍镜的使用

(1)取镜和放置　取用、放回或搬动显微镜时,必须一手握住镜臂,一手托住镜座,使镜身直立,不可用一只手倾斜提携,以防摔落目镜。显微镜应在距实验台边沿 8 cm 左右、略偏左侧放置,右侧可放记录本或绘图纸等。

(2)对光　转动物镜转换器,将低倍物镜对准通光孔,当听到"咔"的轻微响声时,就表示位置已经对正了。对于具有内置光源的显微镜,插上电源线,打开开关,通过调节聚光器、可变光栏、光源强弱等,使视野中光线均匀、明亮而不刺眼。

(3)放置玻片　下降载物台,把玻片标本放在载物台中央,用压片夹固定载玻片。用玻片推进器使标本正对通光孔中心。

(4)调节焦距　两眼从侧面注视物镜,并慢慢转动粗调焦螺旋,使载物台上升至物镜距盖玻片 5 mm 左右处。双眼注视目镜,转动粗调使载物台缓缓下降,直到看到清晰的物像停止转动。如调节后找不到物像,应重新检查标本是否放在合适位置,再重复上述操作,直到出现清晰物像为止。为了使物像更加清晰,此时可使用微调,轻微转动至物像更清晰。

(5)低倍镜的观察　焦点调好后,可根据需要移动玻片,把要观察的部分移到最佳位置上。同时,根据材料的厚薄、颜色深浅、成像的反差强弱等调节进光量。若视野太亮,可缩小可变光栏(虹彩光圈),或适当降低聚光器,反之则升高聚光器或放大可变光栏。

2. 高倍镜的使用

(1)选好目标　在使用高倍镜前,应先在低倍镜中选好目标。将目标移至视野中央,然后转动物镜转换器,小心地将 40× 物镜移至正对通光孔。

(2)调整焦点　在正常情况下,当换上高倍物镜后,视野中即可出现模糊的物像,稍稍转动微调,就可观察到清晰的物像。如果低倍镜、高倍镜不能很好地配合使用,高倍镜转过来就看不到物像,则应重新调整焦点。两眼在一侧注视物镜,上升载物台使高倍镜头几乎与盖玻片接触,然后再观察目镜,转动粗调,稍稍下降载物台,就可看到所观察的物像,再调节微调,直到物像清晰。在换用高倍镜后,视野变小变暗,可升高聚光器或放大可变光栏(虹彩光圈)或调大镜座上的光源旋钮,使视野中的亮度增加。

3. 显微镜使用后的整理

观察结束后,应先将载物台下降到最低,再取下玻片,注意取玻片时切勿使之触碰镜头。之后再转动物镜转换器,使物镜镜头与通光孔错开,擦净镜身,盖上防尘罩。右手握镜臂,左手托镜座,将显微镜归位。

4. 使用显微镜的注意事项

(1) 显微镜是精密仪器,使用时一定要按规程操作,且轻拿轻放。

(2) 要保持显微镜的整洁,及时送回箱内。机械部分如有灰尘污垢,可用毛刷、纱布等擦拭。光学部分如有灰尘污垢,先用吹风球吹去,再用擦镜纸轻擦。如镜头上有油污,可先用擦镜纸蘸少许清洁剂(无水乙醇和乙醚混合液)擦拭干净,再换干净擦镜纸擦拭一遍。

(3) 显微观察时,必须两眼睁开,切勿睁一只眼闭一只眼。

(4) 标本必须加盖玻片,制作带水或药液的玻片标本时,必须两面擦干,再放载物台上观察。

(5) 如果遇到显微镜机件不灵,千万不可用力转动,更不要任意拆修,遇到问题应立即报告指导教师,要求协助排除故障,以免问题扩大造成损坏。

(6) 观察时,显微镜上凝结的水珠要及时擦干,用完后应放干燥处保存。

(7) 显微镜的整理:观察结束后,将载物台移到最低,取下玻片,将光源强度调至最小,关掉电源,拔下插头,转动转换器,把两个物镜偏到透光孔两旁。盖上防尘罩后把显微镜送回原处。

(三) 洋葱鳞叶内表皮临时装片的制作及细胞基本结构的观察

1. 洋葱鳞叶内表皮临时装片的制作

洋葱鳞叶内表皮临时装片的制作步骤如下:

(1) 用清水或清洁剂将载玻片和盖玻片洗干净后,再用洁净的纱布将载玻片和盖玻片擦干。

(2) 将载玻片放在实验台上(距桌子边沿 5 cm 以上),用滴管在载玻片的中央滴一滴清水。

(3) 用镊子从洋葱鳞叶内侧撕取一小块透明薄膜(内表皮,大小约 5 mm×5 mm),把撕下的内表皮浸入载玻片上的水滴中,并用镊子将其展平。

(4) 用镊子夹起盖玻片,使它的一边先接触载玻片上的水滴,然后缓缓地将盖玻片放下,盖在洋葱内表皮上,避免盖玻片下出现气泡。

(5) 把 1~2 滴碘-碘化钾染液滴在盖玻片的一侧;用吸水纸从盖玻片的另一侧吸引,使染液浸润全部表皮细胞。也可在加盖盖玻片之前,将碘-碘化钾染液直接滴加到表皮上。

2. 细胞基本结构的观察

先用低倍镜观察,在视野中可观察到由多个不规则的长方形或正方形组成的一层网格结构,1 个网格为 1 个细胞。细胞形态相似,排列紧密,没有胞间隙,移动装片选择几个比较清晰的细胞置于视野中央,换高倍镜仔细观察典型细胞的结构,并识别下列各部分。

(1) 细胞壁 网格边缘的线状部分为细胞壁,为植物细胞所特有,包围在细胞原生质体的外面。两细胞毗邻处的壁粗略看上去像一层,轻轻转动微调,可看到两细胞各有自身的壁,中间有胞间层相连。初生壁上凹陷的部分为初生纹孔场。

(2)细胞质　位于细胞壁以内,液泡膜以外,为半透明、胶体状、颗粒状的物质。细胞质通常被中央大液泡挤成一薄层,细胞两端或细胞角隅处较明显,颜色相对较深。当视野变暗时,可看到细胞质进行缓缓地流动。

(3)细胞核　位于细胞质中,呈圆形或椭圆形。如果取材幼嫩,细胞核体积相对较大,位于细胞中央;若取材较老,细胞核体积相对较小,中央大液泡将细胞核挤到紧贴细胞壁的位置。细胞核包括核膜、核质和核仁。有时可观察到细胞核中有1~3个核仁。有时在撕取表皮时,有的细胞已经破损,细胞核与细胞质流出,只能看到细胞壁。

(4)液泡　在较成熟的细胞里,常可见到大的液泡位于细胞中央,细胞核和细胞质被挤压向细胞壁。若所取鳞叶位于鳞茎盘的内侧,可见细胞中常有几个液泡,里面充满了细胞液,较细胞质透明。液泡外侧与细胞质之间明显的"线"状界面为液泡膜。

上述结构观察完成后,将载物台下移,取下临时制片,在盖玻片的一边滴加1~2滴碘-碘化钾染液,同时用吸水纸从盖玻片的另一侧将清水吸除,使表皮细胞充分染色,再次进行观察。此时细胞已被杀死,细胞的各个部分显示得更为清晰,细胞被染成浅黄色,细胞核被染成较深的黄色。

(四)绘制洋葱鳞叶内表皮细胞显微结构图

采用生物绘图法,绘制洋葱鳞叶内表皮细胞显微结构图

1. 绘图步骤(以绘制洋葱鳞叶内表皮细胞为例)

绘图步骤:①确定好要绘制的细胞;②目测细胞长和宽的比例;③绘图纸上草拟细胞的界限;④以轻线条草拟细胞的形状,以及与相邻细胞的联系;⑤用轻线条绘出细胞核、核仁、液泡等,以点表示细胞质;⑥与显微镜中细胞结构核对,核对各部分比例、相对位置等是否正确并进行修正;⑦用清晰的线条做最后的描绘,并标注结构名称和图名称。

2. 绘图方法

生物绘图通常采用"积点成线,积线成面"的表现手法,即用线条和圆点来完成全图。具体要求如下:

(1)要注意科学性和准确性。首先要正确理解各部分特征,选出典型材料,才能在绘图时保证形态结构的准确性,掌握其形态特点。

(2)运用绘图专用铅笔(2B或HB)。为保证图面清晰,笔尖要削得尖些。

(3)要合理布局图的位置、大小和各部分的比例。为了能够准确地表示出所需要表明的各部分结构,要尽量把图放大。以便在每个图布局的范围内,图要稍偏左侧,图中各部分结构要在向右引出的平行线的末端予以注明,引线末端要对齐。当标好字以后,图和字恰好位于所布局范围的中央为宜。图名称写在图的正下方,并表明图的编号和放大倍数。图的各部分结构比例和相对位置,要与显微镜中观察的实际比例和位置相符,并能表现出细胞、组织或器官的形态特点。

(4)用绘图方法表示植物的显微镜结构,应与显微照相相区别。它不是有什么就画什么,而是经过反复观察后,突出重点,画出结构中最本质和典型的部分。要依据实际观察到的图像绘图,不得臆造,也不要照抄书本。绘制时按顺手的方向运笔,描出与物体相吻合的线条。线条要一笔勾出,粗细均匀,光滑清晰,接头处无分叉和痕迹(切忌重复描绘)。

(5)显微结构图的描绘不同于美术绘画,物像的明暗,颜色深浅,不得以密疏线条或涂描阴影来表示,只能用笔尖垂直于纸面点点,以点的疏密表示细胞内容物的稠密和稀疏,点要圆而整齐,大小均匀,切忌带出尾巴。绘制线条时要求所有线条都均匀、平滑且无深浅、虚实之分,无明显的起落笔痕迹,尽可能一气呵成不反复。因点要点得圆、点得匀,其疏密程度表示不同部位颜色深浅。

(6)绘图及注字一律使用铅笔,不要使用有色水笔或圆珠笔等。

四、注意事项

(1)使用显微镜观察玻片时,应遵循先使用低倍镜,再使用高倍镜的原则。

(2)不要在高倍镜下取、换玻片,以免损坏镜头或玻片。

(3)使用高倍镜观察玻片时,不要使用粗准焦螺旋调节焦距,要使用细准焦螺旋调节焦距。

(4)有的显微镜目镜内安装有指针,在视野中为一黑线。在观察时,可用借助指针指示所观察的部位。

(5)制作洋葱鳞叶内表皮装片时,撕下的洋葱鳞叶内表皮的面积应小于盖玻片。为便于染色,撕开的一面最好朝上放置于载玻片上。

(6)加盖盖玻片时,注意赶走气泡,否则影响观察细胞的结构。

(7)禁止在载玻片或盖玻片上有水或染液时,或在不加盖玻片时进行观察。

五、实训作业

绘制洋葱鳞叶内表皮细胞结构图(1~2个细胞),并标注出细胞壁、细胞质、液泡、细胞核四部分结构。

六、思考题

(1)在不同洋葱表皮细胞中,细胞核的位置和形态不同,请解释其原因。

(2)在洋葱鳞叶内表皮装片中,为什么在有的细胞中看不到细胞核?

(3)在光学显微镜下,为什么观察到的洋葱鳞叶内表皮细胞的细胞壁是不连续的?

项目二 细胞质体、储藏物质和胞间连丝的观察

一、实训目的

(1) 学会徒手切片技术。
(2) 能够识别植物细胞中的各种质体。
(3) 能够识别和鉴定植物细胞中几种不同的储藏物质。
(4) 通过观察细胞间连丝,进一步理解植物体的整体性。

二、实训材料、器具与试剂

(1) 材料　葫芦藓叶片、紫鸭跖草、菠菜、甘薯或棉花叶片、红辣椒、胡萝卜、番茄果实、白菜叶片、大葱、菜豆种子、马铃薯块茎、水稻颖果、蓖麻种子、小麦或玉米颖果纵切制片、柿胚乳切片、花生种子等。
(2) 器具　显微镜、镊子、刀片、解剖针、载玻片、盖玻片、培养皿、毛笔、吸水纸、纱布。
(3) 试剂　蒸馏水、碘-碘化钾染液、苏丹Ⅲ、酒精等。

三、实训内容

(一) 质体的观察

1. 叶绿体的观察

(1) 制片　用镊子夹取葫芦藓叶片放在载玻片中央的一滴蒸馏水中,盖上盖玻片,制成临时水装片。或取其他绿色植物(鸭跖草、菠菜、甘薯、棉花)叶片,用镊子撕去叶片表皮,用刀片刮取少量叶肉细胞,涂在载玻片上的水滴中,将细胞分散开,制成临时装片。

(2) 观察　在低倍镜下观察葫芦藓叶片,可见叶片由一层多边形或近圆形的细胞组成,细胞中具有椭圆形的绿色颗粒,这些颗粒便是叶绿体。观察叶肉细胞时,寻找不重叠的细胞进行观察,可观察到细胞里充满了圆形或椭圆形的叶绿体。将叶绿体移到视野中央,换高倍镜,注意观察叶绿体的形态和分布。叶绿体浸没在细胞质中,紧贴细胞壁,有的叶绿体紧贴细胞上壁或下壁,以宽面正对我们的视线;有的叶绿体紧贴细胞的侧壁,以窄面正对我们的视线。有时会观察到细胞中少量叶绿体会缓慢地向同一方向进行胞质环流。

2. 有色体的观察

(1) 制片　取红辣椒果皮或胡萝卜根做徒手切片,挑取较薄的切片做成临时装片观

察。或取成熟的番茄果实,用镊子挑取少许果肉(临近果皮的叶肉为佳),放在载玻片的一滴水中,将果肉分散开,盖上盖玻片。

(2)徒手切片　徒手切片就是用刀片将新鲜材料切成薄片,经过简单染色或不经染色制成玻片标本的方法。

1)选材　根据实验目的,选取有代表性的新鲜材料。对于软硬适度、横断面大小适宜的圆柱形材料(如根茎),将其切成 2~3 cm 长的小段;如果材料横断面面积较大,可将横断面修整为大约 0.5 cm 的正方形;如果材料软、薄且面积较大(如叶片),可沿叶片主脉切成宽 5~6 mm、长 1~2 cm 的长方形小块,夹在支持物(胡萝卜、马铃薯、萝卜等)中进行切片。先将支持物修整成纵向 3~5 cm 长、横断面 0.5 cm 宽的正方形,纵向切一缝,然后将修整好的质地较软的材料(如叶片)夹入缝中一起切片。

2)切片　将横断面削平,以清水湿润材料和刀片,用左手大拇指、食指和中指夹住材料,拇指要略低于食指,并使材料上端稍稍突出于手指之上 2~3 mm,同时要使材料的上截面与水平面平行;用右手拇指和食指捏住刀片,平放在左手的食指上,刀刃向内,与材料的横断面平行或与材料的纵轴垂直。切片时,左手保持平稳不动,持刀的右手用臂力带动刀口,从左前方向右后方快速切割下材料,切忌中间停顿或拉锯式切割。如此连续切下数片后,用湿毛笔将其移入盛水的培养皿中备用。

(3)观察　先用低倍镜,再用高倍镜观察切片,可见细胞内含圆形或不规则形的橙红色颗粒,即为有色体。如果番茄果实过熟,果肉细胞中常观察到有色体为不规则的色素晶体。

3. 白色体的观察

(1)制片　用白菜、黄心菜的菜心、大葱葱白等材料,取其表皮做成临时装片。

(2)观察　先用低倍镜找到表皮细胞,并将其移到视野中央。由于白色体体积较小,须换高倍镜观察,同时缩小光圈,使视野变暗,增大反差。可观察到微小的白色体分散在细胞质中或聚集在细胞核的周围,呈透明的圆形颗粒状。

(二)储藏物质的观察

1. 糊粉粒的观察

(1)制片　取一粒菜豆种子,剥去种皮,用刀片将子叶切成薄片,用镊子选取较薄的切片放在载玻片中央的水中,制成临时装片。

(2)观察　先用低倍物镜,选择切片较薄的地方,可观察到菜豆子叶是由许多薄壁细胞组成的。在细胞内有大小不等的颗粒,大颗粒上有同心圆结构,为淀粉粒。较小的颗粒看不到同心圆结构,并且没有中央裂隙,这些较小的颗粒为糊粉粒。在糊粉粒中可以看到圆形的或晶体的结构。或在材料上加一滴 95% 乙醇,用以溶解脂肪,再加一滴碘-碘化钾染液,盖上盖玻片于显微镜下观察。被染为蓝紫色的为淀粉粒,被染成金黄色的为糊粉粒。

在显微镜下观察小麦或玉米的颖果纵切制片,可见果皮种皮之下是一层排列整齐且为方形细胞的糊粉层,在该层细胞中可观察到许多圆形小颗粒,即为糊粉粒。

2. 淀粉粒的观察

(1)制片　切取马铃薯块茎一小块,在载玻片上涂抹几下,或作徒手切片,然后做成临时装片进行观察。

（2）观察　首先在低倍镜下寻找淀粉粒分布均匀、无相互重叠的地方，调清晰后换高倍镜进行观察。调节光圈，减弱光线强度，边转动微调边观察，可见淀粉粒有明暗交替的轮纹，呈层状围绕在中心处脐点的周围。移动玻片，可观察到不同类型的淀粉粒。明暗交替的同心圆轮纹围绕着一个核心（点）呈偏心排列的为单粒。淀粉粒有两个脐点，围绕每个脐点，具有各自的轮纹，这种淀粉粒为复粒。有的淀粉粒具有两个脐点，每个脐点具有各自的轮纹，外侧还有公共轮纹围绕，此为半复粒。三种淀粉粒最常见的是单粒，其次是复粒，半复粒最少见。

上述观察完成后，在盖玻片一侧滴1~2滴碘-碘化钾染液，用吸水纸在另一侧吸引，使染液进入盖玻片下方，继续在显微镜下观察，可观察到淀粉粒变成蓝紫色。

3. 脂肪的观察

（1）制片　植物细胞中储存的脂肪，常以油滴形式存在。取干花生种子或向日葵果实，去掉种皮或果皮后，用未沾水的刀片刮取薄的小碎片，或作徒手切片，挑取薄片做成临时装片观察。

（2）观察　在低倍镜下可观察到脂肪从被破坏的细胞中流出，沿材料边缘脱入水中，呈透明的油滴状。滴加苏丹Ⅲ酒精溶液染色15 min后继续观察，可见油滴被染成橙红色。

4. 花青素的观察

（1）制片　花青素在酸性条件下呈红色，碱性条件下呈蓝色，中性条件下呈紫色，因而使植物茎、叶、花和果实呈现不同的颜色。取苹果果实、红苋菜叶片、紫竹梅茎叶细胞及各色花瓣，或取紫皮洋葱茎表皮细胞，制成临时水装片进行观察。

（2）观察　在显微镜下观察到，花青素与有色体不同，它溶解在细胞液中，没有一定形状，呈均匀分布的溶解状态。

（三）胞间连丝的观察

取柿胚乳细胞永久制片，在低倍镜下可观察到细胞呈多边形，细胞壁明显增厚而细胞腔很小，其内的原生质体被染成深色或在制片过程中丢失，使细胞成为空腔。在细胞壁上，可见到许多被染成深色的原生质细丝贯穿细胞壁，把相邻细胞的原生质体连接起来，这就是胞间连丝。选择胞间连丝清楚、密集的地方，转换高倍镜继续观察。

四、注意事项

（1）用叶肉细胞观察叶绿体时，应尽量使叶肉细胞分散开。

（2）由于白色体体积较小，须用高倍物镜观察，同时要缩小光圈，使视野变暗，增大反差。

（3）徒手切片时，要用臂力带动刀口，不要用腕力或指关节的力量切片；要从左前方向右后方快速切割下材料，切忌中间停顿或拉锯式切割。

五、实训作业

（1）绘制植物叶肉细胞图，表示叶绿体。
（2）绘制马铃薯块茎淀粉粒结构图。

六、思考题

（1）叶绿体、白色体和有色体分别存在于植物体的何种器官中？
（2）淀粉粒和糊粉粒有什么区别？
（3）红辣椒果实的颜色与红苋菜叶片的颜色分别与哪些细胞器有关？
（4）显微镜下观察到细胞壁明显加厚，它们是初生壁还是次生壁？

项目三　植物组织的观察(一)

一、实训目的

(1)能够阐述植物组织的类型和结构。
(2)能够阐述分生组织、保护组织和分泌结构在植物体内的位置、功能及细胞特点。
(3)学会根尖压片技术。

二、实训材料、器具与试剂

(1)材料　植物根尖纵切永久制片、洋葱(或大蒜)幼根、菠菜、棉花老茎横切片、椴树老茎横切片、橘果皮永久切片等。
(2)器具　显微镜、载玻片、盖玻片。
(3)试剂　2%醋酸、95%乙醇、70%乙醇、解离液(0.5 mol/L 的 HCl)、卡诺固定液、龙胆紫染液等。

三、实训内容

(一)分生组织的观察

1.原分生组织和初生分生组织

取洋葱根尖纵切永久制片,先在低倍镜下找到根尖的先端,区分根冠、分生区、伸长区和成熟区,换高倍镜,认真观察分生区细胞的大小、形状、细胞壁的厚薄、细胞核的大小、原生质的特点等。区分出原分生组织和初生分生组织,比较二者的细胞特征。初生分生组织区从外至内,分化为原表皮、基本分生组织和原形成层,认真观察这3部分的细胞特征。也可取茎尖纵切永久制片,寻找茎尖分生区,观察原分生组织和初生分生组织的特征。

(1)分生区　细胞体积小、近等径、核大、细胞排列紧密。

(2)原分生组织　排列紧密、细胞最小、细胞核大、细胞质浓厚、没有明显的液泡,染色最深,为等径多面体。细胞没有任何的分化,有着强烈持久的分裂能力。

(3)初生分生组织　细胞有初步分化,分化为原表皮、基本分生组织和原形成层,这3部分细胞结构特点不同。原表皮位于最外层,细胞扁,呈砖形。基本分生组织位于原表皮里面,原形成层的外面,细胞为多面体形,纵向看为长方形,液泡开始增大。原形成层位于最里面,细胞质较浓,染色最深,细胞呈长棱柱状。

也可利用压片制片法,制作洋葱或大蒜根尖纵切片,在显微镜下找出分生区,观察分生组织的细胞特征,同时观察细胞有丝分裂各时期的主要特征。制片过程:①培养洋葱(或大蒜)生根,待根长到2~3 cm即可;②在上午10~11时左右,或下午2~4时剪取长1 cm的根尖,剪下后立即投入新配制的卡诺固定液(3份95%乙醇和1份冰醋酸)中固定4~24 h;③将固定好的根尖取出用蒸馏水冲洗干净后,用0.5 mol/L盐酸解离5~10 min;④将根尖用清水冲洗几次,置于载玻片上,取下分生组织(根尖部2~3 mm),用吸水纸吸去多余水分,用镊子将此根尖压裂,滴上一滴龙胆紫染液,染色5~10 min,盖上盖玻片,用铅笔或玻璃吸管的橡皮头对准盖玻片下的材料,在盖玻片上轻轻敲击,使材料压成均匀的、单层细胞的薄层,再用吸水纸(滤纸)吸去溢出的试剂,即可在显微镜下观察;⑤此时压片中的细胞核的染色质和染色体已被染成蓝紫色,注意先选择等径的分生区细胞比较集中的区域,其中以蓝紫色小菊花似的中期和后期的染色体最为突出,然后再寻找处于有丝分裂其他各时期的细胞。

2. 次生分生组织

维管形成层和木栓形成层属于典型的次生分生组织。取棉花(或椴树)老茎置于低倍镜下观察,可见次生木质部与次生韧皮部之间有几层扁平的细胞,其中一层为维管形成层。换高倍镜观察,可见维管形成层细胞排列整齐,细胞壁很薄。在周皮的木栓层内有一层形态相似而着色较浅、核很明显的扁平细胞,即木栓形成层。

(二)保护组织的观察

1. 初生保护组织

从菠菜或其他植物的植株上选取健康、完整的叶片,用棉花棒或吸水纸轻轻擦拭叶片表面,去除灰尘和污物。用镊子轻轻撕取一块叶片下表皮,置于载玻片上的水滴中,用镊子展平。从一侧接触水,轻轻盖上盖玻片,避免产生气泡。擦干净盖玻片下部以外其他部分的水,将制好的玻片置于显微镜上观察。先低倍镜下找到观察区域,再调换高倍镜,仔细观察组成表皮的细胞类型,细胞的排列方式,细胞的大小、形状、细胞壁的厚度等。

表皮由表皮细胞和保卫细胞构成。表皮细胞形态不规则,相互嵌合,排列紧密,无胞间隙,有大液泡,不含叶绿体。表皮细胞之间有成对分布的保卫细胞,菠菜等双子叶植物的保卫细胞呈肾形,细胞体积较小,细胞内含有细胞核和叶绿体,两个保卫细胞之间有气孔。细胞壁增厚不均匀,靠近表皮细胞侧细胞壁薄,靠近气孔侧较厚。

2. 次生保护组织

取棉花(或椴树)老茎横切制片置于显微镜上,先在低倍镜下找到观察区域,再调整到高倍镜,仔细观察周皮的结构。区分出组成周皮的木栓层、木栓形成层和栓内层,并观察它们的细胞形状、排列方式、细胞壁厚薄、有无原生质体等特征。

(三)分泌结构的观察

根据分泌结构的发生部位和溢排情况,可分为外分泌结构(腺毛、腺鳞、蜜腺等)和内分泌结构(分泌腔、分泌道、乳汁管等)。取橘果皮永久切片,在显微镜下观察,可观察到果皮中有多个分泌腔。也可将橘果皮切成薄片,制成临时装片观察。取棉花叶片横切,在显微镜下可观察到表皮上具有外分泌结构腺毛,腺毛的顶端由一个或几个分泌细胞组成。

四、注意事项

(1)制作根尖压片时,根尖的解离要掌握正确的解离时间。只要根尖色泽变白略带透明即可,此时根尖压片效果较好。若解离时间太短,细胞不易完全分散开,解离时间太长根尖完全酥软,无法进行观察。

(2)从植物体上剪下的根尖,如不立即使用,可放入70%乙醇中于4℃保存。

五、实训作业

绘制菠菜(或其他植物)叶片表皮细胞图,并注明各部分名称。

六、思考题

(1)初生保护组织和次生保护组织在性质、来源和组成上有何不同?
(2)在根尖分生区中,原分生组织与初生分生组织在结构特点上有何不同?

项目四　植物组织的观察(二)

一、实训目的

(1)能够阐述输导组织、基本组织和机械组织在植物体内的分布、功能及细胞特点。
(2)学会徒手切片技术。

二、实训材料、器具与试剂

(1)材料　南瓜茎横切片、南瓜茎纵切片、芹菜、梨果肉、甘薯块根、马铃薯块茎、植物根纵切片、水稻老根横切片、棉花(或其他植物)叶片横切或新鲜叶片等。
(2)器具　显微镜、载玻片、盖玻片。
(3)试剂　碘–碘化钾染液、1%番红染液等。

三、实训内容

(一)输导组织的观察

取南瓜茎横切片和纵切片,先在低倍镜下找到维管束,再将维管束中的初生木质部放置于视野中心,换高倍镜观察,找出木质部中的导管、管胞,然后再将初生韧皮部移到视野中央,找出韧皮部中的筛管和伴胞。描述导管的类型、细胞特点,以及筛管和伴胞的结构特点。

南瓜茎横切片上可观察到数个细胞密集排列呈束状结构的维管束,南瓜茎属于双韧维管束,初生木质部位于中间,内外两侧是初生韧皮部。在横切片上的木质部中可观察到数个细胞腔大,细胞壁增厚并被染成红色的导管。再将南瓜茎纵切片置于显微镜下观察,可见导管在近中央部分,有部分细胞壁被染成红色并形成不同纹饰,细胞上下连接,呈长管形。红色纹饰呈环状的为环纹导管,呈螺旋状的为螺纹导管,呈梯状的为梯纹导管,呈网状的为网纹导管,除侧壁上的小孔部位没加厚,其他部分细胞壁均加厚且被染成红色的为孔纹导管。

在低倍镜下将横切片中的初生韧皮部移到视野中央,高倍镜下可观察到许多口径较大且呈多边形的薄壁细胞,这些细胞为筛管,部分过筛域切面的筛管,在筛板上可见筛孔。在筛管旁边有1至多个口径较小,呈三边形或四边形,染色较深的细胞,这些细胞为伴胞。再将南瓜茎纵切片置于显微镜下观察,可见在导管内外两侧,有多个被染成蓝绿色,在上下端壁之间有联络索连接且膨大的长管形的筛管,在筛管的旁边,有1至多个狭长形、细胞质浓厚的伴胞。

(二)基本组织的观察

1. 储藏组织

取甘薯块根(马铃薯块茎)横切永久制片,或利用徒手切片技术制作新鲜甘薯块根(马铃薯块茎)横切装片,可观察到储藏组织及其细胞特征。先在低倍镜下观察制片,可见周皮内侧有许多大型、内含许多颗粒状结构的薄壁细胞。将其区域移至视野中央,换高倍镜观察,可见细胞大而壁薄,排列疏松,胞间隙明显,内含大量淀粉粒。这些储藏淀粉(脂肪或糊粉粒)的细胞群即为储藏组织。

2. 通气组织

取水稻老根横切片,或利用徒手制片法制作新鲜水稻老根横切片,可观察到通气组织及其特征。在显微镜下,可见皮层细胞排列疏松,胞间隙发达,许多薄壁细胞已经解体,形成呈蜂巢状排列的气腔(或气道),是空气进入根的通道或储藏场所,此类组织为通气组织。

3. 同化组织

取棉花叶片横切片,或利用徒手制片法制作棉花叶片的临时装片,可观察到同化组织及其特征。先在低倍镜下观察,将结构完整、清晰的绿色区域移至视野中央,换高倍镜观察,可见在表皮内侧分布有大量形态不一、较大、细胞壁薄、细胞内含较多叶绿体、排列整齐或松散的细胞,这些细胞群即为同化组织。

4. 吸收组织

取水稻(或其他植物)幼根横切、纵切永久制片,或用植物根尖制成的临时装片,可观察到吸收组织及其特征。先在低倍镜下观察,将具根毛的区域移到视野中央,再换高倍镜观察,可见根表皮的许多细胞,其外壁向外凸起形成管状的根毛。根毛细胞的细胞壁较薄,细胞核位于根毛的先端,具大液泡,由此构成的组织为吸收组织。

(三)机械组织的观察

1. 厚角组织

(1)利用徒手切片法制作芹菜叶柄临时装片 将芹菜叶柄切成长 2~3 cm 的小段,切口削平,保持刀口锋利和材料湿润。用左手大拇指、食指和中指夹住材料,拇指要略低于食指,并使材料上沿稍稍突出于手指之上 2~3 mm,同时要使材料的上截面与水平面平行;用右手拇指和食指捏住刀片,平放在左手的食指之上,刀口向内,并与材料的纵轴垂直或材料的横断面平行。切片时,左手尽量保持平稳不动,持刀的右手用臂力(不要用腕力或指关节的力量)带动刀口,从左前方向右后方快速切割下材料,切忌中间停顿或拉锯式切割。如此连续切下数片后,用湿毛笔将其轻轻移入盛水的培养皿中。挑选薄而平的切片做成临时装片。

(2)厚角组织观察 在制成的临时水装片上,可观察到厚角组织及其特征。在叶柄棱角处表皮内方,可观察到多处厚角组织,这些厚角组织细胞排列较为紧密,细胞壁在角隅处加厚,细胞壁呈白色,其中灰暗色的"洞穴"是细胞腔,里面充满原生质体。如果切片为一层细胞,可观察到相邻细胞之间的胞间层。

2.厚壁组织

（1）石细胞　取梨果实近中部的一块果肉，挑取其中一个沙粒状的组织置于载玻片上，用镊子柄部将其压散，制成临时水装片，可观察到石细胞及其特征。在显微镜下观察，可看到被大型薄壁细胞包围着且颜色较暗的石细胞群。石细胞的细胞壁异常增厚，壁上有许多分枝的纹孔道，细胞腔很小，没有原生质体，为死细胞。

（2）纤维　在南瓜茎纵、横切片上可观察到纤维的位置和结构特征。将南瓜茎横切片置于低倍镜下，在厚角组织和维管束之间有几层细胞壁被染成红色的细胞，细胞呈不规则多边形，这些细胞即纤维。在纵切片下可观察到，纤维细胞形状狭长、两端尖锐、呈长纺锤形，细胞壁被番红染成均匀的红色。

四、实训作业

（1）观察南瓜茎横切和纵切片，绘制所观察到的导管和筛管结构详图，导管不少于3种类型，并标注各部分名称。

（2）绘制通气组织和厚角组织，并注明各部分名称。

五、思考题

（1）在南瓜茎的横切面上，如何区分木质部和韧皮部？

（2）在切片中，导管和筛管的结构特征有什么不同？

（3）厚角组织和厚壁组织的结构特征有什么不同？

项目五 植物根的结构与发育

一、实训目的

(1) 能够辨别植物根尖分区,且能够阐述各分区细胞的结构特征。
(2) 能够叙述植物根的初生生长过程和初生结构。
(3) 能够叙述双子叶植物根的次生生长过程和次生结构。
(4) 能够阐述侧根的发生过程。

二、实训材料、器具与试剂

(1) 材料 植物根尖纵切片、洋葱(或大蒜)幼根、蚕豆(或棉花、向日葵等双子叶植物)幼根横切片、小麦或玉米幼根横切片、蚕豆(棉花、向日葵、花生等双子叶植物)老根横切片、棉花(或蚕豆)侧根发生横切片等。

(2) 器具 显微镜、载玻片、盖玻片。

(3) 试剂 2%醋酸、95%乙醇、70%乙醇、解离液(0.5 mol/L HCl)、卡诺固定液、1%醋酸洋红等。

三、实训内容

(一) 植物根尖的观察

1. 取永久制片观察

取玉米(或洋葱、棉花)根尖纵切制片,在低倍镜下区分出根冠、分生区、伸长区和成熟区,换高倍镜认真观察不同分区细胞的形态特征。

位于根尖最先端的是根冠,呈三角形,细胞形态不规则,排列不整齐。分生区位于根冠内方,细胞排列紧密、体积小、核大、质浓。伸长区由分生区细胞分裂而来,与分生区无明显界限,细胞伸长明显,并逐步向不同组织分化,向成熟区过渡。成熟区表面密被根毛,细胞基本停止生长和分化,已形成各种成熟组织。

2. 取生长中的植物根尖观察

在光照培养箱或自然条件下(20~30 ℃),将绿豆等植物的种子消毒后种植于花盆中,萌发后生长5~7天,将根部取出冲洗干净,用刀片截取主根0.5~1 cm长的根尖(带有一部分根毛)。先用肉眼或在解剖镜下观察,区分根尖各区;再用压片法制成临时装片。根尖压片过程与第三部分项目三基本相同,解离水洗后用1%醋酸洋红染色20~

30 min,然后进行压片观察。对于好的压片标本,可用树胶封固保存。对于封藏的玻片标本,应及时在载玻片上贴上注明材料名称、制片者姓名和制作日期等信息的标签。

(二)植物根初生结构的观察

1. 双子叶植物根初生结构的观察

取蚕豆(或棉花、向日葵等双子叶植物)幼根横切片,在低倍镜下找出根的各部分结构,注意各部分所占的比例,然后换高倍镜仔细观察每一部分的结构特征。

双子叶植物根初生结构包括表皮、皮层和维管柱(中柱),维管柱由中柱鞘、初生木质部、初生韧皮部和薄壁细胞组成。各部分细胞的结构特征如下:

(1)表皮 表皮是指包围在幼根最外的一层细胞,细胞呈砖形、排列整齐、壁薄、表皮外无角质层。有的表皮细胞外壁向外突出形成根毛,但部分根毛在制片过程中被损坏。

(2)皮层 位于表皮以内、维管柱以外的部分,在横切面上占很大比例。皮层由外至内可分为外皮层、皮层薄壁细胞(中皮层)和内皮层。外皮层由1~2层细胞组成,紧邻表皮细胞,细胞体积较小、排列紧密。当根毛寿命结束,还未形成周皮之前,外皮层细胞的壁常木栓化,起暂时的保护作用。外皮层以内是皮层薄壁组织,这部分细胞数量多、体积较大、排列疏松、具胞间隙。皮层最内一层细胞是内皮层,内皮层细胞体积较小、排列整齐、没有间隙,其径向壁和横向壁局部加厚并栓质化,加厚部分连成环带状,被称为凯氏带,通常被番红染成红色。在有些内皮层细胞的横向壁上可观察到凯氏带,有些细胞仅能观察到径向壁上的凯氏点。

(3)维管柱(中柱) 指内皮层以内的部分,由中柱鞘、初生木质部、初生韧皮部和薄壁细胞组成。

1)中柱鞘 位于维管柱的最外层,通常由1~2层薄壁细胞组成,排列整齐而紧密。中柱鞘是木栓形成层、部分维管形成层和侧根原基发生的部位。

2)初生木质部 位于中柱鞘以内,呈放射状排列,常有4束或5束,主要由导管和管胞组成,这两种细胞常被番红染成红色。靠近中柱鞘的木质部先发育,导管直径较小,为原生木质部。靠近中央的木质部后发育,导管直径较大,为后生木质部。在大导管周围分布有管胞。原生木质部和后生木质部之间无明显界限,二者合称为初生木质部。初生木质部的这种发育顺序被称为外始式发育。

3)初生韧皮部 位于初生木质部相邻两个辐射角之间,与木质部相间排列,束数与初生木质部相同,由筛管、伴胞组成,常被染成绿色。细胞体积较小、排列较为紧密、壁薄,根中筛管与伴胞不易区分,有的植物在初生韧皮部靠外部具有韧皮纤维(厚壁细胞)。

4)薄壁细胞 位于在初生木质部和初生韧皮部之间,将来形成维管形成层的一部分。有的植物根中央具有薄壁细胞组成的髓,如蚕豆。

2. 单子叶植物根初生结构的观察

取小麦或玉米幼根横切片,从外至内依次观察初生结构的组成及每一部分的结构特征。注意与双子叶植物根初生结构的区别。

单子叶植物根初生结构由表皮、皮层和维管柱组成。各部分结构特征如下:

(1)表皮 为最外一层细胞,细胞排列整齐,外壁无角质化,部分细胞外壁凸起形成根毛。

(2)皮层　由外皮层、皮层薄壁组织和内皮层组成。外皮层指表皮以内的1~3层细胞,细胞体积小、排列紧密,在较老的根中细胞壁加厚。皮层薄壁组织位于外皮层以内,细胞体积大、薄壁、排列疏松。最内部的一层皮层细胞为内皮层,多为五面增厚,并被木栓化,仅外切向壁未增厚,在横切面上增厚的部分呈马蹄形。正对初生木质部辐射角的内皮层细胞停留在凯氏带阶段,称为通道细胞。

(3)维管柱　指皮层之内的部分,由中柱鞘、初生木质部和初生韧皮部等组成。中柱鞘位于最外层,由一层体积较小、排列整齐而紧密的薄壁细胞组成,部分细胞可形成侧根原基。初生木质部和初生韧皮部位于中柱鞘之内,二者相间排列。初生木质部呈辐射状分布,通常7~8束或10束以上,如小麦多为10束以上。靠近中柱鞘的原生木质部导管口径小,发生早,靠近中心的后生木质部导管大,发生晚。初生韧皮部由筛管和伴胞组成,被染成绿色,其束数与初生木质部相同,位于原生木质部之间。韧皮部细胞不太明显,须在高倍镜下仔细观察。位于根中心(维管柱中央)的薄壁细胞为髓。在根发育后期,初生木质部与初生韧皮部之间的薄壁细胞和髓部的薄壁细胞均形成厚壁细胞。

(三)双子叶植物根次生结构观察

取蚕豆(棉花、向日葵、花生等双子叶植物)老根横切片,在低倍镜下从外至内观察根的结构组成,再换高倍镜观察每一部分的结构特征。

双子叶植物根次生结构由外至内分别为周皮、次生韧皮部、维管形成层、次生木质部、初生木质部等。各部分结构特征如下:

(1)周皮　位于最外部,从外至内分别是木栓层、木栓形成层和栓内层。木栓层由数层扁平的长方形细胞组成,细胞排列紧密,常被染成棕红色,没有原生质体,它由木栓形成层分裂产生的细胞发育而成。木栓形成层是位于木栓层内的一层扁平细胞,内有原生质体,具有分裂能力,由中柱鞘细胞恢复分裂能力形成。木栓形成层内部是栓内层,由1~3层体积较大的薄壁细胞组成。

(2)次生韧皮部　指周皮以内被固绿染成蓝绿色的部分,包括筛管、伴胞和韧皮薄壁细胞,另外还包括被染成红色的韧皮纤维。其中有许多径向排列成行的薄壁细胞,即韧皮射线,整体呈外宽内窄的喇叭口状,将次生韧皮部分为若干个条块。

(3)维管形成层　在紧邻次生韧皮部内侧,有几层排列紧密、较内外两侧细胞体积都小的扁长方形细胞,细胞壁薄,其中有一层细胞是形成层。由于形成层向内向外切向分裂,刚产生不久的细胞分化程度较低,因此,在横切面上看到的是由多层扁平细胞组成的"形成层区"。

(4)次生木质部　位于形成层以内,初生木质部以外的部分,由导管、管胞、木纤维、木薄壁细胞组成。导管、管胞和木纤维细胞壁增厚,并被番红染成红色,其中口径大的细胞是导管,口径小的是难以区分的管胞和木纤维。其中呈径向排列的薄壁细胞为木射线,它外部通过形成层与韧皮射线相通,两者合称为维管射线。

(5)初生木质部　位于次生木质部以内,由初生结构保留下来,呈星芒状,它的导管口径比次生木质部导管口径小,中间没有木射线。

(四)侧根的发生

取棉花(或蚕豆等)侧根发生的横切片,在显微镜下观察不同发育阶段侧根的区别,并观察侧根中柱鞘细胞和皮层细胞的变化,以及侧根和母根之间维管组织的连接情况。

可观察到中柱鞘部分细胞恢复分生能力,形成侧根原基,侧根原基再继续生长,依次突破皮层、表皮而形成侧根。侧根发生的部位与初生木质部辐射角有关。

四、实训作业

(1)绘制根尖纵切结构简图,并标注各分区名称。
(2)绘制植物幼根横切结构简图,并注明各部分名称。
(3)绘制棉花老根横切结构简图,并注明各部分名称。

五、思考题

(1)根毛与表皮细胞之间的关系如何?
(2)洋葱根尖各分区细胞的形态特征是什么?从根尖细胞结构特征分析根的伸长生长过程。
(3)根据观察的切片,总结双子叶植物和单子叶植物根初生结构的区别。
(4)请叙述双子叶植物根的次生生长过程和形成的次生结构。

项目六　植物茎的结构与发育

一、实训目的

（1）能够辨别茎尖（叶芽）的结构分区，并能阐述每分区的细胞特征。

（2）能够叙述植物茎的初生生长和初生结构，以及双子叶植物茎的次生生长和次生结构。

（3）能够总结单子叶植物和双子叶植物茎初生结构的异同。

二、实训材料与器具

（1）材料　黑藻（或其他植物）茎尖纵切片、棉花（或其他植物）幼茎横切片、玉米（或小麦等）茎横切片、椴树多年生茎横切片等。

（2）器具　显微镜、载玻片、盖玻片、刀片等。

三、实训内容

（一）植物茎尖结构的观察

取黑藻茎尖（或其他植物）纵切片，放置于低倍镜下观察，先由顶端逐步向下分辨出茎尖各区，再在高倍镜下仔细观察各区细胞的形态特征。

由顶端向下，茎尖包括分生区、伸长区和成熟区。各区结构特点如下：

1. 分生区

位于茎尖最前端，外部由幼叶包围，且基部有叶原基和腋芽原基凸起。分生区由体积较小、壁薄、质浓、核相对较大、无胞间隙、具有强烈分裂能力的细胞构成，分为原分生组织和初生分生组织。

（1）原分生组织　位于茎尖最顶端，由一群未分化的细胞构成，包括外面1~3层排列紧密的原套和里面排列不整齐的原体。

（2）初生分生组织　位于原分生组织下方，由一群已经开始分化的细胞构成。从外至内依次为原表皮、基本分生组织和原形成层。原表皮是最外侧1层体积较小、扁平、排列紧密的细胞，将来分化为表皮；基本分生组织位于原表皮内，细胞体积相对较大、近等径，将来分化为皮层和髓；原形成层位于基本分生组织中间，由几层体积较小、细长的细胞构成，将来分化为维管束。

2. 伸长区

位于分生区下方,长度较根尖伸长区长 2~10 倍,有 2~10 cm 长,能区分节和节间。伸长区由体积相对较大、液泡化程度较高、薄壁的长方形细胞组成。

3. 成熟区

位于伸长区的下方,由已分化成熟的细胞组成,构成茎的初生结构。

(二) 植物茎初生结构的观察

1. 双子叶植物茎初生结构的观察

取棉花或其他双子叶植物幼茎横切片,也可用徒手切片法制作装片。先用低倍镜观察其组成,观察各组成所占的比例,再换高倍镜观察各组成的结构特点。

双子叶植物茎的初生结构由外至内依次为表皮、皮层、维管柱。各部分结构特征如下:

(1) 表皮 是最外部的一层细胞,体积较小、排列整齐而紧密、外壁常有角质膜。表皮主要由表皮细胞和保卫细胞组成,保卫细胞之间为气孔,有的切面上、表皮外附着有毛状附属物。横切面上一般保卫细胞较表皮细胞体积小。

(2) 皮层 位于表皮以内、维管柱以外,由机械组织和薄壁组织构成。机械组织包括厚壁组织和厚角组织,厚角组织为靠近表皮的数层体积较小的细胞,细胞壁在角隅处加厚,内含叶绿体,靠近厚角组织内侧是数层薄壁细胞,外层的薄壁细胞中也含有叶绿体。有些植物幼茎的皮层中还有厚壁组织。

(3) 维管柱 维管柱是指皮层以内的所有部分。维管柱由维管束、髓射线、髓三部分构成。

1) 维管束 横切面上的许多维管束排列成一环。在棱角处维管束较大。维管束由初生韧皮部、束中形成层和初生木质部组成。初生韧皮部位于维管束的外方,由筛管、伴胞、韧皮纤维和韧皮薄壁细胞组成。韧皮纤维在最外方,由几层细胞构成,其内是筛管、伴胞和韧皮薄壁细胞。初生木质部位于维管束的内方,由导管、管胞和木薄壁细胞组成。靠近茎中心的导管口径大,外方的导管口径小。初生木质部是内始式发育。形成层细胞位于初生韧皮部和初生木质部之间,由扁平的薄壁细胞构成。

2) 髓射线 位于维管束之间的薄壁细胞,呈放射状排列,它连接皮层和髓,具有运输和储藏功能。

3) 髓 位于维管柱的中心,由大型薄壁细胞组成,细胞排列疏松,具有储藏功能。

2. 单子叶植物茎初生结构的观察

取小麦茎(或玉米等单子叶植物)节间部位的横切制片,也可用徒手切片法制作装片。先在低倍镜下区分各部分结构,然后转高倍镜详细观察各部分的结构特征,并与棉花幼茎结构比较,找出不同点。

单子叶植物茎的初生结构包括表皮、厚壁组织、薄壁组织、维管束等。各部分结构特征如下:

(1) 表皮 由最外一层细胞组成,有角质层和气孔器。

(2) 厚壁组织 是表皮内不同厚度的连续区域,由数层体积较小、排列紧密的厚壁细胞组成,常被番红染成红色。

(3) 薄壁组织　由机械组织以内直到中央的髓腔之间的薄壁细胞组成。如果是实心的茎(如玉米等),机械组织以内直到茎中心的均为薄壁组织。

(4) 维管束　分布于基本组织或机械组织中,由排列紧密、已分化的细胞组成。维管束为两环(如小麦),外环的维管束较小,包埋在机械组织中,内环的维管束较大,埋于基本组织之中。维管束由维管束鞘、初生韧皮部和初生木质部组成。中空的茎,中央部分为髓腔。如果茎为实心,如玉米,维管束为散生状态。

(三) 双子叶植物茎次生结构的观察

取椴树茎(或其他植物)横切片,先用低倍镜由外至内观察各部分结构,转换高倍镜,仔细观察每一部分的结构特征。

双子叶植物茎次生结构由外至内有周皮、皮层、韧皮部、维管形成层、木质部等结构。各部分结构特征如下:

(1) 周皮　位于老茎最外围,由木栓层、木栓形成层和栓内层组成。有些切面上可观察到皮孔,稍幼嫩茎的周皮外可观察到被破坏的表皮残片。

1) 木栓层　由最外侧数层长方形细胞组成。木栓层细胞排列紧密、不透水、不透气,无原生质体。

2) 木栓形成层　位于木栓层内侧,由1层体积较小、狭长方形且有浓厚细胞质的薄壁细胞组成。木栓形成层具有分裂能力,向内产生栓内层,向外产生木栓层。

3) 栓内层　位于木栓形成层内侧,由1~2层体积较大、扁平且具原生质体的薄壁细胞构成。

(2) 皮层　位于周皮内侧,主要由薄壁组织和厚壁组织构成。有的具有分泌结构。

(3) 韧皮部　位于皮层内侧,形成层的外方,由筛管、伴胞、韧皮纤维、韧皮薄壁细胞组成。其中具有辐射状成行排列的韧皮射线,由薄壁细胞组成,外侧的薄壁细胞体积较大,内侧的体积较小,1条射线整体呈外宽内窄的喇叭口状。筛管、伴胞和韧皮薄壁细胞被染成绿色,韧皮纤维被染成红色。初生韧皮部位于次生韧皮部外侧,通常只余下韧皮纤维。

(4) 锥管形成层　位于次生韧皮部和次生木质部之间,由3~5层呈砖形、排列紧密、径向壁连成一线的细胞组成。其中只有1层细胞是形成层,由于新分裂的细胞还未完成分化,所以具有几层与形成层形态结构相似的细胞。

(5) 木质部　位于锥管形成层以内,主要是次生木质部,在横切面上占有比例最大,由导管、管胞、木纤维和木薄壁细胞组成。导管、管胞和木纤维被番红染成红色,木薄壁细胞被固绿染色液染成绿色。由于组成早材和晚材的细胞直径大小和排列紧密程度不同,可明显观察出呈同心环状的年轮线。此外,次生木质部中还具有呈放射状的木射线,由薄壁细胞组成。次生木质部内侧,紧靠髓部周围,有几束初生木质部。

(6) 髓　位于茎的最中心,主要由薄壁细胞组成,起储藏作用。外围的一圈小型细胞为环髓带。

四、实训作业

(1)绘棉花幼茎横切结构局部实际图,并注明各部分名称。
(2)绘三年生椴树茎横切面局部理论图,并注明各部分名称。

五、思考题

(1)双子叶植物茎中,木栓形成层和维管形成层的来源分别是什么?
(2)双子叶和单子叶植物茎的初生结构有何不同?
(3)在茎的次生结构中,常观察到皮层存在,为什么?
(4)皮孔和年轮线分别是如何形成的?
(5)早材和晚材有何不同?

项目七　植物叶片的结构

一、实训目的

(1)能够阐述植物叶片的结构。
(2)能够总结双子叶植物与单子叶植物、C3 植物与 C4 植物在叶片结构上的主要差别。
(3)能够分析不同生境下植物叶片的结构特点,并理解结构与功能相适应的关系。

二、实训材料与器具

(1)材料　陆地棉(*Gossypium hirsutum* L.)叶片横切片、玉米(*Zea mays* L.)叶片横切片、小麦(*Triticum aestivum* L.)叶片横切片、眼子菜(*Potamogeton distinctus* A. Benn.)叶片横切片、夹竹桃(*Nerium oleander* L.)叶片横切片等,以及其他单子叶植物、双子叶植物叶片。

(2)器具　显微镜、载玻片、盖玻片、擦镜纸、纱布、吸水纸、刀片等。

三、实训内容

(一)双子叶植物叶片结构的观察

取棉花叶片横切片,或利用徒手切片法制作棉花叶片横切装片,先用低倍镜观察叶片的结构组成,再转换高倍镜仔细观察每部分结构的特征。

可观察到棉花叶片由上表皮、下表皮、叶肉、叶脉等结构组成。每部分的结构特征如下:

(1)表皮　上表皮和下表皮均由一层长方形细胞组成,排列紧密且不含叶绿体,外壁外覆盖一层角质膜。表皮上还可看到很多由两个体积较小且染色较深的保卫细胞组成的气孔,下接一个较大的气室,下表皮分布的气孔器数目较上表皮多。有的切片表皮上还有表皮毛、腺毛等结构。

(2)叶肉　叶肉位于上、下表皮之间,紧邻上表皮的叶肉细胞排列紧密整齐,长柱形,以其长轴与表皮垂直,细胞内含叶绿体较多,为栅栏组织;紧靠下表皮的叶肉细胞形状不规则、排列疏松,叶绿体含量较少,为海绵组织。因为叶肉有栅栏组织和海绵组织的分化,所以是异面叶。有的切片,在叶肉细胞中分布有分泌腔。

(3)叶脉　包括主脉和侧脉。主脉处主要包括的结构为机械组织、薄壁组织和维管束。紧邻上、下表皮的为厚角组织(机械组织),厚角组织和两侧的维管束之间为薄壁组织。靠近上表皮的维管束为木质部,靠近下表皮的为韧皮部。木质部和韧皮部之间有几层扁平细胞组成的形成层,但分裂时间短,不进行次生生长。有的切片下还可观察到薄壁组织中的分泌腔。侧脉在叶肉中纵横排列。侧脉比主脉的组成简单,随着叶脉越来越细,其结构也越来越简单。薄壁组织和机械组织逐渐消失,木质部和韧皮部也逐渐简化,细胞数目少而小,但它们的维管束周围具有一圈薄壁细胞围成的维管束鞘。

(二)单子叶植物叶片结构的观察

1. 小麦(C_3植物)叶片的结构

取C_3植物小麦叶片横切片,或利用徒手切片法制作小麦叶片横切装片,先在低倍镜下观察叶片的结构组成,再换高倍镜详细观察每一部分的结构特征。注意与棉花叶片结构的区别。

小麦叶片由表皮、叶肉和叶脉组成。每部分的结构特征如下:

(1)表皮 表皮有上表皮和下表皮,均由一层排列紧密的长方形细胞组成,外壁高度角质化和硅化,形成很多栓质和硅质的乳突。上、下表皮上均具有气孔器,气孔器由保卫细胞和副卫细胞组成,这两种细胞体积较表皮细胞小,染色较深,保卫细胞较副卫细胞小,保卫细胞中间为气孔。气孔下方有气室。在上表皮上,位于两个维管束之间还有数个大型的薄壁细胞,称为泡状细胞,也叫运动细胞。

(2)叶肉 位于上、下表皮之间,由形状不规则、细胞壁向内凹陷折叠的细胞组成,细胞间隙小而气室较大,叶绿体沿内折的壁分布。因为叶肉无栅栏组织与海绵组织的分化,因此为等面叶。

(3)叶脉 叶脉为平行脉,观察到的为横切面。中脉由机械组织、薄壁组织和维管束组成。紧邻上、下表皮的为厚壁组织,细胞壁被番红染成红色,细胞无原生质体。薄壁组织位于厚壁组织和维管束之间,细胞壁薄、体积较大,被染成绿色。维管束位于中间,由维管束鞘、木质部和韧皮部组成。在维管束和厚壁组织之间有薄壁组织。管束鞘由两层细胞组成,外层细胞大而壁薄,含少量叶绿体,内层细胞小,细胞壁厚。维管束鞘细胞内部有木质部和韧皮部,而无形成层。木质部靠近上表皮,韧皮部靠近下表皮。小叶脉结构较简单,薄壁组织、厚壁组织逐渐消失,组成维管束细胞数目也逐渐减少。

2. 玉米(C_4植物)叶片的结构

做C_4植物玉米叶片的徒手横切片,或取玉米叶片横切永久制片,在低倍镜下观察其组成,换高倍镜详细观察每部分的结构特征。注意观察玉米叶片与小麦叶片结构的区别,重点观察维管束结构的差异。

玉米与小麦叶片组成基本一致,均由表皮、叶肉和叶脉组成。每部分的结构特征如下:

(1)表皮 表皮同样分上表皮和下表皮,表皮由表皮细胞、气孔器、泡状细胞、表皮毛等组成。

(2)叶肉 叶肉没有海绵组织和栅栏组织之分,为等面叶。

(3)叶脉 叶脉由机械组织和维管束组成。机械组织(厚壁组织)靠近上、下表皮,维管束包括维管束鞘、木质部和韧皮部,无形成层。维管束鞘由一层体积较大的薄壁细胞构成,其中含有大量叶绿体,并且叶绿体比叶肉细胞内的大而色深,分布在靠叶肉细胞一侧。维管束鞘周围有一层呈辐射状紧密排列的叶肉细胞,其细胞中叶绿体比维管束鞘细胞中的小,这种结构称为"花环形"结构。

(三)不同生境下植物叶片结构的观察

1. 旱生植物叶片结构的观察

取夹竹桃叶片横切片,先用低倍镜观察其结构组成,再换高倍镜详细观察每部分的结构特征。

叶片由表皮、叶肉和叶脉三部分组成。表皮由 2~4 层排列紧密而整齐的表皮细胞组成,为复表皮,外被发达的角质层。下表皮有一部分细胞构成下陷的气孔窝,下陷的窝里的表皮细胞常特化成表皮毛,窝内有多个气孔。上、下表皮之间是叶肉细胞。靠近上表皮有多层栅栏组织,细胞排列紧密,细胞间隙不发达,有些下表皮内方也有栅栏组织的存在。海绵组织层数也较多。叶肉之中常有含晶细胞。

2. 水生植物叶片结构的观察

取眼子菜新鲜叶片,利用徒手切片法制作横切片,或取永久制片,先在低倍镜下观察其结构组成,再换高倍镜详细观察每部分的结构特征。注意观察水生植物叶片与夹竹桃叶片结构的区别。

叶片由表皮、叶肉和叶脉三部分组成。每部分特征如下:

(1)表皮 位于叶片的上、下表面,分别为上表皮和下表皮,均由 1 层排列整齐而紧密的扁平状薄壁细胞构成,一般无气孔和角质膜;上表皮细胞相对较大,下表皮细胞较小。

(2)叶肉 位于上、下表皮之间,无栅栏组织和海绵组织的分化。细胞间隙特别发达,形成许多通气组织。

(3)叶脉 位于上、下表皮之间,维管束不发达,较大叶脉的维管束由木质部、韧皮部和维管束鞘组成。小叶脉木质部较韧皮部更不发达,甚至看不到导管。

四、思考题

(1)在棉花叶片横切中,为什么在叶肉细胞中间能观察到纵向排列的导管?

(2)请总结单子叶植物和双子叶植物叶片结构的异同点。

(3)请总结 C_3 植物和 C_4 植物叶片结构的异同点。

(4)比较旱生植物和水生植物叶片结构的差异。

五、实训作业

(1)绘制棉花叶片横切(过主脉)的结构简图,并注明各部分名称。

(2)绘制玉米叶片和小麦叶片的横切片结构图,并注明各部分名称。

项目八　花药和花粉的结构与发育

一、实训目的

(1) 能够阐述不同发育时期花药和花粉的结构。
(2) 能够叙述花粉的发生及形成过程。

二、实训材料与器具

(1) 材料　不同发育阶段百合(*Lilium brownii* var. *viridulum*)花药永久切片。
(2) 器具　光学显微镜、擦镜纸等。

三、实训内容

取不同发育阶段百合花药横切片,先在低倍镜下观察花药的结构组成,并换高倍镜重点观察其中一个花粉囊的构造和特点。

可以看到百合花药具有四个药室,形状为蝴蝶形,花药正中是一些薄壁细胞,上方薄壁细胞包围的束状结构是药隔维管束。依次观察造孢组织时期到成熟期的花药横切片。不同发育阶段的结构特点如下:

1. 造孢组织时期

在切片中可观察到,花粉囊壁细胞的各层细胞分化不明显,最外一层细胞为表皮,由扁长形细胞组成,表皮细胞外壁具角质膜。表皮内每一药室壁由 3～5 层分化程度不大的细胞组成,从外到内依次为药室内壁、中层和绒毡层。药室中央为一群呈多角形、细胞质浓厚、体积较大、细胞核也大的造孢细胞,这些细胞易与花粉囊壁细胞区分。造孢组织经过有丝分裂,发育为花粉母细胞。

2. 花粉母细胞时期

在该时期切片中观察到,组成花粉囊壁的各层细胞已有明显分化,由外至内依次为表皮、药室内壁、中层和绒毡层。最外一层细胞为表皮;紧靠表皮内方一层体积较大、近于方形的细胞为药室内壁;位于药室内壁内方的 2～4 层体积较小、形状扁平的细胞为中层;花粉囊壁最内一层细胞为绒毡层,绒毡层细胞具有体积大、径向壁长、细胞质浓厚而无液泡等特点。随后花粉母细胞进入减数分裂阶段。

3. 二分体和四分体时期

在切片中可观察到,花粉囊壁由表皮、药室内壁、中层和绒毡层组成,内部有二分体和四分体。此时表皮、药室内壁和中层的形态和花粉母细胞时期基本一致;绒毡层细胞经历了核分裂,但没有形成新的细胞壁,因此绒毡层细胞中具有双核或多核现象。药室中的花粉母细胞正在进行减数分裂,当完成减数分裂的第一次分裂后,形成由两个子细胞构成的二分体,两个子细胞外面具有共同的胼胝质壁包围。当完成减数分裂的第二次分裂后,二分体中的两个子细胞形成4个子细胞,4个子细胞被共同的胼胝质壁包围而形成的细胞,称为四分体。切片中观察到,由共同胼胝质包围的3个或4个子细胞所构成的细胞均为四分体。

4. 单核花粉粒时期

在该时期切片中可观察到,花粉囊壁中的绒毡层细胞开始退化,细胞壁解体,形成一圈具有多核的原生质团。此时,四分体中的4个小孢子从共同的胼胝质壁中释放出具1个细胞核的小孢子,即单核花粉粒。单核花粉继续发育长大,形成成熟花粉。

5. 成熟花粉粒时期

与之前的发育时期相比,花粉囊的结构已发生了较大的变化。表皮依然存在;药室内壁上形成了明显增厚的条纹状次生壁,因此被称为纤维层;中层细胞全部或部分解体;绒毡层已完全解体。目前花粉囊的壁由表皮、纤维层和未解体完全的中层构成。两侧的每对花粉囊之间的间隔解体,两室相互连通。由于纤维层不均匀收缩,花粉囊的壁开裂,花粉粒散出,此时的花粉粒为成熟花粉粒。成熟花粉粒由单细胞花粉粒经过不均等分裂形成,具有两层壁,分别为外壁和内壁。外壁厚,表面具网状雕纹,有一萌发沟;内壁较薄,紧贴外壁。壁内为两个细胞,其中大且呈圆形的为营养细胞,小而长形且被营养细胞的细胞质包围的是生殖细胞,此为二细胞型花粉。

四、实训作业

绘制百合花药各个发育时期的结构简图,并注明各部分名称。

五、思考题

(1) 成熟花药的哪些结构变化与花粉囊的开裂有关?
(2) 绒毡层细胞有何特点,它具有哪些生理功能?
(3) 花粉粒是怎样形成的(从造孢细胞时期开始)?

项目九 子房、胚珠和胚囊的结构与发育

一、实训目的

(1)能够识别子房和胚珠的结构。
(2)能够阐述成熟胚囊的形成过程及其结构。

二、实训材料与器具

(1)材料 不同发育阶段百合(*Lilium brownii* var. *viridulum*)子房横切片、纵切片。
(2)器具 光学显微镜、擦镜纸等。

三、实训内容

(一)子房结构的观察

取百合子房横切片,在低倍镜下观察构成百合子房的心皮数、雌蕊的类型、胎座类型、胚珠着生位置、背缝线和腹缝线的位置等。

可观察到百合子房由3个心皮合生而成,每个心皮向内卷合,各心皮彼此围成子房室,3心皮在子房中央共同形成一个中轴,胚珠着生在中轴上,故称中轴胎座,并构成子房三室的复雌蕊。两个子房室之间是两心皮结合处,为腹缝线,腹缝线往里的隔膜上有一维管束,为腹束。每个心皮的中脉处有一凹陷,称为背缝线,背缝线往里的子房壁中有维管束,此为背束。各室内有两列胚珠,但在横切面上,只显出两个胚珠,胚珠发生于心皮腹缝线的内侧。

(二)胚珠结构的观察

取百合子房纵切片,在低倍镜下选择一个较完整的胚珠,观察其结构。

在显微镜下可观察到,胚珠位于子房室内,着生在中轴上,呈倒生状。胚珠由珠柄、珠被、珠孔、珠心、合点和胚囊等结构组成。

(1)珠柄 珠柄为连接胚珠与子房壁上胎座的柄状结构,由表皮、基本组织和维管束组成。珠柄中的维管束由腹缝线通过株柄到达胚珠。

(2)珠被 位于胚珠最外侧,起于合点,是由大型薄壁细胞组成的保护结构。百合珠被分内、外两层珠被,在珠柄一侧的外珠被与珠柄愈合,只显示一层内珠被。

(3)珠孔 位于胚珠下端,与珠柄相邻,两侧珠被未完全包围珠心而留下的一个小

孔,为珠孔。

(4)珠心　珠被所包围的薄壁组织,其内形成胚囊。

(5)合点　位于珠孔相对的一端,是珠柄、珠心和珠被的结合处。

(6)胚囊　珠心中央的囊状结构(空腔)为胚囊,呈长椭圆形,胚囊中可观察到4个、3个或2个细胞。

(三)胚囊的结构和发育过程

百合胚囊的发育主要经历了孢原细胞时期、胚囊母细胞时期、二分体时期、四分体时期、四核胚囊时期和成熟胚囊时期。取不同发育时期百合子房纵切片,先用低倍镜观察胚囊的轮廓,再换高倍镜详细观察胚囊的结构。

(1)孢原细胞时期　在这个时期,珠心正在发育,珠被正在形成,珠心中央形成一个孢原细胞,孢原细胞的细胞体积和细胞核均较珠心细胞大,原生质浓厚,染色较深。

(2)胚囊母细胞时期　胚珠的珠被和珠心已发育形成,孢原细胞进一步发育形成胚囊母细胞,细胞明显大于周围细胞且原生质浓厚。

(3)二分体时期　此为减数分裂的第一次分裂,胚囊母细胞内形成2个大小相等的单倍体细胞核,此为二分体阶段。

(4)四分体时期　胚囊母细胞已完成减数分裂的第二次分裂,形成4个大小相等的单倍体细胞核,其中3个核靠近合点端,1个核位于珠孔端,此为四分体阶段。

(5)四核胚囊时期　此时期合点端的3个大孢子核相互融合形成1个三倍体核,并发生一次有丝分裂,形成2个三倍体的细胞核;珠孔端的另一个大孢子核也发生一次有丝分裂,形成2个单倍体的细胞核,此时胚囊中有2个大核,2个小核,此为四核胚囊时期。

(6)成熟胚囊时期　成熟的胚囊具七细胞八核结构,具有2个核的中央细胞位于胚囊中间,3个反足细胞位于合点端,1个卵细胞和2个助细胞位于珠孔端。成熟胚囊的发育过程为:胚囊中合点端2个大核和珠孔端2个小核各进行一次有丝分裂,形成4个大核、4个小核。然后,胚囊两端各有一个大核和小核向中央移动,相互靠拢成极核并与周围细胞质形成中央细胞,合点端的3个细胞核发育成反足细胞,珠孔端的3个细胞1个发育为卵细胞,另外2个发育为助细胞,于是形成成熟胚囊。珠孔端的3个细胞组成卵器,位于中央偏上的1个较大的椭圆形细胞为卵细胞,位于其偏下方两侧较小的2个细胞为助细胞。

由于卵细胞、助细胞、中央细胞、反足细胞在胚囊中分布的位置不在同一个平面上,因此,通常在一个切片中可看到4个、3个或2个细胞,只能通过对连续切片进行观察,才能看清楚七细胞八核成熟胚囊结构的全貌。在一张切片中,要根据胚囊细胞的数目、大小、形状和在胚囊中所处的位置等特征判断胚囊的发育时期。百合胚囊的发育形式为贝母型,它的4个大孢子核都一起参与胚囊的形成,属四孢型,这与最普通的蓼型(单孢型)胚囊的发育过程不同。

四、实训作业

绘制百合子房的横切片结构简图,并注明各部分名称。

五、思考题

(1)胚珠是怎样形成的?一个胚珠包括哪些组成部分?
(2)百合成熟胚囊与蓼型成熟胚囊的结构和发育过程有什么区别?

项目十　果实、种子和胚的结构与发育

一、实训目的

(1)能够识别果实和种子的结构及发育来源。
(2)能够阐述被子植物胚和胚乳的发育过程。

二、实训材料与器具

(1)材料　荠菜(*Capsella brusa-pastoris*)不同发育时期角果纵切片;小麦(*Triticum aestivum* L.)不同发育时期果实纵切片。
(2)器具　光学显微镜、擦镜纸等。

三、实训内容

(一)果实的结构

取其中一个发育阶段的荠菜幼果纵切制片,在低倍镜下观察果实的结构组成。

通过观察可看出,荠菜果实为短角果,呈倒三角形,由位于最外侧的果皮和其内的种子构成。果皮是由多层薄壁细胞构成的保护结构,内部还有几层薄壁细胞构成的膜质结构,即假隔膜。位于果皮以内的多个椭圆形结构为种子。

(二)种子的结构

在荠菜幼果纵切制片中,选取纵切面正的荠菜种子进行观察,在低倍镜下鉴别出种皮、胚、胚乳、种柄等结构,并换高倍镜观察每一部分的结构特征。

种子最外侧的几层薄壁细胞为种皮,其中最内侧 1 层体积较大、细胞质浓厚、着色较深的细胞层为珠被绒毡层。种皮内侧弯曲呈马蹄形的囊状结构为胚囊。胚囊合点端,有一团不规则且体积较大的细胞团,为未退化的"反足细胞群"。在胚囊中,具有处于某个发育阶段的胚体和胚乳组织。在胚囊合点端和珠孔端之间,着生在种皮外侧的柱状结构为种柄。

(三)双子叶植物胚和胚乳的发育过程

双子叶植物胚的发育一般具有以下几个阶段:原胚时期、心形胚时期、鱼雷胚时期及成熟胚时期。取荠菜不同发育时期的角果纵切片,先用低倍镜,再换高倍镜,观察胚囊中不同发育时期胚和胚乳的形态结构。

(1)原胚时期胚的结构 胚由受精卵发育而来,原胚时期指胚未分化出各种器官的时期,包括两细胞原胚到几十个细胞构成的球形胚阶段。在弯曲胚囊的珠孔端有一胚体,胚体下部有1列呈纵向排列的细胞构成的胚柄,胚柄末端近珠孔处的1个体积大、高度液泡化的泡状细胞为胚柄基细胞,又称泡状细胞。在胚囊合点端,有一团不规则且体积较大的细胞团为未退化的"反足细胞群"。珠被绒毡层和胚体之间分布着一些染色较深的游离胚乳核,由初生胚乳核经多次有丝分裂形成。

(2)心形胚时期胚的结构 由于球形胚顶端两侧生长较快,形成两个子叶原基,使胚体呈心形。此时游离胚乳核已逐渐形成胚乳细胞。胚体下部有1列呈纵向排列的细胞构成的胚柄。

(3)鱼雷胚时期胚的结构 心形胚进一步生长发育,子叶伸长,两个子叶之间分化出胚芽,紧挨胚柄的胚体部分形成胚根和胚轴,胚体呈鱼雷形,胚柄开始退化,种皮和胚之间为胚乳细胞。

(4)成熟胚时期胚的结构 胚体进一步长大并弯曲,几乎充满胚囊,形状呈马蹄形。胚体中2片肥大的叶状结构为子叶,子叶之间夹生的小凸起为胚芽,胚芽相对的另一端为胚根,胚芽与胚根之间为胚轴。此时,大部分胚乳细胞已被吸收,仅在紧贴种皮处可见残存的少部分胚乳;在珠孔端可见正在退化的胚柄细胞,在合点端可见正在退化的反足细胞群;珠被发育为种皮;胚珠形成种子。

(5)荠菜活体胚的观察 利用荠菜活体胚整体压挤法制作临时装片,观察不同发育时期胚的形态特征。操作步骤:取一个荠菜的幼嫩果实,在解剖镜下用解剖针将胚珠剥出,放于凹面载玻片上,滴上1~2滴5%的氢氧化钾溶液浸泡10 min左右,用吸水纸吸去氢氧化钾溶液,再滴上1~2滴清水,盖上盖玻片后,用解剖针另一端轻轻敲击盖玻片上方,然后在显微镜下观察。

(四)单子叶禾本科植物胚和胚乳的发育过程

小麦胚的发育经历二细胞原胚、梨形胚、凹沟期胚、成熟期胚等过程。取不同时期小麦果实纵切片,先用低倍镜找出胚和胚乳,再换高倍镜观察不同发育时期胚和胚乳的特征。

显微镜下可观察到二细胞原胚由一个顶细胞和一个基细胞构成,两个细胞再向各个方向进行分裂,增大胚的体积,形成基部稍狭长、上部宽大的梨形胚。此后,在胚中上部一侧出现一个凹沟,凹沟上部将来发育为盾片和胚芽鞘的大部分;凹沟处将来形成胚芽鞘的其余部分、胚轴、胚芽和外胚叶等;凹沟下部形成盾片的下部、胚芽鞘、胚根等。胚发育的同时进行胚乳发育,先形成游离状态的胚乳细胞核,再形成胚乳细胞,最后形成有胚乳种子。由于小麦种皮和果皮愈合难以分离,因此,一个小麦籽粒即为一个果实。

四、实训作业

(1)绘制不同发育时期荠菜胚的结构简图,并注明各部分名称。
(2)绘制不同发育时期小麦胚的结构简图,并注明各部分名称。

五、思考题

(1)荠菜胚在发育过程中,哪些细胞发生了程序性死亡?
(2)比较荠菜与小麦果实、种子、胚的结构及其发育过程。

项目十一 利用石蜡切片法制作永久切片

一、实训目的

(1)学习石蜡切片法。
(2)能够阐述植物组织染色原理。

二、实训材料、器具与试剂

(1)材料 用锋利刀片切取新鲜、健全而有代表性的植物器官或组织。
(2)器具 切片机、水浴锅、染色缸、载玻片、盖玻片、光学显微镜、镊子、烘箱、离心管、试剂瓶、吸水纸、纱布、擦镜纸等。
(3)试剂 1%番红、1%固绿、不同浓度的乙醇(无水乙醇、95%、85%、80%、70%、50%、30%)、FAA固定液、二甲苯、石蜡、蒸馏水、中性树胶等。

三、实训内容

石蜡切片法是以石蜡为包埋剂,用轮转式切片机将经过一系列处理的材料切成薄片,并制成永久玻片标本的方法。该方法能将材料切成连续均一的薄片,能较好和较长时间地保留细胞的原貌和相互关系,是研究观察细胞、组织、微细结构、各种组织分化的动态过程和组织化学分析的主要制片方法,但制片手续复杂,需时长,易使材料变硬、变脆。其制片流程包含取材、杀死与固定、洗涤、脱水、透明、浸蜡、包埋、切片、贴片、烤片、脱蜡及水化、染色、封藏等步骤。

(一)取材

取材时,应做到:①切割材料要用力均匀,不能挤压;②切割的材料不宜过大,对细的根、茎和窄的叶片,可切成0.5~1 cm长的小段,对粗的根、茎和宽的叶片,可切成2~3 mm宽、0.5~1 cm长的小块,且叶片最好沿主脉两侧切取;③以芽为材料,必须剥去外侧的芽鳞和幼叶;④以雌蕊、雄蕊为材料,必须剥去花外部的花被;⑤对根或地下茎等附有泥土的材料,必须用清水浸泡,并用毛笔将其洗刷干净;⑥各材料应适当多采几份备用;⑦对研究或观察发育进程的材料,应将不同发育阶段的材料取全。

(二)杀死与固定

取下的植物材料应立即投放到盛有固定液的器皿中。对所取同材料应分别装瓶固定,并在瓶外贴上注明采集日期、地点、材料名称、采用部位及固定液名称等信息的标签。依据植物种类和取材部位,选取适当的化学药液——固定液[例如福尔马林(38%甲醛)5 mL,冰醋酸 5 mL,70% 酒精 90 mL,5 mL 甘油(丙三醇)],浸渍已切割好的材料标本 1 h 至数天。其目的:一是借助固定液的作用在极短的时间内终止细胞的一切代谢过程,防止细胞自溶或组织变化,尽可能保持其活体时的结构;二是能够使植物组织硬化,便于切片和染色。

固定时,应做到:①选用的固定液以新配为宜,配好后应储存在阴凉处;②对各组分之间能够发生氧化还原作用的混合固定液,必须在使用前才能将它们混合;③固定液用量必须充足,一般为材料的 20~30 倍,对水分多的材料,中途应更换 1~2 次新液;④材料投放入固定液后,应立即抽气,使固定液快速进入并杀死细胞组织,以防给后续制片流程造成困难;⑤对一些含硅质高的材料(如水稻),则需用 20%~40% 的氢氟酸浸渍固定好的材料 1~2 周或更长时间,进行脱硅处理。植物材料固定后,若不立即制片,可以保存在固定液中,或转至 70% 酒精溶液中保存。

(三)洗涤

洗涤的目的是用冲洗液洗去固定后留在植物组织内的固定液及其结晶沉淀,以便后续对材料的染色或保存。冲洗液的选择、冲洗时间与方法,视固定液性质和组织类型而定。对含甲醛或铬酸的固定液所固定的材料,须用流水冲洗,或每 0.5~1 h 换一次水,共约 24 h;对含乙醇的固定液所固定的材料,可不冲洗,如需冲洗,则必须以同浓度的乙醇冲洗,一般 3~4 次,每次隔 2~3 h。

(四)脱水

脱水的目的是用合适的脱水剂除净细胞组织中的水分,一是便于透明、包埋等后续步骤所用非水溶性试剂(苯类、石蜡等)更替进入细胞组织中;二是可使材料适当硬化,便于切片。脱水时,应做到:①选用的脱水剂,既能与水溶合,又能与溶解石蜡的有机溶剂相溶;②脱水剂的浓度应由低到高、逐级有序递增,切忌剧增脱水剂浓度,否则会引起细胞的收缩变形;③脱水时间依材料大小、性质、制片目的、脱水剂浓度等确定;④脱水必须在有盖的玻璃器皿中进行,且必须彻底脱净;⑤脱水剂应选用市场常见、易购、性价比高的试剂,常用脱水剂有乙醇、叔丁醇和丙酮等。

以乙醇脱水剂为例,脱水流程如下:

(1)乙醇浓度梯度的确定　依据固定液的种类,确定起始乙醇浓度:如固定液为水溶液,可用 10% 乙醇;如固定液为含乙醇的溶液,可用与固定液中相同的乙醇浓度。对易引起收缩的柔软材料或研究细胞内细微结构的材料,应缩小乙醇浓度差,适当增加脱水级数,特别是起始阶段。常用的乙醇浓度梯度为 2.5%、5%、7.5%、10%、15%、20%、30%、40%、50%、70%、85%、95%、100%,实际选用时,应依据材料的性质、大小和研究目标等选用。

(2)乙醇用量　各级乙醇用量,一般为材料容积的 4~5 倍。

(3)乙醇脱水时间　材料在各级乙醇中的脱水时间一般为 1~2 h,且在 100% 乙醇中须经两次脱水。实际脱水时间与材料大小成正比,与乙醇浓度成反比。材料不宜在每级乙醇中放置太久，以免变软解体或组织变脆，如需过夜，应放置在70%乙醇中过夜。如用全自动脱水机脱水，室温下每级脱水 1 h 即可。

（4）预染　为方便在包埋和切片时对材料进行定位，可在95%乙醇脱水过程中，用微量的伊红或番红对材料进行染色。

（五）透明

透明的目的：一是将不能与石蜡相溶的脱水剂除去，使石蜡能够顺利地浸入材料的组织中；二是使材料透明，方便在光学显微镜下观察。透明时，应做到：①选用的透明剂，既能与脱水剂溶合，又能与石蜡相溶；②透明剂的浓度应由低到高、逐级递增；③透明剂的浓度等级和各级用时，应依材料性质、透明剂种类而定；④透明剂应选用市场易购、安全的试剂，常用透明剂有二甲苯、甲苯和正丁醇等。

以二甲苯透明剂为例，透明流程：①先将脱水后的材料放置到盛放 3/4 纯乙醇+1/4 二甲苯混合液的器皿中，盖紧器皿盖；②注意材料周围是否出现雾状物，如有则应将材料用100%乙醇重新脱水，再依次用 1/2 无水乙醇+1/2 二甲苯混合液、1/4 无水乙醇+ 3/4 二甲苯混合液、二甲苯（两次）替换上一级的透明剂，1~3 h 替换 1 次透明剂；③透明结束时，组织呈现不同程度的透明状态，一般以透亮为好。

（六）浸蜡

浸蜡的目的：一是用石蜡清除材料组织中的透明剂；二是使石蜡充分渗透入材料体内各组织之中。浸蜡时，应做到：①依据制片季节，选择不同熔点的石蜡，夏季可选用高熔点的石蜡（56~60 ℃），冬季用熔点略低的石蜡（52~54 ℃），常用石蜡熔点为 52~60 ℃；②渗蜡温度要恒定，以石蜡不凝固为度，实际温度保持在比石蜡熔点高 1~2 ℃ 为宜；③浸蜡时间应根据材料种类、大小及温度情况（适当增加温度可缩短浸蜡时间）而定。

浸蜡流程：①将浮（碎）石蜡渐渐投入装有材料和透明剂的器皿中，应尽量避免石蜡与材料直接接触；②将器皿移入 35~37 ℃恒温箱中，使石蜡慢慢溶解数小时至 1 天，直至饱和；③取出器皿，用 1/2 二甲苯+1/2 石蜡混合液置换器皿中的饱和液，并将其放置在 36~38 ℃恒温箱中 2~4 h；④用 1/4 二甲苯+3/4 石蜡混合液置换器皿中的混合物，并将恒温箱温度调到 44~46 ℃，放置 2~4 h；⑤用"已熔"纯石蜡置换器皿中的混合物，并将恒温箱温度调到 56~60 ℃（比石蜡熔点高 1~2 ℃），共换纯蜡 2~3 次，每次 2~4 h。

（七）包埋

包埋的目的：一是用石蜡将整个材料埋藏；二是制成含材料的凝固蜡块备用。包埋时，应做到：①包埋用石蜡温度与浸纯蜡的温度相当或高 2 ℃ 左右；②必须在包埋盒上，标注材料名称或编号；③对新开封的石蜡，最好通过多次反复熔化与冷却，使其密度增加后再作包埋用蜡。

包埋操作流程：①用质地较厚的纸张折成纸盒（或用成品包埋框），并用铅笔在其两端注明即将包埋的材料名称；②将已熔纯石蜡倒入包埋用的纸盒；③用温镊子迅速轻轻地将浸蜡充分的材料平放于纸盒底部，并使切面朝下；④用温镊子轻轻拨动材料，使之排列整齐，并使每份材料之间保持一定的距离；⑤两手执纸盒两侧的把手，轻轻地将纸盒半浸于水中；⑥待纸盒内石蜡表面凝结，即将纸盒平稳地全部压入水中，充分冷却；⑦约 1 h

后,石蜡即可完全凝固;⑧从水中取出含材料蜡块的纸盒,晾干储藏,备用。

(八)切片

切片就是将包埋好的材料块,用轮转式切片机切成所需厚度的切片带。切片时,应做到:①对包埋好的石蜡块,通过分割、固着和整修,将其放置到切片机上,并使切片容易形成蜡带;②了解并掌握所用切片机的基本结构和性能,确保其完好,尤其是保证切片刀的锋利与完整;③温度较高(尤其是夏季)时切片,可先将组织蜡块放入冰箱中冷冻一定时间后再切片;④切片时,如果出现异常声响、蜡带出现纵纹或裂缝等现象,应立即停止切片,并寻找补救方法;⑤要随时将记录蜡带材料名称的标签,放在盛放切好蜡带的蜡带盘中;⑥切片完毕,必须固定手轮,取出切片刀和剩余蜡块,并用软布蘸少量二甲苯将切片机及其他用具擦拭干净,妥为保藏。

切片操作流程:①撕去纸盒,用刀将材料蜡块分割成长方形小蜡块,并使植物组织位于中央,组织四周必须保留 2~3 mm 的石蜡;②在坐盘和已切好蜡块之间,插入热解剖刀来熔化两者之间的石蜡,使蜡块黏附于坐盘上;③待熔接处冷凝后,将小蜡块修成长方形或梯形,并依蜡块装在切片机上的方位,将其上下两边修成平行状态;④将已固着和修好的蜡块坐盘,装在切片机的夹物装置上;⑤将切片刀固定在刀夹上,先将夹刀装置移向蜡块,再慢慢转动手轮使蜡块与刀口接近,但不超过刀口为止;⑥调节刀刃与蜡块的夹角,使其保持在 4°~6°;⑦用厚度调节器,依材料性质、石蜡质地和室温情况等调节切片厚度,一般为 6~12 μm;⑧右手转动手轮,将蜡块切成蜡带,左手持毛笔,将蜡带提起并逐渐后移连成长带,摇转速度不可太快,一般以 40~50 r/min 为宜;⑨蜡带到 20~30 cm 长时,右手用另一支毛笔轻轻将蜡带挑起,牵引成带,平放在蜡带盘中,并将蜡带光滑的一面(靠切片刀面)朝下;⑩用解剖刀或刀片切取一小段蜡带,放置在载玻片上并加 1 滴水,在显微镜或放大镜下观察切片是否良好。

(九)贴片

贴片的目的是用粘贴剂把切片平铺粘贴在载玻片上,以便脱蜡与染色。贴片时,应做到:①载玻片一定要洁净;②蜡片的光滑面朝下;③蜡片粘贴于载玻片一端,另一端便于粘贴标签;④一定要做好编号或标志。

贴片操作流程:①用玻棒将粘片剂蘸出,轻轻点触于彻底洗净的载玻片上;②用玻棒或干净手指涂抹,使粘片剂成均匀的薄层,在粘片剂上方,滴 1~2 滴蒸馏水;③用小镊子夹取预先切开的蜡带,将蜡带光面朝下移至水面上;④将载玻片移于预热、温度保持在 40~45 ℃ 的展片台上,使蜡带受热而伸展摊平;⑤待蜡带完全展平后,移正材料位置,并用吸水纸吸去多余水分。

(十)烤片

烤片的目的是通过对贴片的烘烤,使其干燥、粘牢,预防脱蜡与染色等操作时产生脱片现象。其操作流程:①将标好记号的贴片放到烤片架上;②将烤片架放置于 37 ℃ 恒温箱内烘烤 24 h;③经一昼夜烘烤干燥后,即可取出存放备用。

(十一)脱蜡及水化

脱蜡及水化的目的就是将包裹在材料内外的石蜡除去并使材料复水,以便能用水溶性染料对其进行染色。其操作流程：①将经烤片的玻片标本插入盛有二甲苯的染色缸中,脱蜡 10～15 min；②如染料以水为溶剂,可将经二甲苯脱蜡后的玻片标本,依次置换到盛有 1/4 无水乙醇+3/4 二甲苯、1/2 无水乙醇+1/2 二甲苯、3/4 无水乙醇+1/4 二甲苯、100% 乙醇、95% 乙醇、85% 乙醇、70% 乙醇、50% 乙醇、30% 乙醇、10% 乙醇、蒸馏水的染色缸中进行复水（水化）,每级停留 5～15 min；③如染料以乙醇为溶剂,上述复水（水化）步骤到与乙醇溶剂浓度相近时即可终止。

（十二）染色

染色的目的：一是使细胞组织内的不同结构呈现不同的颜色,以便于观察；二是改变细胞组织的折光率,使其易于辨认。染色时,应做到：①依据观察要求与研究内容,选择不同的染色剂及染色方法；②注意与固定剂协同选择。

染色（以番红-固绿染色法为例）的操作流程：①将水化后的玻片标本,移入盛有 1% 番红水溶液的染色缸中,染色 2 h 左右；②取出玻片标本,用蒸馏水冲洗,洗去多余染液；③将冲洗好的玻片标本,依次置换到盛有 10%、30%、50%、70%、80%、90%、95% 乙醇的染色缸中,各级乙醇脱水 10 min；④用吸管吸取 1% 的固绿（用 95% 乙醇配制）,滴 1～2 滴到玻片标本的材料上,染色 10～40 s 后用 95% 乙醇冲洗 1～2 次；⑤在显微镜下,检查标本的染色情况,如不理想,则退回重染；⑥将染色良好的玻片标本,依次置换到盛有无水乙醇、3/4 无水乙醇+1/4 二甲苯、1/2 无水乙醇+1/2 二甲苯、1/4 无水乙醇+3/4 二甲苯、二甲苯染色缸中进行脱水、透明,各级用时 5 min。

（十三）封藏

从二甲苯中取出染好色的片子,用中性树胶进行封片。封藏的目的就是用封藏剂与盖玻片将制好的标本材料包裹、覆盖,使其与空气隔离而能长期保存。封片时,应做到：①依据标本材料的大小,选择合适的盖玻片；②所用封藏剂（如树胶）的浓度要适中,以一般速度滴下并恰能成珠为宜；③为防止气泡产生,封片时,既不宜搅动封藏剂,也应在切片上保留适当的二甲苯。

封片操作流程：①在实验台上放一张洁净的吸水纸；②将含材料的载玻片从二甲苯中取出放在吸水纸上,且有切片的一面朝上；③迅速擦去材料四周多余的二甲苯；④用玻棒蘸出封片剂（树胶）,并滴 1～2 滴在标本材料的中央；⑤右手持小镊子,轻轻地夹住洁净盖玻片的右侧,稍微倾斜,使其左侧与树胶接触,缓慢地将盖玻片放下；⑥如胶液不足,可用玻棒再滴一滴树胶,从盖玻片边缘补足；⑦如胶液过多,可在干燥以后,用刀刮去,并用纱布蘸二甲苯拭去残留的树胶；⑧将封片后的切片标本平放在蜡带盘内,自然风干（树胶需一个月以上才能干燥）；⑨在干燥的玻片标本的一端,贴上注明材料名称、制片时间等信息的标签。将制成的玻片标本置于切片盒中避光保存。

四、注意事项

（1）FAA 固定液配方中,柔软材料用 50% 乙醇,坚硬材料用 70% 乙醇配制。

（2）脱水和透明时,设置不同的乙醇和二甲苯浓度梯度是为了防止材料皱缩,但具体浓度梯度和浸泡时间要视材料情况而定,对于幼嫩的材料,梯度要大一些,各步浸泡时间可短些,对于老的硬的材料,梯度则要小一些,各步浸泡时间相应要长些。第二次100%乙醇脱水很关键,一定要确保水脱尽。

(3)烤片时要注意把握时间,不能烫片过度,但要保证充分烫平。

(4)注意番红染色时间要长些(3 h以上),随后的两次经过乙醇的时间都应很短,以免洗掉染上的番红,固绿的染色时间在20~30 s,均要视具体情况而定。

(5)注意按季节及植物生长发育的不同阶段选取材料。最好先做徒手切片或剥离检查,确定适宜的材料立即固定处理。

(6)切取植物器官时,应先确定切取哪种切面,因为不同的切面细胞的形状、排列及结构均存在差异。

五、实训作业

每组同学做一张石蜡切片。

六、思考题

石蜡切片中应注意的关键问题是什么?

第四部分 植物生理生化指标测定

项目一 植物组织含水量的测定

一、实训目的

(1)学会植物含水量的测定方法及原理。
(2)能够阐述植物含水量与植物生长发育的关系。

二、实训原理

水是植物体的重要组成部分,植物体内的水分含量将直接影响植物的光合作用、呼吸作用、物质合成与代谢等生命活动。植物的水分代谢一旦失去平衡,就会打乱植物体的正常生理活动,严重时能使植物体死亡。

含水量是控制生命活动强弱的决定因素,是对器官、组织代谢水平的反应。

植物组织含水量的表示方法,常以鲜重或干重百分率表示,有时也以相对含水量(或称饱和含水量百分率)表示。常用称重法测定植物组织含水量。

三、实训材料与器具

(1)材料　新鲜采集的植物材料。
(2)器具　电子天平、烘箱、称量纸、称量瓶、坩埚钳、吸水纸等。

四、实训步骤

(1)剪取植物组织,迅速放入铝盒,称出鲜重(FW)。
(2)将称好鲜重的样品浸在水中数小时,用吸水纸吸去表面水液,立即称重;再放入水中浸一定时间后取出,吸去表面水液称重。直至两次重量几乎相等为止,最后的结果即为饱和鲜重(SFW)。

(3)饱和鲜重称出后,放入烘箱,于105 ℃下0.5 h杀死,然后于80 ℃下烘至恒重,称出干重(DW)。

(4)按以下公式计算植物组织含水量。

$$植物组织含水量(占鲜重) = (FW-DW)/FW \times 100\%$$
$$植物组织含水量(占干重) = (FW-DW)/DW \times 100\%$$
$$相对含水量(RWC) = (FW-DW)/(SFW-DW) \times 100\%$$

根据计算结果比较不同类型植物组织含水量的区别。

五、注意事项

植物材料采集后的鲜重、烘干后所得的干重以及水分饱和的植物材料,取出后应立即称重。

六、思考题

(1)测定植物组织含水量有何意义?

(2)用3个不同的指标,即植物组织鲜重含水量、干重含水量和相对含水量表示植物组织水分状况分别有什么不同?

项目二 植物叶面积的测定

叶片是植物进行光合作用、呼吸作用以及蒸腾作用的主要器官,叶片面积是影响植物生长、产量和品质形成的重要指标,是生理生化、遗传育种以及作物栽培的重要测定指标,也是评价环境因子效应的重要指标。掌握叶面积的大小对了解植物的生长有重要意义。目前测定叶面积的方法主要有方格计数法、叶面积仪器法、纸样称重法、打孔法和系数回归法等。本实验利用方格计数法、纸样称重法和打孔法测定植物叶面积。

方法一 方格计数法

一、实训目的

学会利用方格计数法测定植物叶片面积的方法和原理。

二、实训原理

将叶片划分成许多小格,然后将小格数相加再乘以小格面积就得到被测叶面积。

三、实训材料与器具

(1)材料 新鲜采集的植物叶片。
(2)器具 电子天平、剪刀、标准方格纸(最小方格的规格为 1 mm×1 mm)或坐标纸等。

四、实训步骤

(1)植物叶片平铺于方格纸(最小方格的规格为 1 mm × 1 mm)上,用铅笔按其边缘形状进行描绘。
(2)统计其所占的方格数,叶缘处达到或超过半格的记为 1 格,不足半格的忽略不计。
(3)计算叶面积

$$叶面积 = 方格数 \times 每个小方格面积$$

五、注意事项

对于形状不规则的叶片,不易描绘其边缘,测量的精确度降低,且较为费时。

方法二 纸样称重法

一、实训目的

学会利用纸样称重法测定植物叶片面积的方法和原理。

二、实训原理

厚薄均匀纸的面积与重量有恒定的数量关系。用这种纸按待测叶的形状和大小裁剪成叶形纸样,称其纸样重量就可计算出纸样面积,即叶片面积。

三、实训材料与器具

(1)材料 新鲜采集的植物叶片。
(2)器具 电子天平、剪刀、A4 纸等。

四、实训步骤

(1)取面积一定的相同型号的复印纸(70 g/m^2,面积 210 mm × 297 mm)进行称重,确定质量 $M_1(\text{g})$。
(2)将叶片平铺在复印纸上,用铅笔沿叶缘将叶片形状描下来,并用剪刀沿线将叶片形状剪下来,称重,记录质量 $M_2(\text{g})$。
(3)计算叶面积
$$S_1 = M_2 \times 21 \times 29.7/M_1$$

五、注意事项

对于厚薄不一致和形状不规则的叶片,测量的精确度降低。

方法三 打孔法

一、实训目的

学会利用打孔法测定植物叶片面积的方法和原理。

二、实训原理

先称出叶片重量,再使用打孔器在叶片上均匀打几个已知面积的孔,这几个孔的重量与孔面积之比为单位叶面积重量,叶片面积则为叶片重量比单位叶面积重量。

三、实训材料与器具

(1) 材料 新鲜采集的植物叶片。
(2) 器具 烘箱、电子天平、剪刀、叶片打孔器等。

四、实训步骤

(1) 准备工作:选择适合的钻头(直径为 1~3 mm)和计算器等工具。
(2) 选择需要测量的叶片,在其表面标记好孔的位置。
(3) 用叶片打孔器(1.5~2.0 cm)取下一定面积(A_1)叶片,将它与其余的叶片分别烘干。
(4) 称出打孔取样的干叶重量(W_1)和其余部分的干叶重量(W_2)。
(5) 计算叶面积

$$S_2 = A_1 \times (W_1 + W_2)/W_1$$

五、注意事项

(1) 穿孔过程也许会损坏叶片。
(2) 穿孔位置和叶片含水量对叶片结果有很大影响。

六、思考题

(1) 方格计数法、纸样称重法和打孔法各有何优缺点?
(2) 测定时应分别注意哪些问题?

项目三　植物根系活力的测定

植物根系是活跃的吸收器官和合成器官,植物根系的作用主要有:①对地上部分支持和固定,物质的储藏;②对水分和无机盐类的吸收;③合成氨基酸、激素等物质。根的生长情况和活力水平直接影响地上部的营养状况及产量水平。因此,根系活力是评价植物生长的重要生理指标之一。

一、实训目的

掌握利用氯化三苯基四氮唑(TTC)法测定根系活力。

二、实训原理

氯化三苯基四氮唑(TTC)是一种氧化还原色素,溶于水中呈无色溶液,但可被根系细胞内的琥珀酸脱氢酶等还原,生成红色的不溶于水的三苯基甲腙(TTF),因此,TTC 还原强度可在一定程度上反映根系活力。

三、实训材料、器具与试剂

(1)材料　植物根系。

(2)器具　分光光度计、恒温箱、容量瓶、烧杯、石英砂、研钵、量筒、三角烧瓶、刻度、试管等。

(3)试剂　乙酸乙酯,连二亚硫酸钠,10 g/L TTC(准确称取 TTC 1 g,溶于少量水中,定容至 100 mL),1 mol/L 硫酸(用量筒取 980 g/L 浓硫酸 55 mL,边搅拌边加入盛有 500 mL 蒸馏水的烧杯中,冷却后稀释至 1000 mL),0.4 mol/L 琥珀酸(称取琥珀酸 4.72 g,溶于水中,定容至 100 mL),66 mmol/L 磷酸缓冲液 pH 7.0(A 液:称取 $Na_2HPO_4 \cdot 2H_2O$ 11.876 g 溶于蒸馏水中,定容至 1000 mL;B 液:称取 KH_2PO_4 9.078 g 溶于蒸馏水中,定容至 1000 mL。用时取 A 液 60 mL,B 液 40 mL,混合即可)。

四、实训步骤

1.定性观察

(1)反应液的配制　将 10 g/L TTC 溶液、0.4 mol/L 琥珀酸和 66 mmol/L 磷酸缓冲液 pH 7.0 按 1∶5∶4 混合。

(2)观察　将待测根系仔细洗净后小心吸干,浸入盛有反应液的三角烧瓶中,置于37 ℃暗处 2～3 h,观察着色情况,根尖端几毫米及细侧根都明显变红。

2.定量测定

(1)TTC 标准曲线的制作　配制浓度 0 g/L、0.4 g/L、0.3 g/L、0.2 g/L、0.1 g/L、0.05 g/L的 TTC 溶液各取 5 mL,放入刻度试管中,各取 5 mL,乙酸乙酯和少量 $Na_2S_2O_4$(约 2 mg,各管中量要一致),充分振荡后产生红色的甲䏹,转移到乙酸乙酯层,待有色液层分离后,补充 5 mL 乙酸乙酯,振荡后静置分层,取上层乙酸乙酯液,以空白作为参比,在分光光度计上于 485 nm 测定各溶液的吸光值,然后以 TTC 浓度作为横坐标,吸光值作为纵坐标绘制标准曲线。

(2)TTC 还原量的测定　称取根样品 1～2 g,浸没于盛有 4 g/L TTC 和 66 mmol/L 磷酸缓冲液 pH 7.0 的等量混合液 10 mL 的烧杯中,37 ℃保温 3 h,然后加入 1 mol/L 的硫酸 2 mL,终止反应。取出根,小心擦干水分后与乙酸乙酯 3～5 mL,和少量石英砂一起在研钵中充分研磨,以提取出三苯基甲䏹,过滤后将红色的提取液移入 10 mL 容量瓶,再用少量乙酸乙酯把残渣洗涤 2～3 次,皆移入容量瓶,最后补充乙酸乙酯至刻度,用分光光度计于 485 nm 处比色,以空白试验(先加硫酸,再加根样品)作为参比读出吸光值,查标准曲线,即可求出 TTC 的还原量。

(3)计算

$$TTC\ 还原强度 = \frac{TTC\ 还原量}{根重 \times 时间}$$

五、注意事项

实验时注意不要挤压损坏根系,伤及细胞。

六、思考题

影响根系活力的因素有哪些?

项目四　比色法测定光合色素含量

一、实训目的

掌握叶绿素 a、叶绿素 b 和类胡萝卜素含量的测定方法。

二、实训原理

植物通过光合作用进行有机物的合成,进而为植物生长提供能量,光合色素参与了光合作用的能量吸收和传递,其含量能反映光合作用的强弱。高等植物叶绿体中的光合色素包括叶绿素和类胡萝卜素,叶绿素中包括叶绿素 a 和叶绿素 b。光合色素不溶于水,而溶于有机溶剂,因此常用乙醇或丙酮等提取。光合色素与类囊体膜蛋白结合为色素蛋白复合体,用有机溶剂提取后,可用比色法测定光合色素的含量。

根据光合色素提取液对可见光谱的吸收,利用分光光度计在某一特定波长测定其光密度,即可计算出提取液中各色素的含量。根据朗伯-比尔定律,某有色溶液的光密度与其中溶质浓度(c)和液层厚度(L)成正比($A=acL$),式中 a 是比例常数。当溶液浓度以百分浓度为单位,液层厚度为 1 cm 时,a 为该物质的吸光系数。各种有色物质溶液在不同波长下的吸光系数可通过测定已知浓度的纯物质在不同波长下的吸光度而求得。如果溶液中有数种吸光物质,则此混合液在某一波长下的总吸光度等于各组分在相应波长下吸光度的总和,这就是吸光度的加和性。根据提取液中叶绿素 a、叶绿素 b 及类胡萝卜素的可见光吸收光谱,利用分光光度计测定该提取液在 3 个特定波长下的吸光度 A,再分别根据这三种色素在其波长下的吸光系数,即可求出其浓度,进而求出其含量。在测定叶绿素 a、叶绿素 b 时,为了排除类胡萝卜素的干扰,所用单色光的波长,选择叶绿素在红光区的最大吸收峰。

三、实训材料、器具与试剂

(1)材料　醋酱草、三叶草等植物叶片,或特定条件处理的植物叶片。
(2)器具　分光光度计、电子天平、研钵、研棒、试管、小漏斗、滤纸、吸水纸、移液管、棕色量筒、剪刀等。
(3)试剂　95% 乙醇(或 80% 丙酮)、石英砂、碳酸钙粉等。

四、实训步骤

(一)叶绿素提取

1. 研磨法

(1)称取剪碎的一定量的新鲜植物材料(0.1~0.5 g),放入研钵中,加少量石英砂和碳酸钙粉及3~5 mL 95%乙醇(以润湿叶片为宜),研成叶泥后,再加95%乙醇2~3 mL,继续研磨至组织变白。暗中静置3~5 min。

(2)取滤纸1张,置于漏斗中,用乙醇湿润,沿玻棒把上层溶液倒入漏斗中,研钵内残渣加95%乙醇浸提并冲洗几次,直至研钵、研棒和残渣(残渣勿入漏斗)无色素为止,以上溶液过滤入50 mL的棕色容量瓶中。

(3)用滴管吸取95%乙醇,将滤纸上的色素全部洗入漏斗中。直至滤纸无色素为止(滤纸为原来的白色),最后用95%乙醇定容至50 mL,摇匀。次滤液即为光合色素提取液。

2. 浸提法

(1)将新鲜叶片剪成0.2 cm左右的细丝或小块混合均匀后,称取0.1~0.5 g,放入50 mL容量瓶或具塞刻度试管中。

(2)在容量瓶或试管中加入20~30 mL 80%的丙酮,并将黏附在瓶壁边缘的叶片碎末洗到丙酮溶液中,盖上瓶塞,室温下置暗处浸提过夜(8~12 h),其间摇动3~4次,直至叶的碎片完全变白。

(3)将上面浸提液过滤或离心至50 mL棕色容量瓶中,用80%的丙酮将材料和盛浸提液的容器清洗干净,清洗液也过滤至该容量瓶中,最后用80%的丙酮定容至50 mL。

(二)比色

把提取液倒入光径1 cm的比色杯内(高度为比色杯的4/5),以95%乙醇为空白,在波长665 nm、649 nm、470 nm下测定吸光度。

(三)结果计算

将测得的吸光度值代入下面的式子分别求出叶绿素a、叶绿素b、总叶绿素和类胡萝卜素的浓度。

$$c_a(\text{叶绿素 a}) = 13.95A_{665} - 6.88A_{649}$$

$$c_b(\text{叶绿素 b}) = 24.96A_{649} - 7.32A_{665}$$

$$c_{a+b}(\text{总叶绿素}) = c_a + c_b$$

$$c_{x.c} = (1000A_{470} - 2.05c_a - 114.8c_b)/245$$

根据以下公式即可求出光合色素含量:

$$\text{不同种类光合色素的含量}(\text{mg/g}) = \frac{c \times V \times n}{1000W}$$

式中,c_a、c_b表示叶绿素a和叶绿素b的浓度(mg/L);$c_{x.c}$表示类胡萝卜素的总浓度(mg/L);A_{665}、A_{649}和A_{470}表示光合色素提取液在波长665 nm、649 nm和470 nm下的吸光度;V 表示提取液体积(mL);W 表示样品鲜重(g);n 表示稀释倍数。

五、注意事项

(1)光合色素在光下容易分解,操作时应在避光或弱光条件下进行,并且研磨时间应尽量短。

(2)提取液不能混浊,否则要用离心机离心后才能比色。

(3)由于光合色素在不同溶剂中的吸收光谱有差异,因此,如果用80%丙酮提取光合色素,计算公式如下:

$$c_a = 12.21 \times A_{663} - 2.81 \times A_{646}$$
$$c_b = 20.13 \times A_{646} - 5.03 \times A_{663}$$
$$c_{x.c} = 1000 \times A_{470} - 3.27 \times c_a - 104 \times c_b$$

式中,c_a、c_b 表示叶绿素 a 和叶绿素 b 的浓度;$c_{x.c}$ 表示类胡萝卜素的总浓度;A_{663}、A_{646} 和 A_{470} 表示光合色素提取液在波长 663 nm、646 nm 和 470 nm 下的吸光度。含量计算公式同上。

六、思考题

(1)叶绿素 a、叶绿素 b 在蓝光区也有一个最大吸收峰值,能否用蓝光区的最大吸收峰值进行叶绿素 a、叶绿素 b 的定量测定,为什么?

(2)哪些因素影响光合色素含量测定的准确性?

(3)在光合色素提取中,石英砂和碳酸钙的作用分别是什么?

项目五 改良半叶法测定光合速率

一、实训目的

学会用改良半叶法测定光合速率。

二、实训原理

通常以光合速率作为检测植物光合作用强弱的指标。光合速率又称光合强度,是指单位时间、单位叶面积吸收 CO_2 的量或放出 O_2 的量。也可用光合产物的干物质积累量表示光合速率。光合速率测定的方法有半叶法、气体体积变化法、测定溶氧量的变化等。

改良半叶法是将植物对称叶片的一部分遮光或取下置于暗处,另一部分则留在光下进行光合作用,过一定时间后,在这两部分叶片的对应部位取同等面积,分别烘干称重,因为对称叶片的两对应部位的等面积的干重原来相等,光照后叶片重量超过暗中的叶重,超过部分即为光合作用产物的重量,并通过一定的计算可得到光合作用强度。

三、实训材料、器具与试剂

(1) 材料　植物幼苗。
(2) 器具　剪刀、分析天平、称量皿、烘箱、刀片、金属模板、纱布、锡纸等。
(3) 试剂　三氯乙酸。

四、实训步骤

1. 选择测定样品

在田间选择有代表性的植株叶片(如叶片在植株上的部位、叶龄、受光条件等)20片,用小纸牌编号(或不照光的分别编为1、2、3…;照光的分别编为1′、2′、3′…)。

2. 叶子基部处理

为了不使选定叶片中光合作用产物往外运而影响测定效果的准确性可采用下列方法进行处理。

(1) 可将叶片输导系统的韧皮部破坏。如棉花、石楠、冬青卫矛等双子叶植物的叶片可用刀片将叶柄的韧皮部环割0.5 cm左右宽。

(2) 如小麦、水稻等单子叶植物,由于韧皮部和木质部难以分开处理,可用刚在开水中浸过的纱布或棉花做成夹子,在叶子基部烫伤一小段即可(一般90 ℃以上的开水烫20 s)。

(3)由于棉花叶柄木质化程度低,叶柄易受折断。用开水烫又难以掌握烫伤的程度,往往不是烫得不够便是烫得过重使叶片下垂,改变了叶片的角度。因此可改用化学方法来处理,选用适量浓度的三氯乙酸点涂叶柄以阻止光合产物的输出。三氯乙酸是一种强烈的蛋白质沉淀剂,渗入叶柄后可将筛管生活细胞杀死而起到阻止有机物质运输的作用。三氯乙酸的浓度视叶柄幼嫩的程度而异,以能显著灼伤叶柄而又不影响水分供应、不改变叶片角度为宜。一般使用5%的三氯乙酸。为了使烫后或环割等处理后的叶片不致下垂影响叶片的自然生长角度,可用锡纸或塑料管包围,使叶片保持原来生长角度。

3. 剪取样品

叶基部处理完毕后,即可剪取样品,记录时间,开始进行光合作用测定。一般按编号次序分别剪下对称叶片的一半(主脉不剪下),按编号顺序夹于湿润的纱布中,贮于暗处。过四五个小时后,再依次剪下另外半叶,同样按编号夹于湿润纱布中,两次剪叶的速度应尽量保持一致,使各叶片经历相等的光照时间。

4. 称重比较

将各同号叶片两半按对应部位叠在一起,在无粗叶脉处用已知面积的打孔器取小圆叶片数个,分别置于光照及暗中的两个称量皿中,在80~90 ℃下烘至恒重(约5 h),在分析天平上称重比较。

5. 计算结果

叶片干重差之总和(以mg表示)除以叶片面积(换成dm^2,$1 dm^2 = 100 cm^2$)及光照时数,即得光合作用强度,以干物质$mg/(dm^2 \cdot h)$表示。计算公式如下:

$$光合速率(光合强度) = \frac{干物质增加总数(mg)}{叶面积总和(dm^2) \times 时间(h)}$$

由于叶片内储存的光合产物一般为蔗糖和淀粉等,可将干物质重量乘系数1.5,得二氧化碳同化量,单位为$mg/(dm^2 \cdot h)$。

五、注意事项

(1)尽量保持两次剪叶的速度一致。
(2)叶柄处理要彻底,否则光合产物输出,影响结果。
(3)打孔时尽量保证在两半叶片的相同位置。

六、思考题

(1)影响改良半叶法测定光合速率准确性的因素是什么?如何避免?
(2)与其他方法比较,改良半叶法测定光合速率有何优缺点?

项目六　生长素类物质对植物根芽生长的影响

一、实训目的

(1)了解生长素类物质对植物根、芽生长的促进或抑制作用。
(2)了解不同器官对生长素类物质浓度反映的差异。

二、实训原理

生长素类物质包括植物体内产生的吲哚乙酸(IAA)及人工合成的化学试剂萘乙酸(NAA)、2,4-二氯苯氧乙酸(2,4-D)等。

生长素类物质对植物生长有很大影响,如促进细胞的生长与分化,加速根、芽的伸长,促进果实的形成与种子的萌发等。但不同浓度所产生的生理效应不同,一般低浓度具有促进作用,高浓度具有抑制作用。不同种植物或同种植物的不同器官对生长素的敏感性有差异:根最敏感,茎最不敏感,芽居于两者之间。本实训观察不同浓度2,4-D对玉米根、芽生长的不同影响。

三、实训材料、器具与试剂

(1)材料　玉米种子。
(2)器具　恒温箱、锥形瓶、培养皿、纱布、移液管、卷尺等。
(3)试剂　10 mg/L 2,4-D(称取1 mg固体2,4-D,用少量的无水乙醇预溶,再用蒸馏水定容至100 mL)。

四、实训步骤

(1)选取大小一致健康饱满的玉米种子,用清水冲洗干净后,用吸水纸吸收多余水分,再放入1%的次氯酸钠中浸泡20 min,浸泡过程中不断搅拌,浸泡完成后使用蒸馏水冲洗3～5遍,置于25 ℃恒温箱中至种子露白。

(2)洗净、烘干13套培养皿,在培养皿的边缘贴上标签,分别标明浓度。1号培养皿中浓度为10 mg/L 加入9 mL 10 mg/L 2,4-D;2号培养皿中加入1 mL 10 mg/L 2,4-D,加9 mL蒸馏水,配成1 mg/L 2,4-D溶液;从2号培养皿中吸取1 mL,加9 mL蒸馏水,配成10^{-1} mg/L 2,4-D溶液(3号培养皿)。依次使4～12号培养皿中的2,4-D溶液浓度为

10^{-2} mg/L、10^{-3} mg/L、10^{-4} mg/L、10^{-5} mg/L、10^{-6} mg/L、10^{-7} mg/L、10^{-8} mg/L、10^{-9} mg/L、10^{-10} mg/L。最后从12号培养皿中吸取1 mL溶液。往13号培养皿中吸入9 mL蒸馏水，作为空白对照。1~13号培养皿中溶液体积均为9 mL，在其中各加入1张滤纸。

(3) 取露白且大小一致的种子，每个培养皿里整齐均匀地摆放20粒种子，使种胚朝向滤纸，加盖后将培养皿放入25 ℃培养箱中。3天后测定不同处理中的平均根数、平均根长和平均芽长，记录于表4-1内。

表4-1　不同浓度2,4-D对玉米幼苗根长和芽生长的影响

编号	2,4-D浓度/(mg/L)	平均根数/条	平均根长/cm	平均叶数/片	平均叶长/cm
1	10				
2	1				
3	10^{-1}				
4	10^{-2}				
5	10^{-3}				
6	10^{-4}				
7	10^{-5}				
8	10^{-6}				
9	10^{-7}				
10	10^{-8}				
11	10^{-9}				
12	10^{-10}				
13	0				

(4) 结果与分析。根据表中数据，分析不同浓度2,4-D对玉米幼苗根长和芽生长的影响。分析不同浓度对根、芽生长的促进或抑制作用，根、芽对2,4-D浓度的反应是否有差异。

五、注意事项

(1) 由高浓度到低浓度依次稀释2,4-D溶液。

(2) 制作浓度梯度时，摇匀后再取。

(3) 注意把培养皿的盖子盖严，尽量减少水分挥发。

六、思考题

(1)除促进生长外,生长素还有哪些生理作用?
(2)人工合成的生长素类物质 NAA 和 2,4-D 对植物根、芽生长的影响相同吗?

项目七　乙烯对果实的催熟作用

一、实训目的

(1)了解乙烯利对果实催熟的生理功能。
(2)掌握乙烯利对果实催熟的基本原理及方法。

二、实训原理

乙烯是五大内源激素之一,可以增加膜的透性,加速呼吸,引起有机物质强烈转化,淀粉迅速水解,果实由硬变软,可溶性糖增加,酸度、涩味下降,进而促进果实成熟。由于乙烯在常温下呈气态,因此即使在温室内,使用起来也十分不便。

为此,科学家研制出了各种乙烯发生剂,这些乙烯发生剂被植物吸收后,能在植物体内释放出乙烯。其中,乙烯利(2-氯乙基磷酸)的生物活性较高,被应用得最广。乙烯利是一种水溶性的强酸性液体,在 pH<4 的条件下稳定,当 pH>4 时,可以分解放出乙烯。乙烯利易被茎、叶或果实吸收。由于植物细胞的 pH 一般大于5,因此乙烯利进入组织后可水解放出乙烯(不需要酶的参加),对生长发育起调节作用。

三、实训材料、器具与试剂

(1)材料　未成熟果实(番茄、香蕉、桃、柑橘等)。
(2)器具　小型喷雾器、烧杯等。
(3)试剂　乙烯利(含有效成分40%)。1000 μg/mL 乙烯利溶液配制:吸取40%乙烯利原液 2.5 mL,用蒸馏水稀释至 1000 mL。在此基础上再稀释 1 倍,浓度为 500 μg/mL。

四、实训步骤

(1)选取成熟度一致,果皮开始由绿变白的番茄果实(或成熟度相近的苹果、香蕉等果实)30 个,均分为 3 组,其中两组分别喷浓度为 1000 μg/mL 和 500 μg/mL 的乙烯利水溶液,另一份喷蒸馏水作为对照。
(2)将处理过的果实装入黑色塑料袋中,封严,置于 20~25 ℃ 阴暗处。
(3)逐日观察果实的颜色、硬度和成熟变化的过程,记录果实的成熟度和已成熟的果实数目,直到全部果实成熟为止。

(4)比较3组处理间果实成熟的速度有何差异。

五、注意事项

(1)选择成熟度一致的果实。
(2)各处理间喷施液体量要均匀。

六、思考题

(1)乙烯的生物合成途径是什么?
(2)除了促进果实成熟外,乙烯还有哪些生理效应?
(3)乙烯促进果实成熟的机制是什么?

项目八　植物种子生命力的快速测定

方法一　TTC 法

一、实训目的

(1)学会利用氯化三苯基四氮唑(TTC)法测定植物种子生命力。
(2)能够叙述其测定原理。

二、实训原理

氯化三苯基四氮唑(TTC)是一种氧化还原色素,溶于水中呈无色溶液,但可被根系细胞内的琥珀酸脱氢酶等还原,生成红色的不溶于水的三苯基甲䐶(TTF)。应用 TTC 的水溶液浸泡种子,使之渗入种胚的细胞内,如果种胚具有生命力,其中的脱氢酶就可以将 TTC 作为受氢体使之还原成为三苯基甲䐶而呈红色,如果种胚死亡便不能染色,种胚生命力衰退或部分丧失生活力则染色较浅或局部被染色。因此,可以根据种胚染色的部位或染色的深浅程度来鉴定种子的生命力。

三、实训材料、器具与试剂

(1)材料　水稻、小麦、玉米、棉花、油菜等待测种子。
(2)器具　小烧杯、镊子、培养皿、解剖针、刀片、温箱、棕色试剂瓶、pH 试纸。
(3)试剂　0.1% TTC 溶液:0.1 g TTC 溶于 100 mL pH 7.0 的磷酸缓冲液中。

四、实训步骤

(1)将玉米、小麦等作物的新种子、陈种子或死种子,用温水(约 30 ℃)浸泡 2~6 h,使种子充分吸水膨胀。
(2)随机取种子两份,每份 50 粒。水稻种子要去壳,豆类种子要去皮,然后沿种胚中央准确切开,取其一半备用。
(3)将准备好的种子分别放在培养皿中,加入 TTC 溶液,以浸没种子为标准。

(4)将种子置于30~35 ℃的恒温箱中保温30 min染色。也可在20 ℃左右的室温下放置40~60 min。

(5)染色结束后要立即进行鉴定,因放久会褪色。倒出TTC溶液,再用清水将种子冲洗2~3次,逐个观察种胚被染色的情况,判断种子有无生活力,把结果填入种子活力统计表。凡种胚全部或大部分被染成红色的即为具有生命力的种子。种胚不被染色的为死种子。如果种胚中非关键性部位(如子叶的一部分)被染色,而胚根或胚芽的尖端不染色都属于不能正常发芽的种子。

(6)对于不同作物种子生活力的测定,所需试剂浓度、浸泡时间、染色时间不同。现将主要作物种子生活力测定所需的条件列入表4-2。

表4-2 主要作物种子生活力测定要点

作物	种子准备	TTC浓度/%	在35 ℃下染色时间/h
水稻	去壳纵切	0.1	2~3
高粱、玉米及麦类作物	纵切	0.1	0.5~1
棉花、荞麦、蓖麻	剥去种皮	1.0	2~3
油菜、大麻、红花、芝麻	剥去种皮	1.0	3~4
花生、甜菜、大麻、向日葵	剥去种皮	0.1	3~4
大豆、菜豆、亚麻、三叶草	无须准备	1.0	3~4

方法二 红墨水染色法

一、实训目的

(1)学会利用红墨水染色法测定植物种子生命力。
(2)能够叙述其原理。

二、实训原理

有生命力的种子胚部细胞的原生质膜具有半透性,有选择吸收外界物质的能力,某些染料如红墨水中的酸性曙红不能进入细胞内,胚部不染色。而丧失生命力的种子,其胚部细胞原生质膜丧失了选择吸收能力,染料可自由进入细胞内使胚部染色。所以可根据种子胚部是否被染色来判断种子的生命力。

三、实训材料、器具与试剂

(1) 材料　水稻、玉米、大豆、棉花、小麦及一些树木种子。
(2) 器具　小烧杯、镊子、刀片、烧杯等。
(3) 试剂　红墨水溶液的配制:取普通红墨水稀释20倍作为染色剂。

四、实训步骤

(1) 先将待测种子用水浸泡3~4 h,待充分吸胀后取出一部分种子在沸水中煮沸3~5 min,作为死种子。
(2) 取浸好的新种子、陈种子和死种子各50粒,如为小麦和玉米,则用单面刀片沿胚部中线纵切成两半,其中一半用于测定。
(3) 将准备好的种子分别放在培养皿内,加入红墨水溶液,以浸没种子为标准。
(4) 染色10~20 min后倒出溶液,用自来水反复冲洗种子,直到所染颜色不再洗出为止。
(5) 对比观察冲洗后的新种子、陈种子和死种子胚部着色情况。凡胚部不着色或略带浅红色者,即为具有生活力的种子,若胚部染成与胚乳相同的红色,则为死种子。把测定结果记入表4-3。

表4-3　种子生活力测定结果统计

方法	种子名称	供试粒数	有生活力种子数	无生活力种子数	种子发芽率/%

五、注意事项

(1) TTC溶液最好现配现用,如需储藏则应储于棕色瓶中,放在阴凉黑暗处,如溶液变红则不能再用。
(2) 染色温度一般以25~35 ℃为宜。

六、思考题

以上两种方法的测定原理有什么不同?

项目九　植物组织中可溶性蛋白质含量的测定

可溶性蛋白是指以小分子状态溶于水或其他溶剂的蛋白。可溶性蛋白是重要的渗透调节物质和营养物质,它们的增加和积累能提高细胞的保水能力,对维持细胞的生命及生物膜起到保护作用,因此常被用作筛选抗逆性的指标之一。

方法一　Lorry 法

一、实训目的

(1)学会用 Lorry 法测定可溶性蛋白质含量。
(2)能够阐述其测定原理。

二、实训原理

Lorry 法是测定蛋白质含量较为灵敏的经典方法之一,具有简便、灵敏度高的优点。Lorry 法(Folin-酚试剂法)是双缩脲试剂法和酚试剂法的结合与发展,其原理是蛋白质分别与双缩脲试剂和酚试剂发生反应,其中包括两步反应:第一步是在碱性条件下,与铜试剂作用生成蛋白质-铜络合物;第二步是此络合物将磷钼酸和磷钨酸试剂还原,生成磷钼蓝和磷钨蓝的深蓝色混合物,颜色深浅与蛋白含量成正相关,所以可用于蛋白质含量的测定。Lorry 法除使肽链中络氨酸、色氨酸和半胱氨酸等显色外,还使双缩脲法中肽键的显色效果更强烈,其显色效果比单独使用酚试剂强 3~15 倍,在 650 nm 波长下比色测定的灵敏度比双缩脲法高 100 倍。由于肽键显色效果增强,从而减少了因蛋白质种类引起的偏差。Lorry 法适于微量蛋白的测定(范围为 5~100 μg 蛋白质)。对多个样品同时测定较为方便,但对于不溶性蛋白和膜结合蛋白必须进行预处理(例如加入少量的 SDS)。

三、实训材料、器具与试剂

(1)材料　各种植物材料。
(2)器具　分光光度计、离心机、恒温水浴锅、定量加样器、冷凝回流装置一套、研钵、离心管、刻度移液管、微量滴定管、试管等。

(3)试剂

1)Folin-酚试剂:由甲、乙两种溶液组成。

①甲液:由 A、B 两种溶液组成。

A 液:4%碳酸钠(Na_2CO_3)溶液与 0.2 mol/L 氢氧化钠(NaOH)溶液等体积混合。

B 液:1%硫酸铜($CuSO_4 \cdot 5H_2O$)溶液与 2%酒石酸钾钠溶液等体积混合。

每次使用前将 A 液与 B 液按 50∶1 的比例混合,该试剂现用现配,只能使用 1 天,过期失效。

②乙液:称取钨酸钠($Na_2WO_4 \cdot 2H_2O$) 100 g,钼酸钠($Na_2MoO_4 \cdot 2H_2O$) 25 g,加蒸馏水 700 mL 溶解于 1500 mL 的圆底烧瓶中。之后加入 85% 的 H_3PO_4 50 mL,浓 HCl 100 mL,充分混匀后,安上回流装置(使用磨口接头,若用软木塞或橡皮塞,就必须用锡箔纸包起来),使其慢慢沸腾 10 h。冷却后加入硫酸锂($Li_2SO_4 \cdot H_2O$) 150 g,蒸馏水 50 mL,溴水 2~3 滴,打开瓶口煮沸 15 min,以逐出过量的溴。待冷却后稀释至 1000 mL,并过滤入棕色瓶中,密闭于冰箱中保存(冷却后溶液呈黄色,若仍呈绿色,须再滴加几滴溴水,继续煮沸 15 min)。此为 Folin-酚试剂乙液,其最终使用浓度相当于 1 mol/L H^+酸。因此在使用前应进行标定。标定方法:取 5 mL Folin-酚试剂乙液放入锥形瓶内,用 1 mol/L 标准 NaOH 溶液滴定,酚酞作指示剂,当溶液突然转红再转灰绿时即为滴定终点。计算其相当的酸度,用盐酸或氢氧化钠溶液调至相当于 1 mol/L H^+酸度。

2)标准蛋白质溶液:称取 25 mg 牛血清白蛋白,溶于 100 mL 蒸馏水中,使终浓度为 250 μg/mL。

3)0.1 mol/L 磷酸缓冲液(pH 7.0)。

四、实训步骤

1.标准曲线的绘制

(1)取 7 支试管,编号后,分别加入 0 mL、0.1 mL、0.2 mL、0.4 mL、0.6 mL、0.8 mL、1 mL 标准蛋白质溶液,用蒸馏水补足 1 mL,使每管蛋白质含量分别为 0 μg/mL、25 μg/mL、50 μg/mL、100 μg/mL、150 μg/mL、200 μg/mL、250 μg/mL。

(2)每支试管中用定量加样器加入 5 mL 甲液,混匀,于 30 ℃水浴下放置 10 min。

(3)再在每支试管中喷射加入 0.5 mL 乙液,立即振荡混匀,在 30 ℃下准确保温 30 min。

(4)保温 30 min 后,以不加标准蛋白试管中的溶液为空白,在 650 nm 波长下用 1 cm 光径的比色皿测定吸光度。以标准蛋白浓度为横坐标、吸光度为纵坐标,绘制标准曲线或求回归方程。

2.样品的测定

称取鲜样 0.5 g,用 5 mL 蒸馏水或 pH 7.0 磷酸缓冲液研磨成匀浆后,10000 r/min 离心 10 min,吸出上清液,量出提取液体积。取上清液 1 mL 于试管中,然后重复标准曲线绘制中的(2)~(4)步骤,以空白管调零。测定 650 nm 波长下的吸光度。根据吸光度查标准曲线或按回归方程计算,求出样品中的蛋白质含量。

3. 结果计算

$$样品中蛋白质的含量(mg/g) = \frac{c \times V_t}{FW \times V_s \times 1000}$$

式中,c 表示通过标准曲线查得的蛋白质浓度值($\mu g/mL$);V_t 表示提取液总体积(mL);V_s 表示测定时加样量(mL);FW 表示样品鲜重(g)。

五、注意事项

(1)还原物质、其他酚类物质及柠檬酸对此反应有干扰。

(2)在测定时要注意,因为酚试剂仅在酸性条件下稳定,但此反应只在 pH≠10 的情况下发生,所以当加酚试剂时,必须立即混匀,以便在磷钼酸-磷钨酸试剂被破坏前发生还原反应,否则会使显色程度减弱。

方法二 考马斯亮蓝 G250 染色法

一、实训目的

(1)学会用考马斯亮蓝 G250 法测定可溶性蛋白质含量。
(2)能够阐述其测定原理。

二、实训原理

考马斯亮蓝 G250 测定蛋白质含量属于染料结合法的一种。该染料在游离状态下呈红色,在稀酸溶液中,当它与蛋白质的疏水区结合后变为青色,前者最大光吸收在 465 nm,后者在 595 nm。在一定蛋白质浓度范围内(1~1000 μg),蛋白质与色素结合物在 595 nm 波长下的吸光度与蛋白质含量成正比,故可用于蛋白质的定量测定。

考马斯亮蓝 G250 与蛋白质结合反应十分迅速,2 min 左右即达到平衡,其结合物在室温下 1 h 内保持稳定。此法灵敏度高(比 Lorry 法还高 4 倍),易于操作,干扰物质少,是一种比较好的定量法。其缺点是在蛋白质含量很高时线性偏低,且不同来源的蛋白质与色素结合状况有一定差异。

三、实训材料、器具与试剂

(1)材料 小麦叶片及其他植物材料。
(2)器具 分光光度计、研钵、烧杯、容量瓶、移液管、具塞刻度试管等。

(3) 试剂

1) 标准蛋白质溶液(100 μg/mL 牛血清白蛋白):称取牛血清白蛋白 25 mg,加水溶解并定容至 100 mL,吸取上述溶液 40 mL,用蒸馏水稀释定容至 100 mL 即可。

2) 考马斯亮蓝 G250 溶液:称取 100 mg 考马斯亮蓝 G250,溶于 50 mL 90% 乙醇中,加入 100 mL 85% 的磷酸,再用蒸馏水定容到 1000 mL,贮于棕色瓶中。常温下可保存一个月。

四、实训步骤

1. 标准曲线的绘制

(1) 取 6 支 15 mL 具塞刻度试管编号,按表 4-4 加入各种试剂。

(2) 加完试剂后盖上玻璃塞,将溶液混合均匀,放置 5 min 后,在 595 nm 波长下测定吸光度(注意应在 1 h 内完成比色)。

(3) 以蛋白质含量为横坐标、吸光度为纵坐标,绘制标准曲线或求回归方程。

表 4-4　考马斯亮蓝法标准曲线各试剂加入量

试剂	管号					
	1	2	3	4	5	6
牛血清白蛋白标准液/mL	0	0.2	0.4	0.6	0.8	1.0
蒸馏水/mL	1.0	0.8	0.6	0.4	0.2	0
考马斯亮蓝 G250 溶液/mL	5	5	5	5	5	5
蛋白质含量/μg	0	20	40	60	80	100

2. 样品中蛋白质含量的测定

(1) 样品提取　称取小麦叶片 0.2 g,放入研钵中,加入少许石英砂和蒸馏水研磨成匀浆后,转入 10 mL 容量瓶,再用蒸馏水反复冲洗研钵、研锤 2~3 次,将清洗液合并于 10 mL 容量瓶中,并定容至刻度。取 2~3 mL 匀浆液于离心管中,5000 r/min 下离心 10 min,上清液即为蛋白质提取液。

(2) 样品测定　准确吸取上述蛋白质提取液 0.1 mL,加入 0.9 mL 蒸馏水和 5 mL 考马斯亮蓝 G250 试剂,充分混合,放置 2 min 后在 595 nm 波长下比色,记录吸光值,并通过标准曲线查得或按回归方程计算蛋白质含量。

(3) 结果计算　与 Lorry 法中的计算方法相同。

五、注意事项

比色应在试样出现蓝色 2 min ~ 1 h 内完成。

方法三 紫外吸收法

一、实训目的

(1)学会用紫外吸收法测定可溶性蛋白质含量。
(2)能够阐述测定原理。

二、实训原理

蛋白质分子中的酪氨酸、色氨酸等残基在 280 nm 波长下具有最大光吸收,由于各种蛋白质中都含有酪氨酸,因此 280 nm 的光吸收度是蛋白质的一种普遍性质。在一定程度下,蛋白质溶液在 280 nm 处的吸光度与其浓度成正比,故可作定量测定。核酸在紫外区(260 nm)也有吸收,可通过校正加以消除。

三、实训材料、器具与试剂

(1)材料 小麦叶片及其他植物材料。
(2)器具 紫外分光光度计、离心机、刻度移液管、研钵、容量瓶等。
(3)试剂 0.1 mol/L pH 7.0 磷酸缓冲液。

四、实训步骤

1. 样品提取
与 Lorry 法中的方法相同。
2. 测定
取适当的样品提取液,根据蛋白质浓度,用 0.1 mol/L pH 7.0 磷酸缓冲液适当稀释后,用紫外分光光度计分别在 280 nm 和 260 nm 波长下读取吸光度,以 pH 7.0 磷酸缓冲液为空白调零。
3. 结果计算

$$\text{蛋白质浓度(mg/mL)} = 1.45 A_{280} - 0.74 A_{260} \tag{a}$$

$$\text{蛋白质浓度(mg/g)} = \frac{1.45 A_{280} - 0.74 A_{260} \times n \times V}{\text{FW}} \times 100\% \tag{b}$$

式中,1.45 和 0.74 为校正值;A_{280} 表示蛋白质溶液浓度在 280 nm 处的吸光度;A_{260} 表示蛋白质溶液在 260 nm 处的吸光度;FW 表示样品鲜重(g);n 表示稀释倍数;V 表示样品提取液总体积。

公式(a)计算出的浓度为比色所用提取液的浓度,公式(b)为样品中的浓度。

五、注意事项

不同蛋白质酪氨酸的含量有所差异,蛋白溶液中存在核酸或核苷酸时会影响紫外吸收法测定蛋白质含量的准确性。

六、思考题

以上三种测定可溶性蛋白质含量的方法,各有何优缺点?

项目十 超氧化物歧化酶和过氧化氢酶活性的测定

一、实训目的

（1）学会用氮蓝四唑（NBT）光还原法测定超氧化物歧化酶（SOD）活性，用紫外吸收法测定过氧化氢酶（CAT）活性。

（2）能够阐述其实验原理。

二、实训原理

超氧化物歧化酶（superoxide dismutase，简称 SOD）和过氧化氢酶（catalase，CAT）广泛存在于植物体内，是重要的保护酶，与植物的衰老及抗逆性密切相关。SOD 能催化氧自由基的歧化反应，使 O_2^- 变成 O_2 和 H_2O_2，在过氧化氢酶（CAT）催化下 H_2O_2 转化为对植物无害的 O_2 和 H_2O_2。

SOD 活性可采用氮蓝四唑（NBT）光还原法测定。当反应体系中有可被氧化的物质（如甲硫氨酸）时，核黄素可被光还原，被还原的核黄素在有氧条件下极易再氧化而产生 O_2^-，可将 NBT 还原成蓝色的甲臜，后者在 560 nm 处有最大吸收。SOD 能够清除 O_2^-，当反应体系中有 SOD 存在时可抑制 NBT 的还原。SOD 酶活性越高，抑制作用越强，反应液的蓝色越浅，反之酶活性越低。因此可通过测定 A_{560} 来计算 SOD 活性，将 NBT 的还原抑制到对照一半（50%）时所需的酶量定义为一个酶活性单位（U）。

CAT 活性可采用紫外吸收法测定。H_2O_2 对 240 nm 波长的紫外光具有强吸收作用，CAT 能催化 H_2O_2 分解生成 H_2O 和 O_2，因此在反应体系中加入 CAT 时会使反应液的吸光度（A_{240}）随反应时间降低，根据 A_{240} 的变化速率可计算出 CAT 的活性。测定时，通常以每分钟内 A_{240} 减少 0.1 的酶量为一个酶活性单位（U）。

三、实训材料、器具与试剂

（1）材料 植物叶片或其他器官。

（2）器具 高速冷冻离心机、分光光度计（紫外）、荧光灯（反应试管处照度为 4000 lx）、离心管、试管、黑纸等。

（3）试剂 50 mmol/L 磷酸缓冲液（pH 7.8）；130 mmol/L 甲硫氨酸（Met）溶液；750 μmol/L NBT 溶液；20 μmol/L 核黄素溶液；100 μmol/L EDTA-Na₂ 溶液；0.1 mol/L H_2O_2。

SOD 提取液:50 mmol/L pH 7.8 磷酸缓冲液内含1%聚乙烯吡咯烷酮(PVP)。
CAT 提取液:0.2 mol/L pH 7.8 磷酸缓冲液内含1%聚乙烯吡咯烷酮。

四、实训步骤

(一) SOD 的提取和测定

1. SOD 的提取

称取植物材料约 0.5 g 于预冷的研体中,加 2 mL 预冷的 SOD 提取液在冰浴中研磨至匀浆,转移至 10 mL 离心管中,用提取液冲洗研钵和研棒 2~3 次(每次 1~2 mL),合并冲洗液于离心管中,并用提取液定容至 10 mL,于 4 ℃下 10000 r/min 离心 15 min,上清液即为 SOD 粗提液。注意冷冻保存。

2. SOD 活性测定

取质地相同且透明度好的试管 7 支,测定管 3 支、光下对照管 3 支,暗中对照管(调零)1 支,按表 4-5 加入试剂。

表 4-5 显色反应各试剂用量

反应试剂	测定管			光下对照管			暗中对照管
	1	2	3	4	5	6	7
50 mmol/L 磷酸缓冲液/mL	2.3	2.3	2.3	2.4	2.4	2.4	2.4
130 mmol/L Met 溶液/mL	0.4	0.4	0.4	0.4	0.4	0.4	0.4
750 μmol/L NBT 溶液/mL	0.4	0.4	0.4	0.4	0.4	0.4	0.4
100 μmol/L EDTA-Na_2 溶液/mL	0.4	0.4	0.4	0.4	0.4	0.4	0.4
20 μmol/L 核黄素溶液/mL	0.4	0.4	0.4	0.4	0.4	0.4	0.4
粗酶液/mL	0.1	0.1	0.1	0	0	0	0

7 号试管加入核黄素后立即用双层黑色硬纸套遮光,全部试剂加完后摇匀,将试管置于 4000 lx 荧光灯下显色反应 15~20 min(要求各管照光要一致,反应温度控制在 25~35 ℃之间,根据视光下对照管的反应颜色和酶活性的高低适当调整反应时间)。反应结束后用黑布罩遮盖试管终止反应。以暗中对照管作空白(调零),在 560 nm 下测定 1~6 号试管反应液的吸光度,记录测定数据。

3. 结果计算

$$\text{SOD 活性} = \frac{(A_0 - A_s) \times V_t \times 60}{A_0 \times 0.5 \times \text{FW} \times V_s \times t}$$

式中,A_0 表示光下对照管吸光度;A_s 表示样品测定管吸光度;V_t 表示样品提取液总体积(mL);V_s 表示测定时取粗酶液量(mL);t 表示显色反应光照时间(min);FW 表示样品鲜重(g)。

(二)CAT 的提取和测定

1. 酶液的提取

剪碎混匀的植物叶片 1.0 g 置于预冷的研钵中,加 2~3 mL CAT 提取液在冰浴上研磨至匀浆,转移至 10 mL 离心管中,用该缓冲液冲洗研钵 2~3 次(每次 1~2 mL),合并冲洗液于离心管中,定容至 10 mL,摇匀,在 4 ℃冰箱中静置 10 min。取上部澄清液,在 4 ℃、10000 r/min 离心 15 min,上清液即为 CAT 酶粗提液,4 ℃下保存备用。

2. CAT 活性测定

取 10 mL 试管 4 支,3 支为测定(3 个重复),1 支为对照,按表 4-6 顺序加入试剂。其中第 4 号管在加入酶液后,置沸水浴中煮 1 min 以杀死酶液,冷却。

表 4-6 各试管中加入试剂

试剂	试管号			
	1	2	3	4(对照)
酶粗提液/mL	0.2	0.2	0.2	0.2(煮死酶液)
0.2 mol/L pH 7.8 磷酸缓冲液/mL	1.5	1.5	1.5	1.5
蒸馏水/mL	1.0	1.0	1.0	1.0

将上述 4 支试管于 25 ℃水浴中预热 3 min 后,每管加入 0.1 mol/L H_2O_2 溶液 0.3 mL,每加一管立即计时并在紫外分光光度计上测定 A_{240},每隔 30 s 读数一次,共测 3 min,记录 4 支试管的测定值。

3. 结果计算

按下式计算 CAT 活性。

$$\text{CAT 活性} = \frac{\Delta A_{240} \times V_t}{0.1 \times V_s \times t \times \text{FW}}$$

$$\Delta A_{240} = A_{s_0} - \frac{A_1 + A_2 + A_3}{3}$$

式中,A_{s_0} 表示煮死酶液对照管吸光度;A_1、A_2、A_3 表示样品测定管吸光度;V_t 表示提取酶液总体积(mL);V_s 表示反应时取酶液的体积(mL);FW 表示样品鲜重(g);t 表示从加 H_2O_2 开始到最后一次读数的时间(min)。

五、注意事项

(1)甲硫氨酸(Met)溶液、NBT 溶液、核黄素溶液、EDTA-Na_2 溶液、SOD 提取液等均用 50 mmol/L 磷酸缓冲液(pH 7.8)配制。

(2)NBT 溶液和核黄素溶液要避光保存。

(3)核黄素溶液和 H_2O_2 溶液随用随配。

(4)0.1 mol/L H_2O_2 用 0.2 mol/L pH 7.8 磷酸缓冲液(可不含1%聚乙烯吡咯烷酮)配制。

(5)H_2O_2 溶液加入后应立即进行比色读数。

六、思考题

影响测定结果准确性的因素是什么?应如何避免?

项目十一　植物组织中过氧化物酶活性的测定

过氧化物酶(peroxidase,POD)是植物体内普遍存在的活性较高的酶,它与呼吸作用、光合作用及生长素的氧化等都有密切关系。过氧化氢酶可以催化以 H_2O_2 为氧化剂的氧化还原反应,在氧化其他物质的同时,将 H_2O_2 还原为 H_2O,用以清除细胞内的 H_2O_2,是植物体内的保护酶之一。过氧化物酶在植物生长发育过程中,它的活性不断发生变化,因此测定该酶,可以反映某一时期植物体内代谢的变化。

方法一　愈创木酚法

一、实训目的

(1)学会用愈创木酚法测定过氧化物酶(POD)活性。
(2)能够阐述其测定原理。

二、实训原理

在过氧化物酶催化下,H_2O_2 将愈创木酚氧化成茶褐色产物。此产物在 470 nm 波长处有最大光吸收,故可通过 470 nm 下的吸光度变化测定过氧化物酶活性。

三、实训材料、器具与试剂

(1)材料　正常生长或逆境处理的新鲜植物组织。
(2)器具　分光光度计、离心机、研钵、容量瓶、量筒、试管、吸管等。
(3)试剂　0.05 mol/L pH 5.5 的磷酸缓冲液,0.05 mol/L 愈创木酚溶液,2% H_2O_2,20% 三氯乙酸。

四、实训步骤

1. 酶液的制备

取 5 g 新鲜植物材料,切碎,放入研钵中,加适量的磷酸缓冲液研磨成匀浆。将匀浆液全部转入离心管中,于 3000 r/min 下离心 10 min,上清液转入 25 mL 容量瓶中。沉淀用 5 mL 磷酸缓冲液再提取两次,上清液并入容量瓶中,定容至刻度,低温下保存备用。

2. 过氧化物酶活性测定

酶活性测定的试剂包括:2.9 mL 0.05 mol/L 磷酸缓冲液;1 mL 2% H_2O_2;1 mL 0.05 mol/L 愈创木酚溶液和 0.1 mL 酶液。以加热煮沸 5 min 的酶液为对照。加入酶液后,立即于 37 ℃水浴中保温 15 min,然后迅速转入冰浴中,并加入 2 mL 20% 三氯乙酸终止反应,然后过滤(或 5000 r/min 离心 10 min),滤液适当稀释,在 470 nm 波长下测定吸光度。

3. 结果计算

以每分钟 A_{470} 变化 0.01 为 1 个过氧化物酶活性单位(U)。

$$过氧化物酶活性[U/(g/min)] = \frac{\Delta A_{470} \times V_t}{FW \times V_s \times t}$$

式中,ΔA_{470} 表示反应时间内吸光度的变化;FW 表示植物材料鲜重(g);t 表示反应时间(min);V_t 表示提取酶液总体积(mL);V_s 表示测定时取用酶液体积(mL)。

方法二 维生素 C 法

一、实训目的

(1)学会用维生素 C 法测定过氧化物酶(POD)活性。
(2)能够阐述其测定原理。

二、实训原理

维生素 C 和过氧化物酶(VC-POD)催化维生素 C 和 H_2O_2 反应,使维生素 C 氧化成单脱氢维生素 C(MD-VC)。

随着维生素 C 被氧化,其溶液在 290 nm 波长处的吸光度降低,因此可根据单位时间内吸光度的减少值来计算 VC-POD 的活性。

三、实训材料、器具与试剂

(1)材料 正常生长或逆境处理的新鲜植物组织。
(2)器具 紫外分光光度计、离心机、研钵、移液管、试管、恒温水浴等。
(3)试剂 50 mmol/L K_2HPO_4-KH_2PO_4 缓冲液(pH 7.0,内含 0.1 mmol/L EDTA-Na_2),0.25 mmol/L H_2O_2,0.3 mmol/L EDTA-Na_2,0.9 mmol/L 维生素 C。

四、实训步骤

1. VC-POD 的提取

取待测植物样品,剪碎混匀,称取 1 g 于研钵中,加入少量石英砂,3 mL 预冷的 50 mmol/L K_2HPO_4-KH_2PO_4 缓冲液,冰浴研磨匀浆,10000 r/min 离心 10 min,取上清液为待测酶液。

2. VC-POD 的测定

50 mmol/L K_2HPO_4-KH_2PO_4 缓冲液 1 mL,0.3 mmol/L EDTA-Na_2 0.4 mL,0.9 mmol/L 维生素 C 1 mL,酶液 0.1 mL,在 20 ℃下保温 5 min 后,加入 0.25 mmol/L H_2O_2 0.5 mL,立即在 290 nm 波长处读取 0~30 s 的吸光度差值,每个样品重复 3~5 次。

3. 结果计算

$$VC-POD 活性 = \frac{\Delta A \times V_t \times V \times 60 \times 1000}{FW \times V_s \times 2.8 \times t}$$

式中,V_t 表示酶液总体积(mL);FW 表示样品鲜重(g);V_s 表示测定时取酶液的量(mL);V 表示反应液体积(mL);ΔA 表示 A_{290} 0~30 s 的差值;t 表示反应时间(min);2.8 表示维生素 C 的毫摩尔消光系数。

五、注意事项

比色时,加入试剂后立即进行比色,重复实验,取平均值。

项目十二　植物组织中丙二醛含量的测定

植物衰老或低温、干旱、重金属、盐等逆境胁迫会破坏植物细胞的活性氧平衡,引起膜脂过氧化,导致膜脂分解,产生丙二醛(malondialdehyde,MDA)。MDA 释放后,可与蛋白质、核酸、氨基酸等活性物质交联,形成不溶性化合物(脂褐素)沉积,干扰细胞的正常生命活动。丙二醛含量越高,植物受损程度越大。测定丙二醛含量成为鉴定逆境对膜伤害的重要指标,也可间接反映植物抗性。

一、实训目的

(1)学会 MDA 含量的测定方法。
(2)能够阐述 MDA 含量测定的意义和原理。

二、实训原理

MDA 在高温、酸性条件下与硫代巴比妥酸(TBA)反应,形成红棕色三甲川(3,5,5-三甲基噁唑,2,4-二酮),该物质在 532 nm 波长处有最大光吸收,并且在 600 nm 波长处有最小光吸收。因植物组织中的糖类物质对 MDA-TBA 反应有干扰作用,糖与 TBA 显色反应产物的最大吸收在波长 450 nm 处。为消除这种干扰,计算时要消除由蔗糖引起的误差。

三、实训材料、器具与试剂

(1)材料　受干旱、高温、低温等逆境胁迫的植物叶片或衰老的植物器官,可设置正常生长发育的植物材料作对照。
(2)器具　研钵、试管、定量加液器、恒温水浴锅、冷冻离心机、分光光度计等。
(3)试剂　5% 三氯乙酸(TCA)、0.67% 硫代巴比妥酸(TBA)(使用 5% 的 TCA 配制)、石英砂。

四、实训步骤

(1)取 0.5 g 不同处理(对照与胁迫)的植物样品(叶、根等器官),加 5% 三氯乙酸 5 mL 和少量石英砂,研磨后所得匀浆在 3000 r/min 下离心 10 min,上清液为样品提取液,量体积。

(2)吸取上清液 2 mL(对照加 2 mL 蒸馏水),加 2 mL 0.67% TBA 溶液,混合后在 100 ℃水浴上煮沸 15 min,迅速冷却后再离心一次,记录反应液体积。

(3)测定上清液在 450 nm、532 nm 和 600 nm 波长处的吸光度值。

(4)计算并分析结果。

按下式计算反应液中 MDA 浓度:

$$c(\mu mol/L) = 6.45(A_{532} - A_{600}) - 0.56 A_{450}$$

式中,A_{450}、A_{532}、A_{600} 分别代表 450 nm、532 nm 和 600 nm 波长下的吸光度值。

利用上述公式可求出反应液中 MDA 的浓度,利用下面公式计算出样品提取液中 MDA 的浓度,进一步算出单位重量鲜组织中的 MDA 含量。

$$样品提取液中 MDA 浓度(c_{样品},\mu mol/mL) = \frac{c \times V_1}{V_2 \times 1000}$$

式中,c 表示反应液中 MDA 浓度;V_1 表示反应液体积(mL);V_2 表示测定时提取液用量(mL)。

$$单位重量样品中 MDA 含量(\mu mol/g) = \frac{c_{样品} \times V}{m}$$

式中,$c_{样品}$ 表示样品提取液中 MDA 浓度;V 表示样品提取液体积(mL);m 表示植物样品重量(g)。

测定时提取液用量为 2 mL,植物样品重量为 0.5 g。

五、注意事项

(1)可溶性糖与 TBA 显色反应的产物在 532 nm 波长也有吸收(最大光吸收在 450 nm),当植物处于干旱、高温、低温等逆境时可溶性糖含量会增高,测定时要排除可溶性糖的干扰。

(2)低浓度的 Fe^{3+} 能增强 MDA 与 TBA 的显色反应,当植物组织中 Fe^{3+} 浓度过低时应补充 Fe^{3+}(最终浓度为 0.5 nmol/L)。

(3)如待测液混浊,可适当增加离心力及时间,最好使用低温离心机离心。

(4)煮沸过程中需防止试管中液体外溢。

六、思考题

哪些因素会影响 MDA 含量测定结果?

项目十三　植物组织中可溶性糖含量的测定

植物体内的可溶性糖主要是指能溶于水及乙醇的单糖和寡聚糖,主要包括葡萄糖、果糖、蔗糖等。这些糖类在植物的生命周期中具有重要作用,是植物新陈代谢的基础,为植物的生长发育提供能量和代谢中间产物,促进植物种子萌发和早期幼苗的发育。同时,可溶性糖也是植物细胞内调节渗透压的重要溶质。糖含量可以用来作为植物体内的碳素营养状况以及农产品品质性状的重要指标。植物在干旱、低温等逆境胁迫下会主动积累一些可溶性糖,降低渗透势和冰点,以适应外界环境条件的变化。

方法一　蒽酮比色法

一、实训目的

(1)学会用蒽酮比色法测定植物体内可溶性糖含量。
(2)能够阐述其原理和植物体内可溶性糖含量与植物抗逆性的关系。

二、实训原理

糖在浓硫酸作用下,可经脱水反应生成糠醛或羟甲基糠醛,生成的糠醛或羟甲基糠醛可与蒽酮反应生成蓝绿色糠醛衍生物,在 625 nm 波长下吸光值和颜色的深浅与糖的含量成正比,故可用于糖的定量。

三、实训材料、器具与试剂

(1)材料　新鲜或者烘干的植物叶片。
(2)器具　分光光度计、水浴锅、刻度试管、刻度吸管等。
(3)试剂
1)蒽酮乙酸乙酯试剂:取分析纯蒽酮 1 g,溶于 50 mL 乙酸乙酯中,贮于棕色瓶中,在黑暗中可保存数星期,如有结晶析出,可微热溶解。
2)浓硫酸(比重 1.84)。

四、实训步骤

1. 标准曲线的制作

(1)1%蔗糖标准液:将分析纯蔗糖在80℃烘至恒重,精确称取1g。加入少量水溶解,转入100 mL容量瓶中,加入0.5 mL浓硫酸,用蒸馏水定容至刻度。

(2)100 μg/L蔗糖标准液:精确吸收1%蔗糖标准液1 mL,加入100 mL容量瓶中,加水至刻度。

(3)取20 mL刻度试管11支,从0~10分别编号,按表4-7加入试剂。

表4-7 各试剂加样量(蒽酮比色法)

试剂	管号					
	0	1、2	3、4	5、6	7、8	9、10
100 μg/L 蔗糖标准液/mL	0	0.2	0.4	0.6	0.8	1.0
蒸馏水/mL	2.0	1.8	1.6	1.4	1.2	1.0
蒽酮乙酸乙酯/mL	0.5	0.5	0.5	0.5	0.5	0.5
浓硫酸/mL	5.0	5.0	5.0	5.0	5.0	5.0
蔗糖量/μg	0	20	40	60	80	100

(4)按顺序向试管中加入试剂,加完后充分振荡,立即将试管放入沸水浴中,逐管均准确保温1 min,取出后自然冷却至室温,以每管含蔗糖的量(μg)为横坐标,以样品的吸光度为纵坐标,绘制标准曲线,并求出标准线性方程。

2. 样品提取

取新鲜植物叶片(或干材料),擦净表面污物,剪碎混匀,称取0.1~0.3 g,共3份。分别放入3支刻度试管中,加入5~10 mL蒸馏水,塑料薄膜封口,于沸水中提取30 min(重复2次),提取液过滤入25 mL容量瓶中,反复漂洗试管及残渣,定容至刻度。

3. 含量测定

吸取样品提取液0.5 mL于20 cm刻度试管中(重复3次),加蒸馏水1.5 mL,以下步骤与标准曲线测定相同,测定样品的吸光度,由标准曲线方程求得可溶性糖的含量。

4. 结果计算

按下式计算测试样品的糖含量:

$$可溶性糖含量 = \frac{\frac{从回归方程求得糖的量}{吸取样品液的体积} \times 提取液量 \times 稀释倍数}{样品干重 \times 10^6} \times 100\%$$

五、注意事项

在测定时,应注意切勿将样品的未溶解残渣加入反应液中,否则会因为细胞壁中的纤维素、半纤维素等与蒽酮试剂发生反应而增加了测定误差。不同的糖类与蒽酮试剂的显色深度不同,故测定糖的混合物时,常因不同糖类的比例不同造成误差,但测定单一糖类时,则可避免此种误差。

方法二　苯酚法

一、实训目的

(1)学会用苯酚法测定植物体内可溶性糖含量。
(2)能够阐述其测定原理。

二、实训原理

糖在浓硫酸作用下,脱水生成的糠醛或羟甲基糠醛能与苯酚缩合成一种橙红色化合物,在10~100 mg范围内其颜色深浅与糖的含量成正比,且在485 nm波长下有最大吸收峰,故可用比色法在此波长下测定。苯酚法可用于甲基化的糖、戊糖和多聚糖的测定,方法简单,灵敏度高,基本不受蛋白质存在的影响,并且产生的颜色稳定,时间长。

三、实训材料、器具与试剂

(1)材料　新鲜植物材料。
(2)器具　分光光度计、电炉、铝锅、20 mL刻度试管、5 mL刻度吸管、记号笔、吸水纸适量。
(3)试剂
1)90%苯酚溶液:称取90 g苯酚(AR),加蒸馏水10 mL溶解,在室温下可保存数月。
2)9%苯酚溶液:取3 mL 90%苯酚溶液,加蒸馏水至30 mL,现配现用。
3)浓硫酸(比重1.84)。
4)1%蔗糖标准液:将分析纯蔗糖在80 ℃下烘至恒重,精确称取1 g。加少量蒸馏水溶解,移入100 mL容量瓶中,加入0.5 mL浓硫酸,用蒸馏水定容至刻度。
5)100 μg/L蔗糖标准液:精确吸取1%蔗糖标准液1 mL加入100 mL容量瓶中,加蒸馏水定容。

四、实训步骤

1.标准曲线的制作
取20 mL刻度试管11支,从0~10分别编号,按表4-8加入试剂。

表 4-8　各试剂加样量(苯酚法)

试剂	管号					
	0	1、2	3、4	5、6	7、8	9、10
100 μg/L 蔗糖标准液/mL	0	0.2	0.4	0.6	0.8	1.0
蒸馏水/mL	2.0	1.8	1.6	1.4	1.2	1.0
9% 苯酚溶液/mL	1.0	1.0	1.0	1.0	1.0	1.0
浓硫酸/mL	5.0	5.0	5.0	5.0	5.0	5.0
蔗糖量/μg	0	20	40	60	80	100

按顺序加入上述试剂后,摇匀,在恒温下放置 30 min,显色后,以空白管调零,在 485 nm 波长下比色测定,以糖含量为横坐标,以样品的吸光度为纵坐标,根据吸光度查标准曲线或按回归方程计算,求出样品中的可溶性糖含量。

2. 步骤

取新鲜植物叶片,擦净表面污物,剪碎混匀,称取 0.1~0.3 g,共 3 份,分别放入 3 支刻度试管,加入 5~10 mL 蒸馏水,塑料薄膜封口,于沸水中提取 30 min(重复 2 次),提取液过滤于 25 mL 容量瓶,反复冲洗试管及残渣,定容至刻度。

吸取 0.5 mL 样品液于试管,加蒸馏水 1.5 mL,后续步骤与制作标准曲线的步骤相同。由标准曲线或按回归方程求出可溶性糖的含量。

3. 结果计算

$$可溶性糖含量(\%) = (C \times \frac{V}{a} \times n)/(FW \times 10^6) \times 100\%$$

式中,C 表示由标准方程求得的可溶性糖含量(μg);a 表示吸取样品体积(mL);V 表示提取液体积(mL);n 表示稀释倍数;FW 表示样品鲜重(g)。

五、注意事项

标准曲线制作和样品测定时应注意重复。

项目十四 电导仪法测定细胞膜透性

植物在受到各种逆境(如干旱、低温、高温、盐渍和大气污染等)危害时,细胞膜的结构和功能首先受到伤害,导致膜透性增大。细胞膜透性的变化反映了外部不良环境对植物细胞的伤害程度,同时植物细胞膜在逆境下的稳定性也反映了植物抗逆性的高低。

一、实训目的

(1)学会用电导仪测定细胞膜透性。
(2)能够阐述其原理和细胞膜透性与植物抗逆性的关系。

二、实训原理

逆境条件下植物细胞的膜系统首先受到伤害,细胞膜透性增大,内容物外渗,若将受伤害的组织浸入去离子水中,其外渗液中电解质的含量比正常组织外渗液中含量高。组织受伤害越严重,电解质含量增加越多。用电导仪测定外渗液电导率的变化,可以反映出质膜受伤害的程度。在电解质外渗的同时,细胞内可溶性有机物也随之渗出,引起外渗液中可溶性糖、氨基酸、核苷酸等含量的增加。氨基酸和核苷酸对紫外光有吸收,用紫外分光光度计测定受伤害组织外渗液吸光度,同样可反映出质膜受伤害的程度。电导仪法和紫外法测定结果有很好的一致性。

三、实训材料、器具与试剂

(1)材料　正常生长及各种逆境胁迫下的植物叶片。
(2)器具　电导仪、真空泵、真空干燥器、恒温水浴锅、剪刀、试管、移液管等。
(3)试剂　去离子水。

四、实训步骤

1. 清洗用品
用去离子水仔细润洗试管3遍,确保使用的试管干净。
2. 样品处理及测定
选取材料的功能叶片,一份放入水中作为对照,另一份放入40 ℃烘箱中或其他胁迫条件下使其萎蔫,作为处理。对照和处理各取3个叶片,用自来水洗去表面灰尘,再用去离子水冲洗一次,用干净纱布擦去水分。将叶片叠起,剪取0.5 cm长的片段12个(或用打孔器打取12个叶圆片),放入试管内,然后加入10 mL去离子水。对照和处理均设3个重复。

将试管放入真空干燥器内,开动真空泵抽气10 min,以抽出细胞间隙空气。缓慢放入空气,水即渗入细胞间隙,叶片变成半透明状。取出试管,间隔2~3 min振荡一次,室温下保持30 min。

将电导仪电极插入外渗液,测定其电导值(R_0),测定之后,将试管放入沸水浴中加热3~5 min以杀死组织,待冷却至室温后,再次测定外渗透液的电导值(R_1)。

3. 结果计算

以细胞膜相对透性大小表示细胞受害的程度,按下式计算:

$$细胞膜的相对透性(\%) = \frac{R_0}{R_1} \times 100\%$$

五、注意事项

(1)电导率变化非常灵敏,稍有杂质即产生很大误差。因此仪器清洗是否彻底对结果影响较大。

(2)材料细胞间隙空气排除情况直接影响电解质外渗速率,所以应仔细把握材料抽气环节,一定要彻底排除细胞间隙空气。

(3)5 min煮沸杀死植物组织后,浸出液会有所减少,应于冷却后加入适量去离子水,以补足原有浸出液体积。

(4)温度变化对电导率有一定影响,材料被杀死前后溶液电导率测定应保持在同一温度为宜,以避免引起人为误差。

项目十五　植物基因组 DNA 的提取

一、实训目的

掌握植物基因组 DNA 的提取方法和基本原理。

二、实训原理

基因组 DNA 在同一个体不同组织中的差别不大,但是提取植物基因组 DNA 最合适的材料是幼叶或者子叶。提取基因组 DNA 最重要的要求是保持完整的一级结构。为保持核酸大分子的完整性,应该尽量简化操作步骤,缩短提取过程,以减少各种有害因素对核酸完整性的破坏。

植物细胞区别于动物细胞的主要特征之一是存在于植物细胞外围的一层厚壁——细胞壁,由胞间层、初生壁、次生壁三部分构成,主要成分为多糖物质。CTAB(hexa-decyltrimethylammonium bromide,十六烷基三甲基溴化铵)是一种阳离子去污剂,具有从低离子强度溶液中沉淀核酸与酸性多聚糖的特性。在高盐溶液中(NaCl 浓度大于 0.7 mol/L),CTAB 与蛋白质和多聚糖形成不溶性的复合物,而不能沉淀核酸,通过有机溶剂抽提,去除蛋白、多糖、酚类等杂质。降低溶液盐浓度到一定程度(0.3 mol/L NaCl)时,CTAB-核酸的复合物从溶液中沉淀,通过乙醇或异丙醇沉淀 DNA,而 CTAB 溶于乙醇或异丙醇而除去。

三、实训材料、器具与试剂

(1)材料　新鲜采集的植物嫩叶。

(2)器具　研钵,研杵,高压灭菌锅,台式离心机,恒温水浴,涡旋混合器,10 mL、50 mL 离心管,1.5 mL 离心管,10 μL、50 μL、200 μL 和 1000 μL 移液器。

(3)试剂　液氮,十六烷基三甲基溴化铵(CTAB),NaCl,Tris,EDTA,氯仿,异戊醇,RNase A,NaAc,无水乙醇。

1) 2% CTAB 提取缓冲液:2%(2 g/100 mL) CTAB,100 mmol/L Tris-HCl(pH 8.0),20 mmol/L EDTA(pH 8.0),1.4 mol/L NaCl。室温保存(可在几年内保持稳定),临用前加入 2% β-巯基乙醇。

提取缓冲液中各试剂的作用:Tris-HCl(pH 8.0)可以提供一个缓冲环境,防止核酸被破坏;EDTA 螯合 Mg^{2+} 或 Mn^{2+} 离子抑制 DNase 活性;NaCl 提供一个高盐环境,使 DNA

充分溶解在液相中;β-巯基乙醇是抗氧化剂,可以有效地防止苯酚氧化成醌,避免褐变,使酚容易去除。

2)CTAB-NaCl 溶液:将 4.1 g NaCl 溶解于 80 mL 水中,缓慢加入 10 g CTAB,定容至 100 mL。

3)CTAB 沉淀液:1%(1 g/100 mL)CTAB,50 mmol/L Tris-HCl(pH 8.0),10 mmol/L EDTA(pH 8.0),室温保存(可在几年内保持稳定)。

4)氯仿-异戊醇混合液(24∶1)。

5)3 mol/L NaAc。

6)10 mg/mL RNase A(无 DNase)。

7)TE 溶液:10 mmol/L Tris-HCl,1 mmol/L EDTA,pH 8.0。

8)75% 乙醇。

四、实训步骤

(1)取 10 mL 离心管,加入 4 mL 2% CTAB 抽提缓冲液,65 ℃预热。

(2)称量嫩的植物叶片材料 1~2 g,用蒸馏水冲洗干净,再用灭菌双蒸水冲洗两次,放入经液氮预冷的研钵中,加入液氮研磨至粉末状,用干净的灭菌不锈钢勺转移粉末到预热的离心管中,混匀后置于 65 ℃水浴中保温 60 min,并不时轻轻转动混匀。

注:冻存材料直接研磨,绝对不能化冻,而且粉末应在化冻前转移至提取缓冲液中,否则内源性 DNase 有可能降解基因组 DNA。

(3)加入等体积的氯仿-异戊醇,轻轻地颠倒混匀,室温下 10000 r/min 离心 10 min,吸取上清至另一新管中。

(4)向回收的上清中加入 1/10 体积 65 ℃预热的 CTAB-NaCl 溶液,颠倒混匀,重复步骤(3)。

(5)向上清中加入等体积的 CTAB 沉淀液,颠倒混匀,如果看不到沉淀,于 65 ℃水浴中温育 30 min,10000 r/min 离心 15 min,用 TE 溶液重悬沉淀(每克起始材料 0.5~1 mL)。如果沉淀难于重悬,于 65 ℃水浴中温育 30 min,直至所有或者大部分沉淀溶解。

(6)加入 10 μL RNase A 溶液,置于 37 ℃温育 30 min。

(7)加入两倍体积的无水乙醇和 1/10 体积的 NaAc,-20 ℃放置 30 min,出现絮状沉淀,10000 r/min 离心 1 min。

(8)用 70% 乙醇清洗沉淀两次,吹干后溶于尽可能少的 TE 溶液中。每克新鲜植物组织材料可以提取 100~500 μg DNA,长度约为 50 kb。

(9)采用 0.8% 琼脂糖凝胶电泳检测基因组 DNA 的完整性。

五、注意事项

(1)叶片应研磨至细腻状态。

(2)整个提取过程应温和进行,避免剧烈晃动。

（3）使用 CTAB 法提取时，研磨好的叶片组织应与预热的热 CTAB 溶液混合，并在 65 ℃下保温 30 min，以确保 DNA 充分释放。

（4）提取过程中，需多次颠倒离心管，确保 DNA 充分沉淀。

（5）提取 DNA 的方法有多种，如 CTAB 法、SDS 法和酚氯仿法等，具体方法应根据材料特性来选择。

六、思考题

植物基因组 DNA 提取与其他生物基因组 DNA 提取有何主要异同点？

项目十六 不同保鲜剂对切花保鲜的影响

一、实训目的

掌握切花保鲜的原理和方法。

二、实训原理

切花离开活体植株后,在形态特征、水分生理、物质代谢、氧化平衡、细胞膜相对透性、内源激素水平等方面均发生了一系列变化。为了延长切花的瓶插寿命,提高其观赏价值,保鲜技术研究就显得尤为重要。常用的保鲜剂有糖类、杀菌剂、无机盐、有机酸、植物生长调节剂等。糖类可作鲜切花的能源物质和呼吸基质。杀菌剂可以用来杀灭瓶插液中的细菌,抑制细菌生长,提高切花吸水能力。无机盐能够调节细胞膨压,提高水分平衡值,提高抗氧化物活性。有机酸可以降低溶液 pH 值,抑制微生物生长,减小花茎内部物理堵塞,有利于切花吸水。植物生长调节剂主要用来调节鲜切花内源激素间的平衡,从而实现保鲜,延长寿命。

三、实训材料、器具与试剂

(1)材料 鲜切花。
(2)器具 高速冷冻离心机、恒温水浴锅、分光光度计、便携式电导率仪、温度计、电子天平(精确到 0.001)、游标卡尺、容量瓶、具塞试管、100 mL 锥形瓶、移液枪、剪刀、研钵、离心管等。
(3)试剂 蔗糖、赤霉素、抗坏血酸、明矾、氯化钙等。

四、实训步骤

1. 样品准备

样品为花卉店购买带有花苞的花苗,培养一段时间后,待花苞完全着色时采收,采收时间为上午 8 时左右。采收时选取生长健壮、着色一致、大小均一的花株。采收完后立即回实验室复水 2 h,复水之后,在水中沿 45°角斜切花株基部,留取两片顶叶。处理完之后将花株进行分组插入到装有不同保鲜液处理的锥形瓶中,花茎浸入溶液中,瓶口塞入脱脂棉,每个处理组重复 4 次。处理好之后,将其放置在室内散射光下。

2. 处理方法

以3%蔗糖为基础液,从植物激素、杀菌剂、有机酸以及无机盐4类常用的化学保鲜剂中各取一种,针对植物激素类试剂,选取赤霉素(GA_3),设置50 mg/L、100 mg/L、150 mg/L、200 mg/L 4个质量浓度;针对杀菌剂类试剂,选取明矾,设置50 mg/L、100 mg/L、150 mg/L、200 mg/L 4个质量浓度;针对有机酸类试剂,选取抗坏血酸,设置50 mg/L、100 mg/L、150 mg/L、200 mg/L 4个质量浓度;针对无机盐类试剂,选取氯化钙,设置1000 mg/L、1500 mg/L、2000 mg/L、2500 mg/L 4个质量浓度。对照为3%蔗糖溶液。

3. 形态指标测定

从郁金香切花瓶插开始,每天固定时间观察记录郁金香切花情况,测定切花的水分平衡值、鲜重变化率、花径大小、瓶插寿命等形态指标。

(1) 水分平衡值 采用称重法。以天(d)为单位,在将切花插入锥形瓶后,用脱脂棉封住瓶口,防止溶液蒸发。于每天固定时间分别称量切花+溶液+锥形瓶的重量,两次的测量之差便为该时间段内切花的失水量。再次称量溶液+锥形瓶的重量,两次测量之差便为该时间段内切花的吸水量。

$$水分平衡值=吸水量-失水量$$

(2) 鲜重变化率 采用称重法。以天(d)为单位,在进行瓶插之前称取切花鲜重,记录为初始鲜重。从瓶插日起,每天固定时间称取当天切花的鲜重,记录为每天切花鲜重。

$$鲜重变化率(\%)=(每天切花鲜重-初始鲜重)/初始鲜重\times100\%$$

(3) 花径大小 采用十字测量法。每天固定时间测量每个花株花瓣展开的最大直径,十字交叉测量两次,取两次的平均值,记录为当天的花径大小,单位为cm。

(4) 瓶插寿命 每天固定时间观察其外部形态的变化:①记录每组花瓣干枯皱缩、凋萎数量,观察切花颜色变化;②记录花瓣颜色变暗程度,分为鲜艳、出现褐斑、无光泽发黑;③记录花茎弯曲情况,分为直立和弯曲;④记录花瓣脱落的数量。

当切花的花瓣皱缩萎蔫、切花颜色无光泽或花瓣开始脱落导致失去观赏价值时作为瓶插寿命结束标志。

4. 生理指标测定

瓶插处理当天开始测定切花花瓣的细胞膜透性大小、花瓣中的可溶性蛋白质含量以及SOD活性大小,每3天测定1次,直至瓶插寿命结束。

采用电导率仪测定电导率;采用考马斯亮蓝G250染色法测定可溶性蛋白质含量;SOD活性测定采用氮蓝四唑光还原法。

5. 结果与分析

分析比较赤霉素、明矾、抗坏血酸、氯化钙分别对各形态和生理指标的影响,从而总结不同保鲜剂对切花保鲜的影响效果。

五、注意事项

(1) 测量花径和称量鲜重时动作要迅速,尽量缩短切花离水时间。

(2) 选取生长健壮、着色一致、大小均一、发育时期相同的花株。

六、思考题

(1)为什么在水中剪取花株?

(2)影响切花寿命的因素有哪些?

项目十七　室内观赏植物对甲醛的净化效果及生理响应

一、实训目的

学会利用实验的方法,探讨室内观赏植物对甲醛的净化效果及耐性,运用相关理论知识解释实验现象。

二、实训原理

甲醛污染是室内空气主要污染物之一。它是一种高容量的毒性物质,具有强刺激作用,其释放周期长、危害性持久。其可以通过呼吸系统进入人体,严重威胁着人们的生命安全和健康。选择抗污染、吸污能力强的植物修复室内生态,已成为治理室内甲醛等污染的重要途径。

三、实训材料、器具与试剂

(1) 材料　铜钱草或其他室内观赏植物。
(2) 器具　人工密闭箱(PVC透明塑料布,铝合金支架)、甲醛检测仪、胶带、分光光度计、便携式电导率仪、离心机、水浴锅、若干指形试管、研钵、移液枪等。
(3) 试剂　甲醛等。

四、实训步骤

1. 植物处理

依据我国国家室内空气质量标准,室内甲醛浓度不超过 0.1 mg/m^3 为依据,分别设立 0 mg/m^3、0.03 mg/m^3、0.3 mg/m^3、0.6 mg/m^3、0.9 mg/m^3 5 个不同甲醛浓度。选取生长状况、大小、高度基本一致的水培铜钱草备用。将准备好的植物分成 10 组,在 1 号熏气箱内放入 3 盆铜钱草,不注入甲醛,使甲醛浓度为 0 作为空白对照组标号为 CK;另取 3 盆铜钱草放入 2 号熏气箱内,注入 25.8 μL 37% 的甲醛溶液,使 2 号箱内甲醛浓度为 0.03 mg/m^3。3 号熏气箱内放入与 1、2 号相同材质的花盆和等体积水,注入相同浓度的甲醛溶液,排除水和装置等其他物质对甲醛浓度变化的干扰,作为植物吸收甲醛浓度矫正对照组。使用上述方法,又设置了其他甲醛浓度处理。以上各组重复 3 次。

在预留的小孔中使用移液枪将甲醛溶液打到事先贴入熏气箱内的吸水纸上,注入完毕,立即使用胶带将小孔密封好,熏蒸 12 h。

2. 甲醛吸收率的测定

甲醛熏蒸 12 h,每间隔 2 h 使用甲醛检测仪检测甲醛浓度,每 2 h 检测 3 次,记录数据。按下式计算甲醛吸收率:

$$甲醛吸收率(\%) = \frac{\Delta PT}{PT_0} \times 100\%$$

式中,ΔPT 表示甲醛含量的减少量;PT_0 表示甲醛的最初含量。

3. 单位叶面积甲醛吸收率

单位叶面积计算采用方格网法,使用 50 cm×35 cm 标准计算纸,随机剪取 140 个叶片,用铅笔将叶片形状画到方格纸上,按照叶片面积进行计算求得平均单位叶面积,将盆栽铜钱草进行叶片计数,求得每盆铜钱草的平均叶片数。

按照下式计算单位叶面积甲醛吸收率:

$$AU = \frac{C_0 - C_n}{V \times N \times S}$$

式中,AU 表示单位叶面积甲醛吸收率(mg/m^2);V 表示装置体积;N 表示处理的时间;S 表示植物叶面积;C_0 表示初始甲醛含量;C_n 表示最终甲醛含量。

4. 观察甲醛胁迫对叶片形态伤害程度

甲醛胁迫 12 h 后,观察植株有无萎蔫,叶片是否变色,变色叶片数及部位等。采用分级调查法,根据其受害程度及形态症状进行分级。

5. 丙二醛(MDA)的测定

采集植物叶片,用硫代巴比妥酸法测定丙二醛含量。

6. 相对电导率的测定

采集植物叶片,采用电导率仪测定相对电导率。

7. 抗氧化酶(SOD、POD、CAT)活性的测定

采用氮蓝四唑光还原法测定叶片 SOD 活性,愈创木酚氧化比色法测定 POD 活性,高锰酸钾滴定法测定 CAT 活性。

8. 结果与分析

分析铜钱草在不同甲醛浓度下,12 h 处理期间甲醛吸收率及单位叶面积吸收率的变化;根据调查分析处理 12 h 后的实际受害情况;与对照相比较,不同浓度甲醛处理 12 h 后各生理指标的变化,从而指出铜钱草对甲醛的吸收和抵抗能力。

五、注意事项

(1)甲醛易溶于水,会对测定结果产生影响,因此用保鲜膜将花盆的植物茎叶以外处封上。

(2)甲醛处理时间不能过长,植物在密闭容器内 10 h 左右就会因为呼吸作用产生大量水汽,甲醛易溶于水,会对测定结果产生影响。

(3)为了减小误差,测定不同处理甲醛吸收率的顺序应与注入甲醛顺序保持一致,以使每个处理测定的间隔时间相同。

(4)测定生理指标时选取位置相对一致的叶片。

六、思考题

(1)甲醛对植物伤害的机制是什么?

(2)甲醛胁迫下,各项生理指标如何改变?机制是什么?

(3)不同种类植物对甲醛的吸收和抵抗能力是否一致?为什么?

第五部分 植物组织培养

项目一 组织培养室、组织培养器皿及器械的消毒灭菌

一、实训目的

(1)掌握对组织培养(简称组培)室进行消毒及灭菌的方法。
(2)掌握对各种组培器皿及器械进行洗涤及灭菌的方法。
(3)通过本实训,培养学生良好的卫生观念,确立组织培养的无菌意识。

二、实训原理

植物组织培养必须在无菌条件下进行,因此,组培室的消毒灭菌以及组培器皿、器械的洗涤、消毒灭菌是组织培养成功的关键所在,是外植体免受污染的前提。选择消毒剂既要考虑良好的消毒、杀菌作用,同时也应易被蒸馏水冲洗掉。

三、实训器具与试剂

(1)器具 高压灭菌锅、烘箱、培养瓶、锥形瓶、镊子、解剖刀、培养皿、剪刀、喷雾器、工作服、口罩、手套等。
(2)试剂 2%新洁尔灭、高锰酸钾、甲醛、70%酒精等。

四、实训步骤

(一)组培室的消毒灭菌
1. 无菌操作室和培养室的灭菌
每年用甲醛和高锰酸钾熏蒸(也可采用臭氧消毒)1~2次。每立方米空间用甲醛

10 mL 加高锰酸钾 5 g 的配比液进行熏蒸。首先将组培室密封,在组培室中间放一个盆或大烧杯,根据房间大小确定甲醛和高锰酸钾用量,将称好的高锰酸钾放入其中,再把一定体积的甲醛溶液慢慢倒入缸内,然后迅速离开并关上门,密封 3 天。3 天后打开房间门,搬走废液缸,7 天后方可进入操作。熏蒸后,用 70% 酒精纱布擦洗培养架和工作台。

2. 地面、墙壁和工作台的灭菌

每次使用前,对接种室地面、墙壁、角落,用喷雾器喷 20% 新洁尔灭溶液均匀地喷雾,在喷房顶时,注意不要让药液滴入眼睛。实验前 20~40 min 打开接种室和超净工作台的紫外线灯,工作时关闭。打开超净工作台风机 20 min 后,方可开始工作。紫外线消毒后一般不要立即进入,应在关闭紫外灯 15~20 min 后再进入室内。进入超净工作台实验时,用酒精棉或纱布(70% 酒精浸泡)擦拭工作台面。

(二)组培器皿及器械的洗涤

1. 玻璃器皿的洗涤

(1)新购置的玻璃器皿或多或少地含有游离的碱性物质,试用前先用 1% 稀盐酸浸泡 12 h,再用肥皂水洗净,清水冲洗后,最后用蒸馏水冲洗 1 次,晾干备用。

(2)用过的玻璃器皿,先除去器皿中的残渣,用清水洗净,再用温肥皂水或洗衣粉水洗净,清水冲洗,最后用蒸馏水冲洗 1 次,晾干备用。

(3)被污染的玻璃器皿,必须高压蒸汽灭菌后(高压灭菌锅温度 121 ℃,灭菌时间 30 min),倒掉残渣,用清水冲洗,并用毛刷刷去瓶壁上的培养液和菌斑,再用清水冲洗干净,最后用蒸馏水冲洗 1 次,晾干备用。

(4)对于较脏的玻璃器皿,先用洗衣粉洗刷后冲洗干净,然后浸泡入铬酸洗液中(重铬酸钾 40 g 溶解在 500 mL 水中,然后缓慢加入 450 mL 粗制浓硫酸),浸泡时间视器皿的肮脏程度而定,再用清水冲洗干净,最后用蒸馏水冲洗 1 次,晾干备用。

(5)对带有石蜡的器皿,用水煮沸数次将其除去,用水冲洗,再用温肥皂水或洗衣粉水洗净,清水冲洗,最后用蒸馏水冲洗 1 次,晾干备用。

(6)对有胶布黏附物的器皿,用洗衣粉液煮沸数小时,再用清水冲洗干净,最后用蒸馏水冲洗 1 次,晾干备用。

清洗后的玻璃器皿,瓶壁应透明发亮,内外壁水膜应均一,不挂水珠。

2. 金属器械的洗涤

(1)新购置的金属器械表面上有一层油腻,需先擦净油腻,然后用热肥皂水洗涤,最后用清水冲洗干净,擦干备用。

(2)用过的金属用具,用清水洗净,擦干备用。

(三)组培器皿及器械的消毒灭菌

1. 高压蒸汽灭菌法

用纸包好玻璃器皿或金属器具,放入高压灭菌锅,在 1.2 个大气压下保持 15~20 min。也可和培养基一起放入灭菌。对于聚丙烯、聚甲基戊烯等类型的塑料用具(过滤器、滤膜、移液管或移液枪枪头)以及布制品也可采用此方法进行消毒灭菌。

2. 干热灭菌法

对于玻璃器皿或金属器具等耐热器具,用纸包好,利用烘箱温度 150 ℃,保温 2～3 h;然后待烘箱充分冷却后打开烘箱门,以免外部冷空气进入烘箱,引起污染,或造成玻璃器皿的爆炸。

3. 灼烧灭菌

对于无菌操作用的镊子、解剖刀等用具除高压蒸汽灭菌外,在接种过程中还常常采用灼烧灭菌。将镊子、解剖刀等浸入95%酒精,接种前置于酒精灯火焰上灼烧灭菌。无菌操作过程中要反复浸泡、灼烧、放凉、使用。也可用组织培养器械专用灭菌器进行灭菌。

五、注意事项

(1)干热灭菌温度不能超过180 ℃,否则,包器皿的纸或棉塞就会烧焦,甚至引起燃烧。

(2)熏蒸组培室时,操作前要戴好口罩及手套;倒入甲醛时要小心,因为甲醛遇到高锰酸钾会迅速沸腾,并产生大量烟雾,操作时人要迅速避开烟雾。

(3)对组培室墙壁、角落、地面喷雾要均匀,不要遗漏。在喷房顶时,要特别小心,防止药液进入眼睛。

(4)紫外线消毒后一般不要立即进入,应在关闭紫外灯15～20 min后再进入室内。

六、思考题

(1)植物组织培养常用的灭菌方法有哪些?
(2)植物组织培养的无菌操作规程有哪些?

项目二 MS 培养基母液的配制

一、实训目的

(1) 能够阐述 MS 培养基母液配制需要的营养成分。
(2) 学会 MS 培养基母液配制的步骤与方法。
(3) 了解植物组织培养基的类型和特点。

二、实训原理

培养基是人工配制的,满足植物材料生长繁殖或积累代谢产物的营养物质,是植物组织培养中离体材料赖以生存和发展的物质基础。培养基的成分主要包括水、无机营养物(即无机盐类)、有机物、植物生长调节物质、凝固剂及其他添加物质等。培养基中的营养元素在生物体内的生理作用主要有四方面:①组成各种化合物,参与有机体的构造,成为结构物质;②构成一些特殊的生理活性物质,参与活跃的生理代谢;③元素间相互协调,维持离子浓度平衡、胶体平衡、电荷平衡等电化学方面的作用;④调节形态发生和组织器官的建成。目前已经研制出多种适宜各种培养材料生长的培养基配方,如 MS、White、B_5、N_6、Miller 等培养基,其中 MS 培养基由于其无机盐浓度较高,尤其是铵盐和硝酸盐含量高,能满足快速增长的组织对营养元素的需求而被广泛应用。

根据营养水平不同,分为基本培养基和完全培养基。基本培养基是指只含无机盐、有机物、维生素、肌醇、氨基酸等营养成分的培养基,就是通常所说的 MS、White 等培养基;完全培养基是指在基本培养基中添加适宜的植物生长调节物质、有机附加物、凝固剂等组成的可直接用于组织培养的培养基。

根据培养基的物理状态,分为固体培养基和液体培养基。固体培养基是指添加了琼脂或卡拉胶的固体型培养基;液体培养基则是指未添加凝固剂的液态型培养基。

根据培养的阶段不同,分为初代培养基和继代培养基。初代培养基是指用于外植体的第一次接种培养的培养基;继代培养基则是指用于培养初代培养物以后的培养基。

根据培养的目的不同,分为诱导培养基、增殖培养基、壮苗培养基、生根培养基等。诱导培养基是指用于诱导愈伤组织形成和器官分化,尤其是芽形态发生的培养基;增殖培养基是指用于愈伤组织或芽的增殖的培养基,附加成分与分化培养基在量上有一定差异,但在质上差异不大。壮苗培养基是指用于壮苗培养(在继代培养过程中,增殖的芽往往会出现生长势减弱、不定芽短小、细弱,无法进行生根培养的现象,即使能够生根,移栽成活率也不高,必须经过壮苗培养)的培养基;生根培养基是指用于诱导外植体生根的培养基,通常不加激素或加少量的生长素。

配制培养基时,为了减少试剂称取时的工作量和少量称取时出现的误差,以及避免多种营养成分混合导致沉淀产生或相互反应而失去培养效果,预先要将各种营养成分配制为不同组分的培养基母液。母液的浓度为培养基浓度的 10 倍、100 倍或更高。MS 培养基的母液常常配制为大量元素母液(10 倍液)、微量元素母液(100 倍液)、铁盐母液(100 倍液)及有机物质母液(100 倍液)(不包括蔗糖)四类。除营养成分要配制成母液外,培养基中经常附加的各种植物生长调节物质也要配成母液储存,使用时按浓度定量吸取加入。

三、实训器具与试剂

(1)器具 电子天平、烧杯、玻璃棒、磁力搅拌器、量筒、定容瓶、贮液瓶(棕色、无色)、标签、冰箱等。

(2)试剂

1)MS 基本培养基包括大量元素、微量元素、铁盐和有机物质。大量元素:KNO_3、NH_4NO_3、$MgSO_4 \cdot 7H_2O$、KH_2PO_4、$CaCl_2 \cdot 2H_2O$;微量元素:$MnSO_4 \cdot 4H_2O$、$ZnSO_4 \cdot 7H_2O$、H_3BO_3、KI、$Na_2MoO_4 \cdot 2H_2O$、$CuSO_4 \cdot 5H_2O$、$CoCl \cdot 6H_2O$;铁盐:$EDTA-Na_2$、$FeSO_4 \cdot 7H_2O$;有机物质:甘氨酸、盐酸硫胺素、盐酸吡哆醇、烟酸、肌醇、蔗糖。

2)生长调节物质:IAA、IBA、NAA、2,4-D、KT、ZT、6-BA、GA_3、ABA 等。

3)其他试剂:1 mol/L HCl、1 mol/L NaOH、95% 乙醇、蒸馏水等。

四、实训步骤

(一)准备工作

配制培养基前,要洗净备齐所用器具,备齐所有试剂,选择相应的药品按顺序排好。准备好配制培养基母液用的蒸馏水或无离子水。

(二)MS 培养基母液的配制

称量时将称量纸对折一下放入天平中,用药勺盛取药品放在称量纸上,观察称量数据的变化,当称量的药品快达到所需质量前,用一只手轻轻抖动另一只手,少量加入药品。当一种药品完全溶解后将完全溶解后的溶液倒入相应的容量瓶中定容,用玻璃棒引流,用蒸馏水或去离子水冲洗烧杯 3~4 次,将洗液完全移入容量瓶内,然后加水定容至刻度线,盖紧盖子,用一只手大拇指按住盖子,双手拿起容量瓶上下摇动 3 次,使其混匀。将配制好的母液倒入贮液瓶中,铁盐要用棕色瓶保存,瓶上贴好标签,注明母液名称、扩大倍数与配制日期。

1. 大量元素母液的配制(1000 mL)

无机盐中大量元素母液,按照培养基配方的用量,把各种化合物浓度扩大 10 倍,分别用 50 mL 烧杯称量,用蒸馏水溶解,必要时加热。溶解后,倒入 1000 mL 容量瓶中,最后用蒸馏水定容。在混合定容时,必须最后加入氯化钙,因为氯化钙与磷酸二氢钾能形成难溶于水的沉淀。10 倍 MS 培养基大量元素母液的配制如表 5-1 所示。

表 5-1 MS 培养基大量元素母液的配制(10 倍 1000 mL)

化合物名称	每升培养基用量/mg	扩大 10 倍称量/g	备注
NH_4NO_3	1650	16.5	每升培养基取母液 100 mL
KNO_3	1900	19.0	
KH_2PO_4	170	1.7	
$MgSO_4 \cdot 7H_2O$	370	3.7	
$CaCl_2 \cdot 2H_2O$	440	4.4	

2. 微量元素母液的配制(1000 mL)

无机盐中微量元素母液,按照培养基配方的用量,把各种化合物扩大 100 倍,分别用 50 mL 烧杯称量,用蒸馏水溶解,必要时加热,溶解后,倒入 1000 mL 容量瓶中,最后用蒸馏水定容。100 倍 MS 培养基微量元素母液的配制如表 5-2 所示。

表 5-2 MS 培养基微量元素母液的配制(100 倍 1000 mL)

化合物名称	每升培养基用量/mg	扩大 100 倍称量/mg	备注
$MnSO_4 \cdot 4H_2O$	22.3	2230	每升培养基取母液 10 mL
$ZnSO_4 \cdot 7H_2O$	8.6	860	
H_3BO_3	6.2	620	
KI	0.83	83	
$Na_2MoO_4 \cdot 2H_2O$	0.25	25	
$CuSO_4 \cdot 5H_2O$	0.025	2.5	
$CoCl_2 \cdot 6H_2O$	0.025	2.5	

3. 铁盐母液的配制(1000 mL)

目前常用的铁盐是硫酸亚铁和乙二胺四乙酸二钠的螯合物,必须单独配成母液。这种螯合物使用起来方便,又比较稳定,不易发生沉淀。配成 100 倍母液,溶解时可加热。100 倍 MS 培养基铁盐母液的配制如表 5-3 所示。

表 5-3 MS 培养基铁盐母液的配制(100 倍 1000 mL)

化合物名称	每升培养基用量/mg	扩大 100 倍称量/g	备注
$EDTA-Na_2$	37.25	3.725	每升培养基取母液 10 mL
$FeSO_4 \cdot 7H_2O$	27.85	2.785	

4. 有机物母液的配制(1000 mL)

MS 培养基中,有机物为甘氨酸、肌醇、烟酸、盐酸硫胺素(维生素 B_1)、盐酸吡哆醇(维生素 B_6),常常配成 1000 倍或 100 倍母液。本实训将有机物配成 100 倍母液,如表 5-4 所示。

表 5-4 MS 培养基有机物母液的配制(100 倍 1000 mL)

化合物名称	每升培养基用量/mg	扩大 100 倍称量/mg	备 注
甘氨酸	2.0	200	每升培养基取母液 10 mL
盐酸硫胺素(维生素 B_1)	0.4	40	
盐酸吡哆醇(维生素 B_6)	0.5	50	
烟酸	0.5	50	
肌醇	100	10000	

5. 植物生长调节剂(激素)母液的配制

每种生长调节物质必须单独配成母液,浓度一般配成 0.1~1.0 mg/mL,用时根据需要取用。因为生长调节物质用量较少,一次可配成 50 mL 或 100 mL。多数生长调节物质不溶于水或难溶于水,要先用适当的溶剂溶解。配制生长素类,如萘乙酸(NAA)、吲哚乙酸(IAA)、吲哚丁酸(IBA)等,应先用少量(1~2 mL)95%的乙醇溶解,然后用蒸馏水定容;配制细胞分裂素 KT(激动素)、6-BA(6-苄氨基嘌呤)、ZT(玉米素)等时,先用少量的 1 mol/L HCl 或 1 mol/L NaOH 溶解,然后用蒸馏水定容;2,4-二氯苯氧乙酸(2,4-D)、噻苯隆(TDZ)先用 1 mol/L NaOH 溶解,再定容。本实训中激素的母液浓度都配制为 1 mg/mL。具体配制方法如下:

(1) NAA(1 mg/mL,100 mL) 在 100 mg NAA 中加入少量 95%酒精,至完全溶解后逐滴加入蒸馏水,直至酒精和蒸馏水完全互溶,用蒸馏水定容至 100 mL。

(2) IAA(1 mg/mL,100 mL) 在 100 mg IAA 中加入少量 95%酒精,至完全溶解后逐滴加入蒸馏水,直至酒精和蒸馏水完全互溶,用蒸馏水定容至 100 mL。

(3) IBA(1 mg/mL,100 mL) 将 100 mg IBA 用少量 95%酒精溶解,若溶解不完全可加热,冷却后逐滴加入蒸馏水,直至酒精和蒸馏水完全互溶,用蒸馏水定容至 100 mL。

(4) 2,4-D(1 mg/mL,100 mL) 将 100 mg 2,4-D 粉末溶于 1 mol/L 的 NaOH 碱溶液中,直至 2,4-D 完全溶解,再缓慢加入蒸馏水,然后定容至 100 mL。

(5) KT(1 mg/mL,100 mL) 称取 100 mg KT 先溶于 1 mol/L 的 HCl 溶液中,完全溶解后再加蒸馏水定容至 100 mL。

(6) 6-BA(1 mg/mL,100 mL) 将 100 mg 6-BA 粉末溶于 1 mol/L 的 HCl 溶液直至完全溶解,然后缓慢加入蒸馏水,定容至 100 mL。

(7) ZT(1 mg/mL,100 mL) 将 100 mg ZT 加入少量 1 mol/L NaOH 中至溶解,然后加蒸馏水定容至 100 mL。

(8) TDZ(1 mg/mL,100 mL) 将 100 mg TDZ 用 1 mol/L 的 NaOH 溶液溶解后,再加

蒸馏水定容至 100 mL。

配好的母液最好在 2～4 ℃冰箱中储存,储存时间不宜过长,一般可保存几个月,无机盐母液最好在 1 个月内用完,当母液中出现沉淀或霉菌时,则不能使用。植物生长调节剂母液应在 3 个月内用完,对于遇光易分解的 IAA 则使用棕色瓶保存。

(三)整理归位

将所有使用过的器皿用具等清洗干净,擦干放回原来的位置,将天平擦干净,关闭电源,拔出插头,盖上罩子,放回原来的位置将桌面擦干净,凳子摆放整齐。

五、注意事项

(1)配制母液时必须用蒸馏水或重蒸馏水。
(2)溶解或定容时,注意一定不能将溶液洒出来。
(3)一些离子易发生沉淀,可先用少量蒸馏水溶解,再按配方顺序依次混合。
(4)药品应用化学纯或分析纯。
(5)定容时注意一定要平视刻度线观察。

六、思考题

(1)配制母液的过程中,容易出现的问题有哪些,如何避免?
(2)使用母液法配制培养基有哪些优点?

项目三 MS 固体培养基的配制及灭菌

一、实训目的

(1)学会 MS 固体培养基的配制过程,会计算各母液、琼脂、蔗糖的用量,会调节 pH 值等。

(2)学会使用高压灭菌锅。

二、实训原理

根据培养基的物理状态不同,培养基可分为固体培养基与液体培养基。本实训配制的 MS 固体培养基,除添加大量元素、微量元素、铁盐和有机物外,还需要加入植物生长调节剂、糖类、凝固剂等。

植物生长调节物质影响着植物细胞的分化、分裂、发育、形态建成、开花、结实、成熟、脱落、衰老和休眠以及萌发等许许多多的生理生化活动,用量虽然微小,但对植物组织培养起决定性作用,是培养基中的关键性物质。植物组织培养中常用的生长调节物质有生长素类和细胞分裂素类物质。

糖是碳水化合物,为培养物生长发育提供碳源,维持培养基渗透压,可使用蔗糖、葡萄糖、果糖、麦芽糖、半乳糖、甘露糖和乳糖等,其中最常用的是蔗糖。蔗糖使用浓度一般在 2% ~5%,常用 3%,但在胚培养、花药培养和原生质体培养时,多采用 4% ~15% 的高浓度。生根培养时适当降低蔗糖浓度,有利于提高试管苗的自养能力。

凝固剂一般用琼脂,琼脂是从石菜花等海藻中提取的高分子碳水化合物,本身并不提供任何营养,无毒、无气味。琼脂不溶于冷水,缓溶于热水,琼脂 90 ℃ 左右融化,40 ℃ 左右凝固。用量一般在 6 ~10 g,若浓度太高,培养基就会变得很硬,营养物质难以扩散到培养的组织中去,培养材料不能很好地吸收培养基中的养分;若浓度过低,凝固性不好,培养材料在培养基中下沉,造成通气不良而死亡。

培养基的 pH 值一般被调节到 5.0 ~6.0,最常用的 pH 值为 5.6 ~5.8。pH 值过高(pH>6.0),培养基会变硬;pH 值过低(pH<5.0),则影响培养基的凝固。调整 pH 值时,常用 NaOH 和 HCl(浓度为 1 mol/L 或 0.1 mol/L)。

配制好的培养基含有大量杂菌,应立即进行灭菌。培养基灭菌方法有高压蒸汽灭菌和过滤除菌。培养基中遇高温不分解或低分解的成分采用高压蒸汽灭菌,如无机盐、有机化合物等,而遇高温分解的成分则采用过滤除菌,如某些植物生长调节类物质等。高压蒸汽灭菌通过高压蒸汽灭菌锅或自动蒸汽灭菌锅来完成,过滤除菌采用滤膜孔径为

0.22～0.45 μm 的滤器完成。

三、实训器具与试剂

（1）器具　电子天平、烧杯、玻璃棒、磁力搅拌器、培养瓶、量筒、定容瓶、电（磁）炉、标签、移液枪、灭菌锅等。

（2）试剂　1 mol/L HCl 溶液、1 mol/L NaOH 溶液、pH 试纸或酸度计、各 MS 母液（项目二中配制）、琼脂粉、蔗糖、蒸馏水等。

四、实训步骤

1. 确定培养基配方

提前确定培养基配方，本实训配制 MS 培养基，确定添加植物生长调节剂的种类和浓度。

2. 计算

以此配方 MS+2,4-D 3.0 mg/L+3% 蔗糖+0.7% 琼脂，pH=5.8 为例，计算配制 1 L 培养基需要的各种母液的量，计算公式为：

$$母液用量(mL) = \frac{配制培养基体积(mL)}{母液浓缩倍数}$$

$$生长调节物质母液用量 = \frac{培养基配方浓度}{生长调节剂母液浓度} \times 培养基配制体积$$

$$蔗糖、琼脂称取量 = 百分比浓度 \times 培养基配制体积$$

将配制 1000 mL MS 培养基，各母液浓度及所需体积、生长调节物质浓度及所需体积、蔗糖用量、琼脂用量填入表 5-5 中。可以表 5-5 为例，在配制培养基前，填入配制不同体积培养基所需母液的量，以及所需其他物质的质量。

表 5-5　母液及其他物质用量

母液及其他物质	1000 mL 培养基中加入体积或重量
大量元素母液（10×）	100 mL
微量元素母液（100×）	10 mL
有机物母液（100×）	10 mL
铁盐母液（100×）	10 mL
蔗糖	30 g
琼脂	6～8 g
2,4-D（1 mg/mL）	3 mL

3. 量取母液

用烧杯量取所配培养基总体积 1/2 左右的蒸馏水，再根据培养基配方，通过计算，用量筒量取如表 5-5 所示各母液的量至烧杯中。吸取母液时，注意应先将几种母液按顺序排好，不要弄混，以免培养基中的药品成分发生改变。加入一种母液后应先搅拌均匀，避免因母液不均、局部浓度过高而引起沉淀。称取蔗糖及其他除琼脂外的药品溶解在烧杯中。

4. 定容

待蔗糖完全溶解后，将烧杯中混合液倒入容量瓶，并用蒸馏水淋洗烧杯、玻璃棒 3 次以上，使其移入容量瓶内，用蒸馏水定容到 1 L。

5. 熬煮

将定容好的溶液倒入烧杯中或培养基煮锅中，加入琼脂粉，用电磁炉（或电炉）开中低火熬煮。期间应不断搅拌，以免琼脂沉淀于烧杯底而炭化。加热至沸腾片刻，使琼脂充分溶解，注意检查烧杯内溶液是否透明，完全溶解的琼脂是透明的。也可不用熬制，定容后调节 pH 值，再加入琼脂，利用高压灭菌的温度溶解琼脂。

6. 调节培养基的 pH 值

用 pH 试纸或 pH 计测定 pH 值，分别用 1 mol/L NaOH 溶液、HCl 溶液调节培养基的 pH 值。大多数植物要求 pH 值为 5.6～5.8，培养基的 pH 值经高温高压灭菌后会下降（蔗糖的分解会使培养基变酸，一般可降低 0.2 左右），因此一般可将 pH 值调至 5.8～6.0。也可根据培养材料不同调整 pH 值。

7. 分装

将配制并加热好的培养基分别装在事先洗净的培养瓶中，然后加盖盖好，贴标签。分装时要掌握好培养基的量，一般占试管、三角瓶等培养容器的 1/5～1/3 为宜，若为广口培养瓶，则培养基的厚度一般以 2 cm 为宜。盖盖子或用封口时，要检查瓶盖上或封口膜的滤膜是否完好，如滤膜破损则不能使用，以免导致该瓶培养基被污染。

8. 灭菌

分装后应立即灭菌，若不及时灭菌应保存在冰箱中 24 h 内完成灭菌工作。培养基一般采用湿热灭菌法，即把分装好的培养瓶置入高压蒸汽灭菌锅进行高温高压灭菌。灭菌条件为压力 108 kPa，温度 121 ℃，时间 15～20 min。具体方法如下：①检查水位，确保水在最低水位之上，如不足需添加蒸馏水。②把已装好培养基的培养瓶放入锅筒内，同时还可将需要灭菌的接种工具、细菌过滤器、滤纸（制作无菌滤纸）、罐装好蒸馏水（制作无菌水，不超过容器体积 2/3）等包扎好，放入灭菌锅内。③盖上灭菌锅盖并拧紧。④打开电源，点击"设置"，将温度设为 121 ℃，时间设为 20 min，启动灭菌锅。灭菌锅一次工作时间大约为 2 h，使用人员在此期间不能离开。⑤当压力降至"0"时打开锅盖，取出培养基和灭菌物品。

注意：某些生长调节物质如 IAA、ZT、ABA、IBA 等以及某些维生素遇热不稳定，不能进行高压灭菌，应使用过滤灭菌法。

9. 培养基的保存

灭菌好的培养基放置在干净、整洁、无污染的地方保存。如培养基需要分装，应将灭菌后的培养基和培养瓶放入提前杀过菌的超净工作台,轻轻晃动培养瓶,使琼脂混合均匀后进行分装,注意要在无菌环境下操作。灭菌后的培养基应尽快使用,一般应在灭菌后 2 周内用完。

10. 整理归位

将所有使用过的器皿用具等清洗干净,擦干放回原来的位置,将天平擦干净,关闭电源,拔出插头,盖上罩子,放回原来的位置将桌面擦干净,凳子摆放整齐。

五、注意事项

(1)调节 pH 值的过程中要逐渐添加 1 mol/L NaOH 溶液或 HCl 溶液,避免一次大量加入。

(2)培养基过酸会使培养基不易凝固,过碱易使培养基变硬。琼脂的凝固能力还与高压灭菌时的温度、时间等因素有关。

(3)琼脂在 40 ℃左右会凝固,因此琼脂溶解后要尽快分装。

(4)分装培养基时,注意不要使培养基溅到瓶口,以免引起污染,分装后的培养基应尽快盖上盖子或封口。

(5)灭菌锅一次工作时间大约为 2 h,使用人员在此期间不能离开。

(6)灭菌锅属特种设备,因型号不同操作方法略有不同,操作人员需经培训后方可使用。

(7)培养基灭菌后,需在培养室内预培养 3 天,观察有无污染,若无污染,证明培养基可用,最好在 2 周内用完,最长不超过 1 个月,含吲哚乙酸或赤霉素的培养基在 1 周内用完,暂时不用的培养基放置在 4 ℃冰箱内保存。

六、思考题

(1)培养基在制备过程中,应注意哪些问题?
(2)在植物体中,培养基各种成分的生理作用分别是什么?
(3)使用高压灭菌锅进行培养基灭菌时,应注意哪些问题?

项目四　外植体的选择与消毒

一、实训目的

(1) 学会外植体的选取、预处理及灭菌方法。
(2) 能够阐述外植体选取的标准。

二、实训原理

外植体是指植物组织培养中第一次接种用的各种材料,包括植物体的各种器官、组织、细胞和原生质体等。不同品种、不同器官之间的分化能力有巨大差异,培养的难易程度不同。为保证植物组织培养获得成功,选择合适的外植体非常重要。

接种培养前必须对材料进行消毒处理,外植体消毒包括预处理和表面灭菌。首先要预处理,即对外植体进行修整,去掉不要的部分,在流水下冲洗干净。然后再对外植体进行表面灭菌,其原则是充分灭菌,但不伤外植体。

三、实训材料、器具与试剂

(1) 材料　外植体材料。
(2) 器具　烧杯、培养皿、脱脂棉、剪刀、镊子、洗衣粉、毛笔、记号笔、香皂等。
(3) 试剂　70%乙醇、不同浓度的次氯酸钠、0.1%升汞、无菌水等。

四、实训步骤

1. 外植体的选择

选择外植体时,应根据以下条件进行:
(1) 应选取性状优良的种质、特殊的基因型和生长健壮的无病虫害植株。
(2) 要易于消毒。
(3) 应在其开始生长或生长旺季采样,此时材料微生物侵染比较少,内源激素含量高,成活率高,生长速度快,增殖率高,容易分化,如花药培养应在花粉发育到单核靠边期取材,这时比较容易形成愈伤组织。
(4) 选择适宜的大小,一般情况下,快速繁殖时叶片、花瓣等面积为 0.5 cm^2,其他培养材料的大小在 0.5~1.0 cm 培养,如果是胚胎培养或脱毒材料则应更小。

(5)植物组织培养的材料几乎包括了植物体的各个部位,如茎尖、茎段、花瓣、花葶、根、叶、子叶、鳞茎、鳞片、胚珠和花药等。

2.外植体的预处理

去掉外植体不用的部位,将材料刷洗干净,置于流水下冲洗,冲洗时间根据材料种类、部位、来源等的不同而定。

3.外植体的表面灭菌

不同的外植体,灭菌的要求也不一样。

(1)对于茎尖、茎段及叶片等,首先对材料进行修整,去掉不需要的部位,然后用自来水冲洗。对于表面不光滑或长有绒毛的材料,可用洗涤剂清洗,必要时用毛刷充分刷洗,硬质材料可用刀刮。然后带入消毒后的超净工作台上用消毒剂进行灭菌。

(2)对于果实及种子的消毒,先用自来水冲洗20~30 min,再带入超净工作台消毒,消毒剂的浓度和处理时间稍长于叶片等材料。

(3)用于组织培养的花药一般处于无菌状态,消毒时对整个花蕾或幼穗进行消毒。

(4)根及地下部器官生长于土壤中,表面带菌量大,可先用自来水冲洗,软毛刷刷洗,用刀切去损伤及污染严重部位,再用酒精漂洗后,分别用升汞、次氯酸钠和无菌水消毒。

在操作时要根据外植体的部位、老嫩、质地、所处的环境等因素,选择适宜的消毒剂种类、浓度和消毒时间。常用消毒剂的使用方法及效果如表5-6所示。理想的消毒剂应消毒效果好,易被无菌水冲洗掉或能自行分解,对材料损伤小,对人体及其他生物无害,来源广泛,价格低廉。

表5-6 常用消毒剂的使用方法及效果

消毒剂	使用浓度	消毒时间	去除的难易	消毒效果	对植物的毒害作用
升汞	0.1%~0.2%	2~10 min	较难	最好	剧毒
乙醇	70%~75%	0.1~1 min	易	好	有
次氯酸钠	2%	5~30 min	易	很好	无
漂白精粉	饱和溶液	5~30 min	易	很好	低毒
过氧化氢	10%~12%	5~15 min	最易	好	无
新洁尔灭	0.5%	30 min	易	很好	很小
硝酸银	1%	5~30 min	较难	好	低毒
抗生素	0.4~5 mg/L	30~60 min	中	较好	低毒

五、注意事项

(1)表面消毒剂对植物组织是有害的,应正确选择消毒剂的浓度和处理时间。

(2)若外植体污染严重则应先用流水漂洗1 h以上或先用种子培养得到无菌种苗,再取相应部位进行培养。

（3）$HgCl_2$ 效果最好，但对人的危害最大，用后要用水冲洗材料至少 5 次，而且要对使用过的升汞溶液进行回收。

六、思考题

（1）如何选择合适的外植体？
（2）如何对外植体材料进行消毒灭菌处理？
（3）对外植体材料进行消毒灭菌应注意哪些问题？

项目五　外植体的接种和愈伤组织诱导

一、实训目的

(1)学会外植体接种的无菌操作步骤。
(2)学会诱导植物器官外植体形成愈伤组织的方法。

二、实训原理

将经过预处理和严格表面灭菌处理的植物材料(如植物的离体器官根、茎、叶等,或组织、细胞和原生质体),在无菌条件下,转放到培养基上的过程称为接种。接种后的材料置于培养室或光照培养箱中培养,促使外植体中已分化的细胞脱分化形成愈伤组织,或顶芽、腋芽直接萌发形成芽。形成愈伤组织的过程也是细胞脱分化的过程。将形成的愈伤组织转移到分化培养基,分化成不同的器官原基或形成胚状体,最后发育形成再生植株。愈伤组织也可用于研究植物脱分化和再分化、生长和发育、遗传和变异、育种及次生代谢物的生产等,它还是悬浮培养的细胞和原生质体的来源。

外植体、培养基、植物生长调节剂、环境条件均可影响愈伤组织诱导。外植体的选择对愈伤组织诱导的成功与否非常重要。理论上讲,所有的植物都有被诱导产生愈伤组织的潜力。但不同植物种类、不同器官和不同部位被诱导的难易程度大不相同。一般应选择幼嫩组织、弱光下生长的组织、富含营养但碳水化合物较少的组织。

很多培养基都能诱导出愈伤组织,但不同类型的材料,对培养基的反应是不同的。一般无机盐浓度较高的 MS 等培养基均可用于愈伤组织的诱导。糖类的浓度大小不仅影响出愈率,而且影响愈伤组织的质地和结构。因此,在进行植物组织培养时,应选用合适的糖浓度。植物生长调节剂是诱导愈伤组织形成的极为重要的因素,否则外植体不能形成愈伤组织。常用的生长素有 2,4-D、IAA、NAA,其浓度为 0.01~10 mg/L;常用的细胞分裂素有 KT、ZT、6-BA,其浓度为 0.1~10 mg/L。在诱导愈伤组织生长时,要注意根据植物材料来源不同采用不同的植物生长调节剂,并要选用适宜的浓度。在禾谷类植物中,多数情况下,单独使用 2,4-D 就可以成功地诱导愈伤组织的发生,使用 2,4-D 的浓度过低,愈伤组织生长缓慢,使用 2,4-D 的浓度过高,又完全抑制愈伤组织的生长。有时不同生长素类配比使用比单独使用某类生长素效果要好。同时细胞分裂素对保持愈伤组织的快速生长也是非常必要的,特别是与生长素有效结合时,能更强烈地刺激愈伤组织的形成。

三、实训材料、器具与试剂

(1)材料　幼嫩健壮的外植体材料。
(2)器具　超净工作台、烧杯、培养皿、脱脂棉、剪刀、解剖刀、镊子、洗衣粉、毛笔、记号笔、香皂等。
(3)试剂　70%乙醇、不同浓度的次氯酸钠、0.1%升汞、无菌水等。

四、实训步骤

1. 组培室的消毒

消毒方法参照项目一。

2. 培养基的配制与灭菌

提前3天配制愈伤组织诱导培养基,并经高温灭菌,冷却后备用。培养基的配制及灭菌方法参照项目三。接种前放入超净工作台。

3. 接种人员消毒

接种人员要用肥皂水清洁双手,在缓冲间换上专用实验服,换好拖鞋等,进入接种室,打开超净工作台照明灯。上工作台后,用75%乙醇反复擦拭双手并按一定顺序和方向擦拭超净工作台面。操作期间,接种人员双手不能离开工作台,接种期间应经常用75%的乙醇擦拭工作台和双手。

4. 外植体的预处理与消毒

外植体的预处理与消毒方法参照项目四。

5. 接种工具的准备

用95%乙醇浸泡接种工具,在酒精灯火焰上灼烧灭菌后,放在器械架上冷却备用。每完成一次外植体切割,就将解剖刀和镊子在95%乙醇中浸蘸一下,在酒精灯火焰上灼烧灭菌之后放回搁架上,以便冷却后使用。

6. 外植体的切割

将消毒好的外植体放置在无菌滤纸上(无菌滤纸放置于消毒后的培养皿中)吸干多余水分备用。切除被消毒剂浸泡过的部分组织,将茎段切成长度约1 cm,每个茎段上含一个节,将消毒好的叶片背面刻伤,切成边长约为1 cm的正方形块,切好后放在无菌纸上备用。在离体叶片再生中,叶脉的作用也是明显的。不少植物常从叶柄和叶脉的切口处形成愈伤组织和分化成苗。因此切割时可以保留叶脉和部分叶柄。

7. 接种

左手几乎水平拿培养瓶,靠近酒精灯焰,将瓶口外部在灯焰上灼烧数秒钟,此时在灯焰附近用右手慢慢打开瓶盖,以免空气速向管内冲击,导致管口灰尘等进入,造成污染。瓶盖始终拿在手上,这时再将管口在灯焰上旋转,使其充分灼烧灭菌,主要注意管瓶口附近,包括瓶口内表面,然后用右手拿镊子迅速夹一到几块外植体接种在培养基上,外植体分布要均匀,注意叶组织的刻伤处贴紧培养基,茎段要插进培养基中(注意形态学的上下端),将瓶盖灼烧后迅速盖上。

8. 整理与标记

外植体接种后,应做好标记,注明培养基类型、材料名称、接种日期、接种人等。将接种完成的培养瓶放置在操作台右侧靠外的位置,以方便实验后取出。接种完毕要清理干净工作台,关掉工作台的电源。接种用过的器皿及有关用品应及时清洗。

9. 及时将接种好的材料放到培养室中培养

在室温 25 ℃ +2 ℃、2000 lx 光照下培养或避光的培养条件下进行培养,或培养一段时间后转入 8 h(光照)/16 h(黑暗)的环境中。培养 3~7 天统计污染情况,接种 3~4 周后统计愈伤组织的诱导情况。

10. 结果记录

统计污染率、出愈率以及愈伤组织的形态质地,写出实训报告。

$$污染率 = \frac{污染的个数}{接种总数} \times 100\%$$

$$愈伤组织诱导率 = \frac{诱导的愈伤组织个数}{接种总数} \times 100\%$$

五、注意事项

(1)在切割外植体过程中,剪刀和镊子每使用片刻就应擦干净放入 75% 乙醇中,待灼烧放凉备用。通常两套工具交换使用,可提高工作效率,并防止连续污染。

(2)分离工具要锋利,切割动作要快,防止挤压,避免使用生锈的刀片,以防止氧化现象产生。

(3)在离体叶片再生中,叶脉的作用也是明显的。不少植物常从叶柄和叶脉的切口处形成愈伤组织和分化成苗。因此切割时可以保留叶脉和部分叶柄。

(4)接种时注意瓶盖不能乱放,要仔细理解并牢固树立无菌操作观念,严格执行无菌操作。

六、思考题

(1)外植体接种应遵循怎样的操作流程?
(2)愈伤组织诱导分哪三个阶段?每个阶段各有什么特点?
(3)愈伤组织诱导中常用的激素有哪些?使用的浓度范围如何?
(4)实训操作中出现了哪些问题并加以分析。

项目六 愈伤组织的继代培养

一、实训目的

(1)学会愈伤组织继代培养的方法。
(2)对无菌操作时可能出现的问题能够及时处理。

二、实训原理

初代培养诱导产生的愈伤组织(或其他培养物)如果在原来的培养基上继续生长,会由于培养基中营养不足或有毒代谢物的积累,导致愈伤组织(或其他培养物)停止生长,甚至老化变黑、死亡。如果要让愈伤组织继续生长增殖,必须定期地将它们分成小块,接种到新鲜的培养基上,这样愈伤组织就可以长期保持旺盛地生长。这种转移到新鲜培养基上继续培养的过程称为继代培养,也称为增殖培养。继代周期取决于愈伤组织的生长速度,初次继代一般在接种后 4~5 周。影响继代增殖的有培养基、培养条件、继代周期、继代次数等因素。继代培养基可以是原来的诱导培养基,也可以适当调整生长调节剂的浓度。随着培养时间的延长和继代次数的增加,培养物的增殖能力下降甚至死亡,改变继代培养基的生长调节剂浓度可以改善这一现象。在经过几次继代培养后,加入少量或不加生长调节剂,培养物也可以生长。

三、实训材料、器具与试剂

(1)材料 提前诱导出的愈伤组织。
(2)器具 镊子、手术刀、剪刀、酒精灯、棉球、三角瓶、火柴、无菌培养皿、无菌滤纸、超净工作台、记号笔等。
(3)试剂 1 mol/L HCl 溶液、1 mol/L NaOH 溶液、各种 MS 培养基母液、75% 乙醇、2% 次氯酸钠溶液、无菌水、工业酒精等。

四、实训步骤

1. 继代培养基的配制与灭菌

提前 3 天配制培养基,并经高温灭菌,冷却后备用。培养基的配制与灭菌方法参照项目三。接种前放入超净工作台。继代时可适当调整培养基中生长调节剂的浓度,一些植物在开始继代培养时需要加入生长调节剂,经过几次继代后,加入少量或不加生长调节剂其也可以生长。

2. 接种室和超净工作台消毒

打开接种室和超净工作台的紫外灯,照射 30 min 后关闭紫外灯。超净工作台通风 20 min。

3. 准备需要继代的愈伤组织

选取装有生长旺盛、排列疏松、颜色淡黄(如光照培养,应为淡绿色)愈伤组织的培养瓶,移至超净工作台内。同时,将继代用的培养基移入超净工作台内。

4. 无菌操作准备

操作人员用肥皂水清洁双手,在缓冲间换上专用实验服、拖鞋等,打开超净工作台照明灯。上工作台后,用 75% 乙醇反复擦拭双手并按一定顺序和方向擦拭超净工作台面,并擦拭装愈伤组织、继代培养基的培养瓶。点燃酒精灯,将灭过菌的操作工具取出放入 75% 乙醇中浸泡,打开无菌解剖盘。将操作工具在酒精灯上灼烧后晾凉备用。

5. 愈伤组织处理

本操作在酒精灯火焰前完成。每次取一瓶培养物,灼烧培养瓶瓶口约 20 mm 处,用灼烧冷却后的镊子和解剖刀精心挑出颜色淡黄、疏松的愈伤组织块,取出愈伤组织放在无菌培养皿中,剥离去外植体。每个培养皿中放约 4~6 块愈伤组织。将每块愈伤组织分成不小于 5 mm 见方的小块,去除褐色、坏死的部分。为避免交叉污染,每次操作后要去掉用过的吸水纸,并重新盖上培养皿的盖子(或使用 1~2 次更换 1 次培养皿)。

6. 愈伤组织转接

将处理好的愈伤组织块转移到新鲜培养基上,使其排列均匀、整齐,接种方法同前(项目五)。转接后在培养瓶上写明培养物、培养基、日期。长期培养的植物组织会产生大块愈伤组织。以后每隔 4 周继代转接一次至新鲜的培养基上。

7. 培养

将接种好的材料置于 25 ℃±2 ℃ 的温度下,每天以 16 h、2000~3000 lx 的光照条件培养。

8. 结果记录

将结果记录写于笔记本上,注明实训开始的日期、持续期、培养物的数目、受污染的数目和所作的不同处理。每隔一周用肉眼观察一次培养物,记录培养物的形态变化、生长状态等,必要时拍照记录。最后整理完成实训报告。

五、注意事项

(1)继代培养次数因培养材料而异。有的材料长期继代可保持原来的再生能力和增殖率,有的材料愈伤组织经过长期、多次继代以后会发生体细胞变异,即染色体的结构和数量会发生变异,并且经过长期、多次继代后的愈伤组织不容易再诱导分化。因此,在保持生长量和增殖倍数的同时,应尽量减少继代培养的代数,防止变异现象的发生改变植物原有特性。

(2)继代周期与愈伤组织生长速度有关,对一些生长速度快的种类,继代时间比较短,一般2周左右;对生长速度比较慢的种类,继代时间要长一些,4~6周继代1次。

(3)培养温度应大致与该植物在原产地生长所需的最适温度相似。

(4)继代的愈伤组织块必须达到一定的大小,一般直径或边长为0.5~1 cm,切割过小,其难以迅速恢复分裂和生长或者生长十分缓慢,切割过大则容易老化。

六、思考题

(1)为什么要进行继代培养?

(2)在进行愈伤组织继代培养中应注意的问题是什么?

(3)胚性愈伤组织的外观有什么特点?应该选择什么样的愈伤组织进行继代培养?

项目七 愈伤组织的分化培养

一、实训目的

(1)了解愈伤组织再分化原理。
(2)学习诱导愈伤组织分化的方法。

二、实训原理

离体培养下的器官发生一般分为直接器官发生和间接器官发生两种。外植体经诱导而直接发育产生植物的芽或根(或体细胞胚),即没有脱分化过程,不经愈伤组织,这种器官发生方式被称为直接器官发生;外植体经脱分化形成愈伤组织,在一定的培养条件下,愈伤组织通过分化形成芽或根(或体细胞胚),即为间接器官发生。

通过器官发生形成再生植株大体上有3种方式:①先形成芽,后在芽基部长根;②先形成根,再形成芽;③在愈伤组织不同部位分别形成芽和根,然后根、芽的维管束接通形成完整植株。另外,愈伤组织也可通过体细胞胚胎发生方式再生植株。其中,先形成芽,然后在芽基部长根是大多数植物产生再生植株的重要途径。

经过愈伤组织再分化器官一般要经过以下过程:①外植体经过诱导形成愈伤组织。②当把愈伤组织转移到有利于有序生长的条件下以后,首先在若干部位成丛出现类似形成层的细胞群,称之为"生长中心"或拟分生组织,它们是愈伤组织形成器官的部位。③生长中心形成后,按照其已确立的极性,某些细胞开始分化形成管状细胞,进而形成微管组织;某些细胞开始形成不同的器官原基,进而分化出相应的组织和器官。

外源植物激素对离体培养下的器官分化具有重要的调控作用,其中生长素和细胞分裂素在离体器官分化调控中占主导地位。培养基中生长素与细胞分裂素按一定比例添加才有效果,比值大有利于根的分化,比值小则有利于芽的分化。由于不同材料的基因型不同、生理状态不同而具有不同的激素水平,因此每一种植物器官分化中需要添加的生长素与细胞分裂素的浓度不同,所需的二者比值也不尽相同。

本实训中是将诱导不定芽与诱导不定根分两步完成。即利用分化培养基,使愈伤组织形成不定芽。当不定芽长大出现叶片后,再将伸长的苗从基部切下,转入含生长素的生根培养基上诱导生根。这也是一种较为常见的器官发生方式。在培养或插条中容易再生的植物,其器官或组织在离体培养下也容易再生。

成丛的试管苗分离成单苗并转接到生根培养基上,在培养容器内诱导生根的方法:当茎长到3 cm或更长时转入生根培养基进行生根培养。试管苗生根的优劣主要体现在根系质量(粗度、长度)和根系数量(条数)方面。要求不定根比较粗壮,更重要的是要有较多的毛细根,以扩大根系的吸收面积,增强根系的吸收能力,提高移栽成活率。根系的长度不宜太长,太长则移栽时不易舒展,一般以 1 cm 左右最佳。最常用于生根的生长素是 NAA 和 IBA,浓度一般为 0.1～10 mg/L。一般情况下,矿质元素浓度较高时有利于茎、叶生长,较低时有利于生根。生根培养基中无机盐浓度应减少一半甚至更少,可将基本培养基调整为 1/2 MS 或 1/4 MS。将培养基中的碳源蔗糖含量减少,从 30 g/L 降至 15 g/L,以减少试管苗对异养条件的依赖;再将光照强度由原来的 500～1000 lx 提高到 1000～5000 lx,刺激植株自身进行光合作用,制造有机物,以便植株由异养型向自养型过渡。

三、实训材料、器具与试剂

(1)材料　诱导出的愈伤组织。
(2)器具　镊子、酒精灯、棉球、三角瓶、超净工作台、记号笔等。
(3)试剂　1 mol/L HCl 溶液、1 mol/L NaOH 溶液、各种 MS 培养基母液、75%乙醇、2%次氯酸钠溶液、无菌水、工业酒精、琼脂、蔗糖,以及植物生长调节剂 2,4-D、NAA、6-BA、IBA 等。

四、实训步骤

(1)按照培养材料的要求,分别配制诱导愈伤组织的生芽培养基和生根培养基。
(2)培养基和接种工具消毒。
(3)在酒精灯旁,小心地从愈伤组织培养瓶中挑选出愈伤组织,放置到生芽培养基中,盖上盖后写上接种日期、外植体名称和培养基成分。如果愈伤组织较大,将愈伤切割成 0.5 cm 见方的小块,再放入分化培养基中。分化培养基中加入较低浓度的 2,4-D、NAA 等生长素类物质,较高浓度的 6-BA、KT 等细胞分裂素类物质。具体浓度可以参考相关文献资料,或设置多个浓度梯度进行筛选。
(4)将接种后的培养瓶置于 25 ℃、每天 16 h 光照和 8 h 黑暗条件下培养。
(5)在培养室中培养,2 周后统计新生芽发生和生长的状况。
(6)当茎长到 3 cm 或更长时,将它从基部上切下来,转入生根培养基进行生根培养。有两种常用的诱导生根方法。
1)第一种是在固体培养基中生根:一般生根培养基中只含有生长素,如 1/2 MS(大量元素减半)+0.2～0.5 mg/L 的 NAA 或 IAA、IBA 的培养基中生根,也可以在含有该生长素的培养基中生长 7～10 天,再转入无生长素的培养基中生根。这样可以防止试管苗在含生长素的培养基中基部生成愈伤组织,从而影响试管苗移栽的成活率。
2)第二种是采用浸泡法诱导生根:把再生植株小苗浸泡在 20～25 mg/L 生长素溶液中 1～2 h,再把苗取出,转入不含任何激素的 MS 或 1/2 MS 的基本培养基中,一周后即可生根。当试管苗具 4～5 条长至 1～2 cm 的根时,即可移栽。

(7)计算芽分化率和生根率,并对结果进行分析。

$$分化率(\%) = \frac{生芽愈伤组织块数}{接种愈伤组织总块数} \times 100\%$$

$$生根率(\%) = \frac{生根愈伤组织块数}{接种愈伤组织总块数} \times 100\%$$

五、注意事项

增强光照有利于生根,且对成功移栽到盆钵中有良好作用,但应避免强光直接照射根部,否则会抑制根的生长,所以在诱导生根培养时最好在培养基中加入0.3%的活性炭,可促进根的生长。同时生根应保持在适合的温度下。

六、思考题

(1)植物再生的途径有哪些?
(2)愈伤组织再分化与哪些因素有关?
(3)体细胞胚与合子胚有什么异同?

项目八　试管苗的驯化移栽

一、实训目的

（1）学会试管苗驯化移栽的方法。
（2）了解试管苗移栽后的栽培措施和栽培条件控制。

二、实训原理

在幼苗生根阶段，为了成功地将苗移植到培养瓶外的环境中，以使幼苗适应外界的环境条件，通常要对幼苗进行驯化。驯化也称炼苗，是指瓶苗由一种生长环境转到另一种差异较大的生长环境的适应过程。驯化的目的是提高瓶苗对外界环境条件的适应性，提高光合能力，使瓶苗健壮，提高瓶苗移栽成活率。驯化的原则是调节温度、湿度、光照和无菌等环境要素，刚开始和培养条件相似，后期逐步过渡到与预计栽培条件相似。驯化包括闭盖和开盖两个阶段。炼苗时间的长短主要根据组培苗叶片的生长表现来判断。炼苗之前，苗木基本靠异养生活，叶片颜色嫩绿且薄，极易失水萎蔫；炼苗之后，叶片颜色深绿，对湿度降低引起的水分胁迫已初步具有了一定的抗性，比较伸展。

三、实训材料、器具与试剂

（1）材料　提前诱导的生根苗。
（2）器具　喷雾器、工作服、口罩、手套等。
（3）试剂　0.1%高锰酸钾、0.1%多菌灵、栽培基质等。

四、实训步骤

1. 基质消毒

可采用湿热消毒法，即在高压灭菌锅中以 0.103 MPa、121 ℃灭菌 20 min；也可采用化学药剂消毒法，即将 0.1%高锰酸钾溶液，或 5%的福尔马林或 0.3%的硫酸铜稀释液浇泼于基质，然后用塑料布覆盖 1 周后揭开再翻动。基质的选择原则是疏松透气，具有一定的保水保肥能力，容易灭菌处理，不利于杂菌滋生，另外还要考虑基质的 pH 值。通常采用珍珠岩、蛭石、炉渣、河沙、草炭、锯末等基质，也可根据不同植物的栽培习性按比例配合草炭土或腐殖土来配制复合基质，以增加黏着力和肥力，如珍珠岩∶蛭石∶草炭土为1∶1∶0.5,河沙∶草炭土为1∶1等。也可用商用育苗基质。

2. 炼苗

待试管苗在生根培养基上诱导出3条及以上不定根,根长为1~2 cm时,将培养瓶置于组培室窗台上炼苗1周以上(闭瓶),逐步去掉盖子,在组培室或者温室内开瓶炼苗3~5天,注意观察瓶内培养基状态,若其失水过多,可适当补充蒸馏水。

3. 幼苗清洗消毒

为避免取苗时根系受到机械损伤,取苗前先往培养瓶中倒入适量无菌水。从培养瓶中取出小苗,用无菌水洗净根部的培养基。用0.1%多菌灵溶液浸泡小苗基部8~10 min,晾干后移栽。

4. 移栽

将穴盘(或花盆)内装上基质,先将基质浇透水,用手指或小棍在基质上挖2~3 cm深的小洞,轻轻把根部放入小洞,不要损坏根部,保持根系舒展,然后用基质盖好。并将所覆基质压紧实,最后浇透室温水,用喷壶对苗的叶面喷雾。将苗置于温室或弱光、阴凉通风的荫棚内,保持空气湿度在80%~90%。

5. 移栽后管理

每天观察,向穴盘中添水,保持基质湿润,每天用喷壶对苗的叶面喷雾。1周后,每隔3~5天浇水1次,每隔7~10天用0.1%多菌灵可湿性粉剂喷施叶片以预防病害。移栽20天后逐渐增加光照强度,但不可直接将苗暴露于强光下,避免周围环境温度过高或过低。待植株恢复生长,每10天用1/4 MS培养基溶液进行1次根外追肥。生长旺盛后,先进行叶面施肥,再在根部施用复混肥。

6. 统计

移栽60~90天后统计再生植株的成活率及发病情况,一般以有新芽长出为成活标准。

$$再生植株的成活率 = \frac{成活植株数}{移栽总植株数} \times 100\%$$

五、注意事项

(1)试管苗移栽过程复杂,操作人员要在移栽前熟练掌握相关理论和技术。

(2)如果组培再生苗的根系是从愈伤组织上产生的,可能与茎叶维管束不相通,由芽上再生形成的不定根,根系与茎的维管束相通,移栽才能成活。

(3)通常在幼苗长出4~5条1 cm左右长的根后出瓶种植,如果根过长,则瓶内培养时间会延长,幼苗成活率也不高。

(4)对于难以生根的植物,可以在幼苗茎部伤口愈合、长出根原基而幼根未长出时移栽,这样可缩短瓶内培养时间,移栽速度快、成活率高。有的也可以进行试管外嫁接。

(5)新移栽的组培苗先期需要遮阳,然后逐步增加光照,应以散射光为主,应根据植物的习性采用不同的光照。

(6)水分控制要得当,移栽后的第一次浇水必须浇透,平时浇水要求不能过多或过少,注意勤观察,保持基质湿润。

(7)幼苗清洗消毒和移栽的整个过程最好轻拿轻放,尽量减少对根系和叶片的伤害。

(8)不同种类植物对杀菌剂浓度要求不同,以防浓度过高,抑制苗木生长。

六、思考题

(1)试管苗为什么不能直接移栽至大田?

(2)影响试管苗移栽成活率的因素有哪些?

(3)简述试管苗的驯化原则、目的及方法。

项目九　种子种植培养无菌苗

一、实训目的

(1)学会利用种子获得无菌苗的方法。
(2)熟练无菌操作技术。

二、实训原理

无菌苗是指在无微生物污染的条件下由无菌种子或组织培养方法得到。无菌苗在植物组培快速繁殖和相关研究中具有重要的应用价值。本实训旨在通过种子消毒和无菌培养技术获得无菌苗，以探究植物的无菌培养方法和其在植物学研究和生产中的应用。本实训使用种子消毒和接种培养基的方法获得无菌苗。利用75%乙醇、漂白剂和次氯酸钠对种子进行消毒，MS培养基则为无菌苗提供了必要的养分和水分，使其能够在无菌环境下正常生长。

三、实训材料、器具与试剂

(1)材料　植物种子(例如紫花苜蓿种子)。
(2)器具　灭菌锅、超净工作台、电子天平、pH计、培养瓶、镊子、剪刀、烧杯、吸水纸若干、酒精棉球等。
(3)试剂　次氯酸钠、无水或95%乙醇、20%漂白剂、MS培养基母液、蔗糖、琼脂等。

四、实训步骤

1. 培养基配制及灭菌
按项目三进行培养基配制及灭菌。
2. 组培室、超净工作台及所用器具的灭菌
具体灭菌方法参照项目一。
3. 接种人员消毒
接种人员要用肥皂水清洁双手，在缓冲间换上专用实验服、拖鞋等，进入接种室，打开超净工作台照明灯。上超净工作台后，用75%乙醇反复擦拭双手并按一定顺序和方向擦拭超净工作台面。操作期间，接种人员双手不能离开超净工作台，接种期间应经常用

75%乙醇擦拭工作台和双手。

4.种子消毒及接种

挑选色泽鲜亮、颗粒饱满、无病虫害的种子,自来水冲洗 5 min,浸泡于20%漂白剂 10 min,期间不断用玻璃棒搅拌,无菌水冲洗 3 遍,放入超净工作台。然后使用75%乙醇消毒 30 s,无菌水冲洗 3 遍后用灭菌吸水纸吸收多余水分,再放入2%的次氯酸钠中浸泡 20 min,浸泡过程中不断搅拌,浸泡完成后使用无菌水冲洗 3 遍,用灭菌后的吸水纸吸干种子表面水分。利用无菌操作技术,在酒精灯附近将消毒后的种子接种到培养基上。

5.培养

将接种的种子置于培养室中,在适当的温度、湿度和光照条件下培养。1~2周后观察无菌苗的生长情况,记录其根系、茎干和叶片的生长情况,并统计种子萌发率和污染率。

6.写出实训报告

写出实训过程,并分析种子萌发和污染情况。

五、注意事项

(1)要保证培养基硬度适宜,如果琼脂浓度低等原因使培养基没有完全凝固,易导致种子不能正常萌发和生长。

(2)应根据实际情况,调节种子接种密度,否则会造成培养基养分浪费或幼苗生长空间不足。

(3)应根据具体植物种类,调节合适的培养基 pH 值。

六、思考题

(1)在生产和科研中,无菌苗有哪些应用?

(2)对于不同种类的植物种子,消毒方法有区别吗?

项目十　植物组培快繁研究

一、实训目的

(1)能够阐述植物组培快繁技术的类型、工作流程。
(2)学会利用组培技术进行植物快繁。

二、实训原理

植物组培快繁技术通常适用于繁殖困难或繁殖速度慢的植物、容易感染病毒的植物、杂合的植物品种、需要加速繁殖的特殊基因型等。

植物组培快繁技术的关键是正确选择快繁类型和诱导中间繁殖体。组培快繁器官发生类型(中间繁殖体类型)有无菌短枝型(顶芽和腋芽萌发→幼枝→顶芽和腋芽→切段扦插幼枝→顶芽和腋芽→幼苗生根→移栽)、丛生芽增殖(外植体→产生丛生芽→生根培养→形成完整小植株→移栽)、器官发生型(外植体→通过愈伤组织分化产生不定芽或直接形成不定芽→生根培养→形成完整小植株→移栽)、胚状体发生型、原球茎发生型等。

本实训通过诱导茎段产生丛生芽和直接发生不定芽,再进行继代增殖,从而达到快繁的目的,该过程分为四个阶段,即初代培养、继代培养(茎芽增殖)、生根培养和组培苗的驯化移栽。

初代培养中外植体的选择:一般木本植物、较大的草本植物以茎段作为外植体比较适宜,因为茎段取材容易,通过其萌发出侧芽或产生不定芽成为进一步繁殖的材料;一些比较容易产生不定芽的草本植物,或本身短小且茎不明显的植物,可利用其叶片、叶柄、鳞片、花瓣等作为外植体,诱导使之产生不定芽。初代培养阶段最常用的培养基为 MS 培养基及其改良形式,加入一定量的植物激素诱导外植体产生茎芽。植物激素的使用因材料种类、增殖途径和培养阶段的不同有很大差异。对于大多数植物来说,器官的分化是由生长素和细胞分裂素的相对浓度决定的,细胞分裂素比例高时,可促进芽的形成;生长素比例高时,有利于根的分化;当二者比例相当时,有利于形成愈伤组织。由于不同植物组织内源激素的水平不同,因此,不同的形态发生过程所要求的外源激素水平是不同的。在对新的植物材料进行培养时,必须先通过一系列的试验来确定加入培养基中的细胞分裂素和生长素的种类、浓度及比例,从而得出最佳的增殖效果。

通过反复继代培养而不断增殖是快繁技术最重要的环节。初次培养所获得的中间繁殖体(芽、茎段、胚状体、原球茎)能在短期内加倍增殖,这一增殖过程被称为继代培养。增殖的方法有切割茎段、分离芽丛、分离胚状体、分离原球茎等。继代时间也不是固定不变的,一些生长速度快或者繁殖系数高的种类,继代时间比较短,一般不超过 15 天;生长速度比较慢的种类,继代时间就要长一些,30~40 天继代 1 次;另外还要根据培养目的、环境条件及所使用的培养基配方确定继代时间。

为了得到完整的植株,必须把无根枝条转移到生根培养基中诱导其生根。培养基内无机盐浓度较低时有利于生根,所以生根培养基一般大量元素减半或用 1/4 量,不含或仅含有浓度很低的细胞分裂素,并加入适量生长素,使用最多的是 NAA,其次是 IBA 和 IAA。由于嫩枝本身能合成一定量的生长素,所以有些植物可在无激素的培养基上生根。一般将生根培养基中蔗糖浓度降至 1.0%~1.5%,同时提高培养室的光照强度(3000~10000 lx),这样可以增强植株的自养能力。在生根培养基上,无根苗一般 1~4 周即可生根。

本实训以月季为例,利用带芽茎段进行组培快繁。

三、实训材料、器具与试剂

(1)材料 月季(或其他植物)当年生枝条。
(2)器具 灭菌锅、超净工作台、电子天平、pH 计、培养瓶、镊子、剪刀、烧杯、吸水纸若干、酒精棉球等。
(3)试剂 次氯酸钠、无水或 95% 乙醇、MS 培养基母液、蔗糖、琼脂、1 mol/L NaOH、1 mol/L HCl、植物生长调节剂(6-BA、NAA)等。

四、实训步骤

1. 培养基配制及灭菌

培养基配制及灭菌方法参照项目三。初代培养、继代培养和生根培养的整个过程都选用 MS 基本培养基,再加入适量的生长调节物质。每个培养阶段设置不同的生长调节剂配方,初代培养阶段,培养基中添加 5 种细胞分裂素(6-BA)浓度,分别是 0 mg/L、0.5 mg/L、1.0 mg/L、2.0 mg/L、3.0 mg/L,在此基础上分别添加 NAA(0 mg/L、0.05 mg/L);继代培养阶段,细胞分裂素(6-BA)浓度设置与初代培养阶段相同,在此基础上分别添加 0.05 mg/L 和 0.1 mg/L 的 NAA;生根培养阶段,在 1/2 MS 培养基中添加 6-BA(0 mg/L、1.0 mg/L、2.0 mg/L),在此基础上再分别添加不同浓度 NAA(0.05 mg/L、0.1 mg/L、0.2 mg/L)。

2. 外植体的选择、消毒与初代培养

选取健康植株上当年生且生长旺盛的月季茎段作为外植体,选取枝条中上部。将采回的枝条切去叶、皮刺和顶芽,用毛刷蘸浓洗衣粉轻轻刷去表面污物,再用流水冲洗 1 h,并用吸水纸擦干。将枝条的中上部切成约 1 cm 一段,每段至少有 1 个侧芽,装入消毒过的锥形瓶中,放于超净工作台上。用 70% 乙醇冲洗 30 s,无菌水冲洗 2 次,置于 5% 的次氯酸钠溶液中消毒 6~10 min,再用无菌水冲洗 3~5 次,用无菌滤纸吸干,切去两端,按照无菌操作要求将其接种于初代培养的培养基中。培养室的条件控制在温度 25 ℃ 左右,光照强度 1000 ~ 1600 lx,光照时间 12 ~ 15 h/d。1 周后统计污染率,2 周后统计存活率,1 周后开始统计芽的萌发情况(芽萌动时间、芽丛数量、健壮与否等),4 周后记录腋芽萌发率和不定芽诱导率。

3. 继代增殖培养

萌发的腋芽会不断长大,并可从茎段上分化出不定芽,30 天后切割出不定芽或将较大的幼芽分成每段含 1 ~ 2 个节的茎段,转入继代培养基中,每隔 4 周继代一次。对于比较细弱的丛生芽,通常需要转入低细胞分裂素的培养基中进行壮苗培养(MS + 6 - BA 0.3 mg/L + NAA 0.1 mg/L)。30 天后记录增殖情况。培养条件同初代培养。

4. 生根培养

当继代增殖的丛生苗达到所需数量时,切下高度为 2.0 ~ 3.0 cm 的健壮小苗,按单株转入生根培养基中。培养室温度为 28 ~ 30 ℃,光照强度 1600 ~ 2000 lx,光照时间 16 h/d。2 周左右生根,30 天后统计生根率、生根数量。当每株有 2 ~ 4 条白色的根,且长度大于 0.5 cm 时可开始驯化移栽。

5. 驯化移栽

驯化移栽方法同项目八。

6. 实验结果分析

统计并比较不同处理的存活率、腋芽萌发率、增殖系数、生根率等指标,分析不同培养基配方对组培苗各培养阶段生长分化的影响,并整理成实训报告。

$$污染率(\%) = \frac{受到污染的外植体数}{外植体接种数} \times 100\%$$

$$存活率(\%) = \frac{存活的外植体数}{外植体接种数} \times 100\%$$

$$腋芽萌发率(\%) = \frac{萌发腋芽的外植体数}{外植体接种数} \times 100\%$$

$$增殖系数 = \frac{增殖芽总数}{外植体接种数} \times 100\%$$

$$生根率(\%) = \frac{生根的外植体数}{外植体接种数} \times 100\%$$

$$不定芽诱导率(\%) = \frac{发生不定芽的外植体数}{外植体接种数} \times 100\%$$

五、注意事项

(1)接种操作时双手不能离开工作台,不能说话或咳嗽等,最好佩戴口罩。

(2)操作过程中,要及时将切割好外植体的培养皿盖子盖好,防止外植体被污染。

(3)接种过程中镊子需经常放入95%乙醇中消毒,然后灼烧,可以接种一瓶浸泡和灼烧一次。沾有酒精的镊子要等到酒精挥发完后,再放到酒精灯火焰上灼烧,且冷却后再接种。

(4)为保证操作安全,接种用的酒精灯火焰不要调得太高。接种时应靠近酒精灯火焰操作,接种的速度要快。打开的瓶口在火焰上方水平放置,以避免真菌孢子落入瓶内。

(5)根据培养瓶的大小来确定每瓶放置外植体的数量,但外植体也不要放得太少,以充分利用培养基中的营养成分。

(6)植物组织培养中间繁殖体的类型有多种,再生方式也不统一,其类型关系到繁殖速度和繁殖数量。实训中应根据植物的生理特性确定采取何种再分化形式。利用器官发生来繁殖植物体时,应优先选用易于产生不定芽的器官和部位。

(7)如果室外生长的材料污染非常严重,可以将其枝条采回,在室内扦插后将新生的芽作为接种材料;也可以就地在植物上套上塑料袋,待长出新的枝条后取作接种材料,或用杀虫剂和抗生素预先处理。为了保持材料的生活力,外植体灭菌时间也不能过长。

(8)快繁时选用何种外植体与植物种类有关,通常木本植物、较大的草本植物多采用带芽茎段、顶芽或腋芽作为外植体,易繁殖、矮小或具短缩茎的草本植物则多采用叶片、叶柄、花茎、花瓣作为外植体。

(9)接种的外植体为茎段时,茎段垂直插入培养基中(插入深度不应淹没茎节),注意外植体的形态学下端插入培养基中,或将茎段水平放入培养基表面。

(10)刺激腋芽生长时,细胞分裂素的适宜浓度一般为 0.5~1.0 mg/L,生长素的浓度很低,一般为 0.01~0.1 mg/L;诱导不定芽时,需要较高浓度的细胞分裂素。

(11)同种植物不同器官,通常诱导不定芽形成所需的适宜激素种类和浓度也不同,需要通过查阅相关文献或试验确定最佳激素种类和浓度。一般叶较茎段难培养,常多种激素配合使用。

(12)选取外植体的大小要适宜。材料太大,不易彻底消毒,污染率高;材料太小,多形成愈伤组织,甚至难以成活。培养材料的大小根据植物种类、器官和培养目的来确定。通常情况下,快速繁殖时叶片、花瓣等面积为 20~25 mm^2,其他培养材料的长度为 0.5~1 cm。如果是脱毒培养的材料,则应更小,长度为 0.2~0.3 mm 的茎尖分生组织(带 1~2 个叶原基)。

(13)有研究指出,在生根培养基中加入 300 mg/L 活性炭能提高生根质量。

六、思考题

(1)植物组培快繁工作的基本程序是什么?
(2)不同植物种类的组培快繁技术有何不同?
(3)同一种植物不同器官的组培快繁技术有何不同?
(4)组培快繁中产生污染的可能原因是什么?
(5)说明组培快繁技术在园林植物中的应用。
(6)在本实训中,器官形成的方式和途径分别是什么?

项目十一　植物的花药培养

一、实训目的

(1)学会花药培养的方法和步骤。
(2)学会鉴别花粉的发育时期。
(3)能够阐述花药培养的应用和培养方式。

二、实训原理

花药培养是指在无菌条件下,将花粉发育至一定阶段的完整花药接种到人工培养基上,通过离体培养和脱分化诱导,改变花药中花粉粒的发育进程,使其进行有丝分裂形成愈伤组织(间接发生途径),或分化为胚状体(直接发生途径),进而形成花粉植株。对于大多数植物,小孢子单核期是花药培养的适宜时期,尤其是单核晚期(单核靠边期),该发育阶段的花粉对离体培养刺激较敏感。单核小孢子的染色体数目仅为体细胞染色体数目的一半,由其诱导而成的植株为单倍体植物。再对单倍体植物进行染色体加倍,可以得到纯合二倍体,大大缩短育种进程。由于花粉植物细胞中只有1个染色体组,表现型和基因型一致,因此花粉植物还是突变育种和性状遗传研究的理想材料。

三、实训材料、器具与试剂

(1)材料　选小孢子将进行有丝分裂的双子叶植物花蕾或单子叶植物果穗。
(2)器具　高压蒸汽灭菌锅、超净工作台、电子天平、植物人工气候箱、酒精灯、烧杯、解剖刀、镊子、量筒、培养瓶、培养皿、容量瓶、移液枪等。
(3)试剂　根据供体植物不同,可选择 MS 培养基、Nitsch 培养基、Miller 培养基、N6 培养基等。蔗糖、琼脂、NAA、2,4-D、IAA、KT、无水(95%)乙醇、次氯酸钠、秋水仙碱、醋酸洋红、碘-碘化钾等。

四、实训步骤

1. 花粉发育时期的鉴定和取材

用醋酸洋红压片法或碘-碘化钾染色法,再结合显微镜镜检法,选取小孢子单核中后期的花蕾或果穗作外植体材料。将花药置于载玻片上压碎,加醋酸洋红1~2滴染色,再用显微镜观察,以确定花粉的发育时期。对不易被醋酸洋红染色的花粉(如水稻花粉),可用碘-碘化钾染色。处于单核期的花粉尚未积累淀粉,被碘染成黄色,根据细胞质和细胞核密度的不同,可辨别核的位置。进入三核期后的花粉具有淀粉,被碘-碘化钾染成蓝色。找出花粉发育时期与花蕾或果穗大小等表观特征的相应关系,然后取适宜时期的花蕾或果穗作为外植体。

不同植物种类,花药培养的最佳时期不同。如草莓、番茄等减数分裂期培养效果最好;天仙子、马铃薯、油菜等单核早中期培养效果较好;甘蓝、水稻、梨等单核早期至双核期培养效果较好;玉米等的最佳培养时期为四分孢子期至双核期。但对于大多数植物,小孢子单核期是花药培养的适宜时期,尤其是单核晚期(单核靠边期)。可在查阅相关文献和试验研究的基础上确定花药培养的最佳时期。

2. 材料预处理

为提高花粉存活率和愈伤组织或胚状体诱导率,常对材料以理化方法进行处理,其中低温处理是最常用的方法。将采集的花蕾或花序用湿纱布包好放入塑料袋,置于 0 ℃以上低温冷藏一段时间,冷藏温度和时间长短因物种而异。如一些水稻种可在 7~10 ℃处理 10~15 天,烟草的一些品种可在 7~9 ℃预处理 7~14 天。

3. 培养基制备及灭菌

培养基的类型,激素的种类和浓度因植物材料的种类和花药的培养阶段而异。主要培养基为 MS、N6、B5 和 Nitsch 培养基。参照项目三进行培养基的制备和灭菌。通过查阅相关文献资料和了解不同基本培养基、不同激素对植物花药培养的诱导作用。

4. 外植体消毒

因为未开放的花蕾或果穗的花药被花被包裹,本身处于无菌状态,对其进行表面消毒即可。先用自来水冲洗干净,然后带入超净工作台,在无菌条件下先将花蕾用 70% 乙醇浸泡 30 s 左右,用 1% 的次氯酸钠消毒 10~15 min,然后用无菌水冲洗 3~5 次。最后置于无菌滤纸上吸干水分。

5. 接种

小心地剥开花蕾或小穗,取出花药,将花丝去掉,接种到培养基上,每瓶可接种 30~50 个花药。

6. 培养

花药培养的温度、光照强度及光周期因植物种类而异。对于大多数植物来说,一般花药接种后在 25~28 ℃下培养,光照强度为 2000~10000 lx,每天光照 12~18 h。有些物种对温度要求较高,先给予一段时间高温处理,之后再转至正常温度下继续培养。如小麦、油菜、烟草、曼陀罗等的花药,接种后先置于 30~32 ℃高温下培养 2~5 周,再置于较低温度下培养,这样可以提高愈伤组织诱导率或胚状体发生率。

7. 诱导分化及再生

当愈伤组织长到 2~3 mm 时,及时将其转入分化培养基上进行植株的再生。一些植物的愈伤组织转到分化培养基后 10~20 天即可分化出芽,由芽基部产生不定根。若无根发生,则待小苗长到 2~3 cm 高时,再将其转入生根培养基中。胚状体可直接发育为完整植株。

8.驯化移栽

花粉植株通常较纤细,根系不发达,因此分化完成后,在添加一定浓度的多效唑、NAA、KT等植物生长调节剂的培养基上,复壮培养一段时间,然后再进行炼苗和移栽。炼苗和移栽方法参照项目八。

9.单倍体鉴定

通过花药培养获得的再生植株的染色体数目也常发生变异,其后代常是混倍体,所以必须对其后代进行鉴定。鉴定方法既可以根据形态特征进行间接鉴定,也可以根据镜检体细胞中的染色体数或花粉母细胞中染色体数以及染色体配对的情况进行直接鉴定。此外还可以根据花粉的育性或利用遗传标记性状进行鉴定。

(1)染色体直接计数法　通常取根尖、茎尖等分生组织用醋酸洋红染色进行制片,直接计数染色体数目。操作步骤如下:

1)取材　取植物根尖。

2)预处理　冷冻处理。根尖置于冰水浴中,放到4 ℃的冰箱中处理24 h。

3)固定　冲洗干净处理的材料卡诺氏液(冰乙酸∶无水乙醇=1∶3)固定24 h。

4)解离　取出4~5条根置于表面皿中,用蒸馏水冲洗3~4次,加入数滴0.5 mol/L盐酸于表面皿中,在酒精灯上间歇式加热2~4 min。

5)染色　加几滴醋酸洋红于表面皿内,在灯上加热。取1根已染过色的根放在载玻片上,加一滴1%醋酸洋红溶液,盖上盖玻片轻敲盖玻片,使根尖压成一薄层。

6)镜检　先在10倍下找到分裂相后,再换40倍观察。

(2)间接鉴定

1)植株形态学鉴定法　单倍体植株瘦弱,叶片窄小,花小柱头长,花粉粒小,不结实。

2)细胞形态学鉴定法　叶片保卫细胞大小、单位面积上的气孔数及保卫细胞中叶绿体的大小和数目与倍性具有高度的相关性。

10.染色体加倍

针对单倍体植物,用秋水仙素处理使染色体加倍,具体方法:①把花粉植株浸入无菌秋水仙素溶液中,溶液浓度依物种略有差异,一般为0.4%左右,处理时间通常为72~96 h;②把含有秋水仙素的羊毛脂涂于花粉植株的腋芽部位,切除顶芽促使其侧芽发育,并形成二倍体芽。

11.结果统计

统计污染率、愈伤组织诱导率、胚状体诱导率以及花药的出苗率。

五、注意事项

(1)接种花药时,应注意尽量避免损伤花药,以免从受伤处产生药壁愈伤组织。

(2)接种时要彻底去除花丝部分,因为接种与花丝相连的花药时,往往不利于花药内小孢子的启动,以及愈伤组织或胚状体的形成。

(3)接种花药密度宜高,以促进"集体效应",提高诱导率。

(4)材料预处理时,最佳处理温度和时间因材料而异;温度较低需要放置的时间较短，温度较高需要放置的时间较长。

（5）并非任何时期的花粉都能诱导出花粉植株，因此应准确确定花粉发育时期。被子植物的花粉发育可分为四分体期、单核期（小孢子期）、二核期和三核期（雄配子期）4个时期。一般而言，单核靠边期（第一次有丝分裂前）对诱导反应最敏感，为最佳培养期。

六、思考题

（1）影响花药培养的因素有哪些？
（2）单倍体育种的意义和不足之处分别是什么？
（3）花药培养与花粉培养的产物是否相同？

项目十二 植物胚培养

一、实训目的

(1) 学会胚培养的方法和步骤。
(2) 能够阐述胚培养的原理、应用价值。
(3) 了解成熟胚与未成熟胚培养的差异。

二、实训原理

植物的胚培养是指在无菌条件下,对胚进行离体培养使之发育成完整植株的组织培养技术。离体胚胎培养主要应用于克服种、属间生殖隔离,打破种子休眠,缩短育种周期,克服种子生活力低下和自然不育等问题,也用来研究胚胎发育过程中与胚发育有关的内外因素,以及与其发育有关的代谢和生理生化变化。

根据胚的成熟度可将胚培养分为两类:成熟胚培养与幼胚培养。成熟胚一般指子叶期后至发育完全的胚。成熟胚培养是指发育完全的胚在含有无机大量元素和糖的培养基上正常生成幼苗的过程。对培养基的要求简单,只要提供合适的生长条件以及打破休眠,即可萌发成幼苗。幼胚培养是指对尚未成熟(发育早期,胚龄处于子叶期以前的幼胚)的胚的离体培养。幼胚培养可以克服远缘杂交的不亲和性,使胚发育不全的植物获得后代;打破种子休眠,缩短育种年限。

幼胚离体培养的生长情况通常有三种。一是胚性发育,离体条件下继续进行正常的胚胎发育,维持胚性生长,形成成熟胚,再由胚萌发形成幼苗,进而发育成完整植株。二是早熟萌发,离体培养后越过正常胚发育阶段,不继续进行胚性生长,迅速萌发为幼苗,即在未达到生理和形态成熟的情况下,萌发长成幼苗。早熟萌发形成的幼苗往往畸形瘦弱,甚至会死亡。三是形成愈伤组织,幼胚在离体培养中首先细胞分裂形成愈伤组织,再分化形成多个胚状体或芽原基,最后发育成植株。多数情况下,离体胚的生长情况属于第三种。

在远缘杂交中进行离体胚的培养,主要是培养幼胚。幼胚培养比成熟胚培养困难,要求的技术和条件较高,而且胚龄越小,对营养的要求越高,培养的难度越大。因为从营养需求来说,胚的发育过程可分为异养和自养两个时期,在球形胚及其以前阶段,胚是异养的,在心形胚以后,随着子叶的分化,胚才从异养逐渐转变为自养。因此,在培养球形胚及其以前阶段的幼胚时,需要比较复杂的培养基成分。目前,适宜幼胚培养的培养基主要有 Tukey、Nitsch、White、MS 和 Monnier 等。此外,影响幼胚培养的主要因素还有胚龄、植物生长调节剂、渗透压、培养条件和胚柄等。

三、实训材料、器具与试剂

（1）材料　植物成熟或未成熟的种子（例如荠菜）。
（2）器具　灭菌锅、超净工作台、电子天平、pH 计、培养瓶、镊子、剪刀、烧杯、吸水纸若干、酒精棉球等。
（3）试剂　次氯酸钠、无水或 95% 乙醇、20% 漂白剂、MS 培养基母液、蔗糖、琼脂等。

四、实训步骤

（一）成熟胚培养

取带有种皮的成熟种子，用 75% 乙醇进行表面消毒 30~60 s，再用无菌水冲洗 3~5 次，接着用 2% 次氯酸钠浸泡 10~30 min，再用无菌水冲洗 3~5 次。然后在无菌条件下进行解剖，取出胚并接种在适当的固体培养基上，在无菌条件下进行常规培养，胚即可发育成完整的植株。

（二）幼胚培养

1. 培养基配制及灭菌

幼胚培养的培养基常用的有 MS、B5、Nitsch、Knop、Miller 以及 Rijven、Rangaswang、Norstog 等。蔗糖浓度因植物种类而异，一般大于 2%，保持培养基适当的渗透压。诱导愈伤组织时，一般加生长素和细胞分裂素，胚发育时则不需要加生长素和细胞分裂素。球形胚之前，培养时需要往培养基中加入维生素、植物天然提取液等。

2. 取材

选取遗传背景一致、处于同一发育时期的植物子房或胚珠，也可选择某一特定发育时期的子房或胚珠。

3. 消毒和剥离

将采集的整个子房用 75% 乙醇和 2% 的次氯酸钠进行正常表面消毒。胚珠可用 0.3%~0.6% 的次氯酸钙或次氯酸钠溶液进行表面消毒，可短间浸泡或用蘸有消毒液的脱脂棉球擦拭表面，然后在超净工作台上剥离出胚，并将胚周围的胚珠组织尽量清除干净。分离体积较小胚珠中的胚时，要在有凹穴的载玻片上进行，在凹穴中加入少量无菌水或液体培养基，以防剥离胚时其干燥皱缩影响活性。

4. 接种和培养

将剥离出的幼胚立即接种在预先配好的培养基上，放置在黑暗或弱光下，25~30 ℃ 的培养条件下培养。在球形胚及其以前阶段，胚是异养的，可采用胚乳看护培养或胚柄看护培养。一般为固体培养。

五、注意事项

(1)分离幼胚时,需在显微镜下操作,操作要小心,避免损伤胚。

(2)不同植物种类的营养需求不同,相同植物种类不同发育时期幼胚的营养需求也不同。

(3)胚柄参与幼胚的发育过程。当胚发育到球形期时,胚柄也发育到最大。胚柄中的激素对幼胚发育有一定影响。

(4)被子植物的胚因受到子房壁和珠被的保护,剥离前处于无菌状态,因此胚剥离出以后无须再对其进行消毒处理可直接接种到培养基上。

(5)剥离幼胚时,特别小粒的种子可借助解剖镜。

(6)对于大多数植物,胚在25~30 ℃时生长良好,也有一些植物适宜的温度范围不同,有的植物需要在变温条件下进行培养。因此在胚培养时,要通过查阅相关文献或试验探究,找出适宜的生长温度。

六、思考题

(1)胚培养的类型有哪几种?不同时期的胚在培养时有哪些区别?

(2)胚培养的意义是什么?在生产和科研中有哪些应用?

(3)胚胎培养和胚培养的区别是什么?

(4)植物体上胚的发育包括哪些阶段?

(5)由胚珠中剥离出的胚需要消毒处理吗?

项目十三　植物茎尖培养脱毒

一、实训目的

(1)学会通过茎尖培养获得无病毒苗的程序和方法。
(2)能够阐述常用的植物脱毒技术和无病毒植株的检测技术。
(3)理解各种脱毒方法的原理。

二、实训原理

目前病毒病是作物生产中的主要病害之一,导致作物生活力、产量和品质下降,甚至植株大面积死亡,降低观赏植物的观赏价值。植物感染病毒后,对以种子进行繁殖的植物来说,通常病毒只能危害一个世代;对无性繁殖的植物来说,病毒会代代相传,日趋严重。目前还没有根治病毒病的药物,解决这一问题的有效途径是用组织培养法产生脱毒苗(指不含该种植物的主要危害病毒)。组织培养法脱毒主要有茎尖培养脱毒、热处理结合茎尖培养脱毒、愈伤组织培养脱毒、珠心胚培养脱毒、花药或花粉培养脱毒等。由于茎尖培养脱毒效果较好,所以目前利用茎尖培育无病毒苗是植物脱毒最广泛、最重要的一个途径。本实训主要学习植物茎尖培养脱毒方法。

在感染病毒的植株体内,病毒的分布不均匀,越靠近茎顶端区域(或根尖顶端),病毒的感染程度越低,其中生长点(0.1~1 mm)区域几乎没有或很少有病毒。这是因为植物病毒不具有主动转移的能力,容易通过维管系统移动,但在分生组织中不存在维管系统,只能通过胞间连丝在细胞间传递,病毒转移速度赶不上茎尖的生长速度;茎尖分生区存在高浓度的生长素,其抑制病毒的增殖。在无菌条件下,将茎尖分生组织区切割下来进行培养,可以获得脱毒植株。

经过脱毒处理的植株,可通过直接观察、核酸检测等方法检测脱毒效果。目前,核酸检测方法是一种比较有效的检测方法,该方法包括核酸杂交技术、双链 RNA 技术、多聚酶链式反应(PCR)检测技术,其中 PCR 检测技术和核酸检测技术比较常用。

茎尖培养脱毒一般包括取材与表面消毒、茎尖剥离与接种、芽的分化与增殖、生根培养、驯化移栽及脱毒苗检测等。

三、实训材料、器具与试剂

(1)材料　植物茎尖(如菊花、香石竹等)。

(2)器具　灭菌锅、超净工作台、电子天平、显微镜、pH 计、培养瓶、镊子、剪刀、解剖刀、烧杯、吸水纸若干、酒精棉球等。

(3)试剂　次氯酸钠、无水或95%乙醇、MS 培养基母液、蔗糖、琼脂、1 mol/L NaOH、1 mol/L HCl、植物生长调节剂(6-BA、NAA)等。

四、实训步骤

1. 培养基配制及灭菌

一般以 MS 和 White 作为基本培养基,添加 0.1~0.5 mg/L 的生长素或细胞分裂素,或两者均添加。生长素一般选用 NAA 或 IBA,细胞分裂素可用 KT 或 BA,有些植物可用 GA_3。添加植物生长调节剂的种类和浓度因植物种类而异。需反复试验或查阅相关文献以获得理想的培养效果。

2. 外植体的消毒

在解剖前进行表面消毒。剪取病毒危害较轻植株顶芽梢段(也可用侧芽)3~5 cm,去掉大叶片,用流水冲洗干净后,放到超净工作台上,在 75%乙醇中浸泡 30 s 左右,再用 1%~3%的次氯酸钠表面消毒 10~20 min,无菌水冲洗 3~5 次。

3. 茎尖剥离与接种

把茎芽放在解剖镜下,左手用镊子将其固定,右手用解剖针将外层叶片和叶原基逐层剥掉,其间解剖针要不断浸入 70%乙醇,并灼烧消毒和冷却。当半圆球形的生长点充分暴露后,用解剖刀片将带 1~2 片幼叶原基的茎尖切下,然后使顶端向上将其接到培养基上。为防止交叉感染,每个培养容器内可只接种 1 个茎尖。

4. 茎尖初代培养

培养室温度为 25 ℃左右,每天光照时间为 10~16 h,光照强度为 2000~3000 lx。培养 30 天左右统计茎尖存活率和茎尖萌发率。

5. 继代培养

茎尖在初代培养基中培养至长出多片幼叶后,转入继代培养基。继代培养时可适当调整植物生长调节剂浓度。培养条件同初代培养。

6. 生根培养及炼苗移栽

茎尖培养形成的丛生芽在继代培养基上培养几代后,转入生根培养基。通常在 1/2 MS 中加一定浓度的生长素类植物生长调节剂。当芽基部诱导出 3 条及以上不定根,根长为 1~2 cm 时,开始进行炼苗移栽。

7. 脱毒苗鉴定

可利用 RT-PCR 技术对脱毒苗进行常见病毒检测。根据 GeneBank 数据库中病毒的基因组序列设计特异性引物;提取植物总 RNA,合成第一链 cDNA;将反转录产物 cDNA 作为 PCR 扩增的模板,以无病毒试管苗叶片为阴性对照,带有相应病毒的试管苗叶片为阳性对照;PCR 产物用 1%琼脂糖凝胶电泳检测。

五、注意事项

（1）取材前可把供试植株种在无菌的盆土中，放在室内培养 1~2 个月。浇水时不要浇在叶片上。另外，定期给植株喷施内吸性杀菌剂，如 0.1% 多菌灵等。

（2）脱毒效果与芽的生理状态有关。一般来说，顶芽的脱毒效果较侧芽好，生长活跃的芽比休眠芽脱毒效果好。另外生产中还应防止脱毒苗再次感染病毒。

（3）脱毒效果与茎尖大小成反比。由于越靠近茎顶端区域（或根尖顶端），病毒的感染程度越低，因此茎尖越小脱毒效果越好，但茎尖太小不易成活。不同植物，不同的病毒，用于脱毒的适宜茎尖大小不同。通常选取具有 1~3 个幼叶原基的茎尖（0.2~0.5 mm）作外植体进行培养，脱毒效果最好。

（4）茎尖剥离与接种时，注意不要损伤茎尖生长点；为防止茎尖变干死亡，茎尖暴露的时间应尽量短，同时可以把茎尖放置于无菌水浸润的灭菌滤纸上解剖。

（5）确保接种时茎尖不与其他物体接触，用解剖刀切下茎尖后直接接种，不可换用其他工具接种。

（6）在低温条件下，茎尖有可能会进入休眠状态，所以要保证较高的温度，一般维持在 25 ℃ 左右。

（7）茎尖接种后虽然成活，但生长缓慢，可适当调高生长素或细胞分裂素浓度，提高培养温度；如果生长过速，可以降低植物生长调节剂浓度，适当降低温度。

（8）茎尖培养可用固体培养基或液体培养基。由于液体培养基可减少外植体排出的有害物质，培养效果优于固体培养基。但在进行液体培养时，要制作一个滤纸桥，桥面悬于培养基上，茎尖放在桥面上，桥的两臂浸入培养基中。

六、思考题

（1）培育无病毒苗的意义是什么？
（2）植物的脱毒方法主要有哪些？
（3）植物茎尖培养脱毒技术的原理是什么？
（4）如何进行脱毒苗的保存和繁殖？
（5）脱毒苗鉴定的方法有哪些？不同的方法有何优缺点？

项目十四　不同培养基种类对玻璃化愈伤组织的调控研究

一、实训目的

（1）学会调控玻璃化愈伤组织调控作用的研究方法。
（2）能够阐述玻璃化现象产生及其调控的原理。
（3）了解不同培养基种类对玻璃化愈伤组织的调控效果。

二、实训原理

玻璃化、褐变和污染是植物组织培养过程中常见的三大问题。玻璃化现象即超度含水。植物组织培养过程中，生长条件脱离自然，这很可能会导致生理紊乱，尤其是玻璃化。这种现象基于体细胞胚胎发生或器官发生，是植物组织培养中的一种基本生理障碍，使得愈伤组织呈现半透明或透明的异常形态，分化能力低，难以成芽。玻璃化组织中过量的水分与细胞的肿胀有关。根据实验推测，细胞肿胀是由纤维素和木质素水平降低引起的壁面压力下降导致的。同时，玻璃化会因水分子过多地进入或太少的排出而形成。前人研究发现，高水分组织中，额外的水取代了质外体中的空气。由于质外体是由细胞间隙和细胞壁所组成的连续体，质外体中水分的扩散，会导致细胞的气体交换受到严重抑制，进而致使细胞氧化还原反应加剧，乙烯等气体不断积累。这种气体交换不良的症状会导致愈伤组织形成玻璃化现象。玻璃化问题将对植物的组织培养产生较大的影响。

玻璃化现象产生的原因主要有培养基类型、激素浓度、琼脂浓度、外植体类型、温度、光照时间、通风条件等。因此可以通过改变培养基种类、调节植物生长调节剂的浓度、减少水分的吸收、增加凝胶剂的用量降低植物组织培养的玻璃化现象。本实训通过改变培养基种类，探索不同培养基成分对玻璃化愈伤组织的调控作用。

三、实训材料、器具与试剂

（1）材料　以植物茎尖（以巨菌草为例）为外植体，诱导其产生愈伤组织，在愈伤组织培养过程中出现玻璃化现象，选择玻璃化的愈伤组织作为实训材料。

（2）器具　灭菌锅、超净工作台、电子天平、显微镜、pH 计、培养瓶、镊子、剪刀、解剖刀、烧杯、吸水纸若干、酒精棉球等。

（3）试剂　MS培养基、1/2 MS培养基、1/4 MS培养基、蔗糖、琼脂、活性炭、2,4-二氯苯氧乙酸(2,4-D)、1 mol/L NaOH、1 mol/L HCl等。

四、实训步骤

1. 愈伤组织诱导培养基配制及外植体接种

以巨菌草茎尖为外植体，愈伤组织诱导培养基为MS+2,4-D 3.0 mg/L+3%蔗糖+0.7%琼脂，pH=5.8，培养基配制及灭菌方法见项目三。将外植体表面消毒后，接种到诱导培养基上，培养过程中形成玻璃化愈伤组织。

2. 配制不同种类培养基

配制基础培养基MS、1/2 MS和1/4 MS，激素和蔗糖浓度不变，各种基础培养基中加入不同浓度的活性炭并高压灭菌。

3. 玻璃化愈伤组织培养

在无菌条件下，将玻璃化愈伤组织分别接种到培养基中。接种后，将实训材料置于28 ℃，且黑暗的培养室内培养，每7天统计一次愈伤组织的复原和增殖情况。

4. 复原率及增殖率统计

计算愈伤组织复原率和愈伤组织增殖率，比较不同培养基及活性炭对玻璃化愈伤组织的调控作用。计算公式如下：

$$愈伤组织复原率(\%) = \frac{正常的愈伤组织数}{实训材料数} \times 100\%$$

$$愈伤组织增殖率(\%) = \frac{增殖的材料数}{实训材料数} \times 100\%$$

5. 数据分析

分析不同培养基类型及活性炭对愈伤组织玻璃化现象的调控作用。

五、注意事项

（1）在转接玻璃化愈伤组织时，要严格进行无菌操作，否则可能会导致污染，无法达到研究目的。

（2）转接玻璃化愈伤组织后，要给每块组织编号并拍照记录愈伤组织大小，以便进行增值率的统计。

六、思考题

（1）植物组织培养中玻璃化现象产生的原因及控制方法有哪些？
（2）玻璃化愈伤组织的形态特征是什么？

项目十五　植物组织培养中的防褐化研究

一、实训目的

（1）学会抑制植物组织培养中褐化现象的研究方法。
（2）能够阐述褐化现象产生及其抑制的原理。
（3）了解不同物质对褐化现象的抑制效果。

二、实训原理

褐变、污染和玻璃化是植物组织培养过程中常见的三大问题。褐变普遍存在，控制褐变比控制污染和玻璃化更加困难，因此，能否有效控制褐变是某些植物能否组培成功的关键。

在组织培养过程中，培养物体内的多酚氧化酶被激活，使细胞里的酚类物质氧化成棕褐色的醌类物质，这种致死性的褐化物不但向外扩散致使培养基逐渐变成褐色，而且还会抑制其他酶的活性，导致培养物生长受到抑制，甚至最后死亡。褐变主要发生在外植体的初代培养时期，其他时期也有发生。控制褐变的方法主要从控制酚类底物、酚氧化酶和氧气等方面入手，途径包括钝化酚酶的活性、改变酚酶作用的条件和隔绝氧气的接触等。一般通过选择合适的外植体、培养基、培养条件，或者添加添加剂抑制组织块或培养基中多酚物质的氧化，影响组织褐变的程度。

组培上常用的添加剂有抗氧化剂、吸附剂和螯合剂。常用的抗氧化剂包括聚乙烯吡咯烷酮（PVP）、抗坏血酸（维生素 C）等。活性炭（AC）是常用于防治褐变的吸附剂。乙二胺四乙酸二钠是常用于防治褐变的螯合剂，其通过与多酚氧化酶类物质螯合，可以减少酚的氧化。此外，有研究认为，通过添加苯丙氨酸解氨酶（PAL）竞争性抑制剂，抑制苯丙氨酸合成，可以降低酚类化合物的生物合成进而降低褐化率。但可能存在添加剂降低褐化率的同时却抑制培养物生长等矛盾现象，因此应根据不同情况，选择合适的添加剂种类和浓度。

本实训以巨菌草为植物材料，在茎尖愈伤组织诱导中，通过添加聚乙烯吡咯烷酮、维生素 C、活性炭等物质进行愈伤组织的防褐化研究。

三、实训材料、器具与试剂

(1) 材料　植物茎尖(以巨菌草为例)。

(2) 器具　灭菌锅、超净工作台、电子天平、显微镜、pH 计、培养瓶、镊子、剪刀、解剖刀、烧杯、吸水纸若干、酒精棉球等。

(3) 试剂　次氯酸钠、无水或 95% 乙醇、MS 培养基母液、蔗糖、琼脂、聚乙烯吡咯烷酮、维生素 C、活性炭、2,4-二氯苯氧乙酸(2,4-D)、1 mol/L NaOH、1 mol/L HCl 等。

四、实训步骤

1. 培养基配制及抗褐化物质的添加

以巨菌草茎尖为外植体,愈伤组织诱导培养基为 MS+2,4-D 3.0 mg/L+3% 蔗糖+0.7% 琼脂,pH=5.8。

分别将 100 mg/L、500 mg/L、1000 mg/L、1500 mg/L、2000 mg/L 的聚乙烯吡咯烷酮,100 mg/L、500 mg/L、1000 mg/L 的维生素 C,以及 100 mg/L、500 mg/L、1000 mg/L 的活性炭加入愈伤组织诱导培养基,以不添加任何抗褐化剂为对照(CK)。培养基配制及灭菌方法见项目三。

2. 外植体的消毒与接种

将剥好的茎尖用纱布包好放在流水下冲洗 25~30 min,之后将外植体拿到无菌操作台上,用无菌的镊子和刀片将外植体纵向切开,用 75% 乙醇消毒 30 s,10% NaClO 消毒 10 min。消毒剂使用时应不停摇晃,让材料与消毒剂完全接触,每种消毒剂处理后均用无菌水冲洗 3~5 遍,将消毒后的外植体表面轻轻刮下薄薄一层,然后将茎尖从顶端开始向下切 5 mm,用镊子将外植体放入瓶中,使外植体中空一面接触培养基,茎尖表面远离培养基。接种前瓶口呈斜角不停转动瓶口,以防止灰尘或细菌进入瓶中。接种后再次烧瓶口,然后迅速盖上瓶盖,贴上标签。每瓶接种 3 块,每处理接种 3 瓶,重复 6 次。

3. 外植体培养及褐化情况统计

外植体接种后先在黑暗条件下培养 10 天,愈伤组织诱导出后在光下培养,光暗周期为 16 h/8 h,温度为 25 ℃±2 ℃,光照强度为 1000~2000 lx,分别于培养 10 天、20 天、30 天观察愈伤组织诱导及褐化情况。

$$愈伤组织诱导率(\%) = \frac{诱导出愈伤组织的外植体数}{接种外植体数} \times 100\%$$

$$愈伤组织褐化率(\%) = \frac{愈伤组织褐化数}{接种愈伤组织数} \times 100\%$$

4. 数据分析

比较不同处理愈伤组织的诱导率和褐化率,分析不同物质对褐化现象的抑制效果。另外,分析不同物质对愈伤组织诱导率的影响。

五、注意事项

(1) 为减小实训误差,在实训过程中,外植体取材部位、消毒方法、外植体大小及培养条件要保持一致。

(2) 外植体消毒过程中,注意不要损伤外植体。

(3) 抑制褐化的物质可能存在抑制培养物生长的问题,因此应根据不同情况,选择合适的添加剂种类和浓度,以达到较好的实训效果。

六、思考题

(1) 本实训中3种添加剂聚乙烯吡咯烷酮、维生素C、活性炭抗褐化的原理分别是什么?

(2) 如何研究不同添加剂对愈伤组织增殖过程中褐化现象的影响?以及对愈伤组织增殖的影响?

(3) 如何研究不同物质组合对愈伤组织褐化现象的抑制效应?

第六部分　园林树木栽培养护

项目一　园林植物生态配植调研

一、实训目的

(1) 了解不同植物的生长特点与生态习性。
(2) 了解生态配植的原则。

二、实训地点

城市某广场。

三、实训内容

(1) 临时组摆的主要植物种类及其生长和生态习性与环境适应性调查。
(2) 露地栽培的主要植物种类及其生长和生态习性与环境适应性调查。
(3) 广场园林植物生态配植情况。

四、结果与讨论

(1) 填写园林植物生态配植调查表(表6-1)。分组进行,每组调查植物种类:乔木类(大乔木、小乔木)不少于20种,灌木类不少于15种,草本和地被类不少于10种,其他类(藤本类、竹类、棕榈类、造型植物、临时组摆或盆栽、盆景类等)不少于10种。要求必须是调研范围内实际应用的。

表6-1　园林植物生态配植调查

植物名称	形态特征	生态习性	抗性	适应性	应用场所	种植方式	生长状况	备注

（2）园林植物生态配植的原则是什么？

（3）对调研区域植物的丰度、多度、盖度、密度、郁闭度或植被率等情况分析，总结区域内生态配植优良和不足的地方，研讨并提出改进意见。

（4）区域内应用植物的生态适应性分析（以两种左右为重点，并进行总体总结）。

项目二 园林苗圃的规划设计

一、实训目的

(1)掌握园林苗圃规划设计的方法。
(2)熟练进行苗圃规划设计图的绘制及苗圃规划设计说明书撰写。

二、实训用具

罗盘仪、皮尺、卷尺、花秆、计算器、绘图工具等。

三、实训步骤

(一)园林苗圃规划的准备工作及外业调查

1. 踏勘

到已确定的圃地范围内进行实地踏勘和调查访问工作,概括了解圃地的现状、历史、地势、土壤、植被、水源、交通、病虫害以及周围的环境。

2. 测绘地形图

平面地形图是进行苗圃规划设计的依据。比例尺要求为1/500~1/200;等高距为20~50 cm。对设计直接有关的山、丘、河、湖、井、道路、房屋、坟墓等地形、地物应尽量绘入。对圃地的土壤分布和病虫害情况亦应标清。

3. 土壤调查

根据圃地的自然地形、地势及指示植物的分布,选定典型地区,分别挖取土壤剖面,观察和记载土层厚度、机械组成、酸碱度(pH 值)、地下水位等,必要时可分层采样进行分析,弄清圃地内土壤的种类、分布、肥力和土壤改良的途径,并在地图上绘出土壤分布图,以便合理使用土地。

4. 病虫害调查

主要调查圃地内的土壤地下害虫,如金龟子、地老虎、蝼蛄等。一般采用抽样方法,每公顷挖样方土坑10个,每个面积0.25 m^2,深10 cm,统计害虫数目。并通过前作物和周围树木的情况,了解病虫感染程度,提出防治措施。

5. 气象资料的收集

向当地气象台或气象站了解有关的气象资料,如生长期、早霜期、晚霜期、晚霜终止期、全年及各月平均气温、绝对最高和最低气温、表土层最高温度、冻土层深度、年降雨量及各月分布情况、最大一次降雨量及降雨历时数、空气相对湿度、主风方向等。

(二)园林苗圃内业规划设计的主要内容

1. 生产用地规划

(1)播种区。培育播种苗的区域,是苗木繁殖任务的关键部分。应选择全圃自然条件和经营条件最有利的地段作为播种区。

(2)营养繁殖区。培育扦插苗、压条苗、分株苗和嫁接苗的区域,与播种区要求基本相同。

(3)移植区。培育各种移植苗的区域,由播种区、营养繁殖区中繁殖出来的苗木,需要进一进培养成较大的苗木时,则应移入移植区中进行培育。

(4)大苗区。培育植株的体型、苗龄均较大并经过整形的各类大苗的耕作区。在大苗区培育的苗木出圃前不再进行移植,且培育年限较长。大苗区的特点是株行距大,占地面积大,培育的苗木大,规格高,根系发达,可以直接用于园林绿化建设。

2. 辅助用地

设置苗圃的辅助用地(或称非生产用地)主要包括道路系统、排灌系统、防护林带、管理区的房屋占地等,这些用地是直接为生产苗木服务的。

(1)道路系统的设置

1)一级路(主干道):苗圃内部和对外运输的主要道路,多以办公室、管理处为中心。设置一条或相互垂直的两条路为主干道,通常宽 6～8 m。

2)二级路:通常与主干道垂直,与各耕作区相连接,一般宽 4 m,其标高应高于耕作区 10 cm。

3)三级路:沟通各耕作区的作业路,一般宽 2 m。

(2)灌溉系统的设置。苗圃必须有完善的灌溉系统,以保证水分对苗木的充分供应。灌溉系统包括水源、提水设备和引水设施三部分。

1)水源:主要有地面水和地下水两类。

2)提水设备:现在多使用抽水机(水泵),可依苗圃育苗的需要,选用不同规格的抽水机。

3)引水设施:有地面渠道引水和暗管引水两种。

(3)排水系统的设置。排水系统对地势低、地下水位高及降雨量多而集中的地区更为重要。排水系统由大小不同的排水沟组成,排水沟分明沟和暗沟两种,目前采用明沟较多。

(4)防护林带的设置。为了避免苗木遭受风沙危害应设置防护林带,以降低风速,减少地面蒸发及苗木蒸腾,创造小气候条件和适宜的生态环境。

(5)建筑管理区的设置。该区包括房屋建筑和圃内场院等部分。前者主要指办公室、宿舍、食堂、仓库、种子储藏室、工具房、宿舍、车棚等;后者包括劳动集散地、运动场以及晒场、肥场等。

四、园林苗圃规划设计成果资料

(一)绘制苗圃规划设计图

1. 绘制设计图前的准备

在绘制设计图时首先要明确苗圃的具体位置、圃界、面积、育苗任务、苗木供应范围;要了解育苗的种类、培育的数量和出圃的规格;确定应有建圃任务书,各种有关的图面材料,如地形图、平面图、土壤图、植被图等,搜集有关其自然条件、经营条件以及气象资料和其他有关资料等。

2. 园林苗圃设计图的绘制

在各有关资料搜集完整后应对具体条件全面综合,确定大的区划设计方案,在地形图上绘出主要路、渠、沟、林带、建筑区等位置。再依其自然条件和机械化条件,确定最适宜的耕作区的大小、长宽和方向,再根据各育苗的要求和占地面积,安排出适当的育苗场地,绘出苗圃设计草图,经多方征求意见,进行修改,确定正式设计方案,即可绘制正式图。正式设计图的绘制,应依地形图的比例将道路沟渠、林带、耕作区、建筑区、育苗区等按比例绘制,排灌方向要用箭头表示,在图外应列有图例、比例尺、指北方向,同时各区应加以编号,以便说明各育苗区的位置等。

(二)园林苗圃设计说明书的编写

设计说明书是园林苗圃规划设计的文字材料,它与设计图是苗圃设计两个不可缺少的组成部分。图纸上表达不出的内容,都必须在说明书中加以阐述。一般分为总论和设计两部分进行编写。

1. 总论

主要叙述该地区的经营条件和自然条件,并分析其对育苗工作的有利和不利因素,以及相应的改造措施。

(1)经营条件:①苗圃位置及当地居民的经济、生产及劳动力情况;②苗圃的交通条件;③动力和机械化条件;④周围的环境条件(如有无天然屏障、天然水源等)。

(2)自然条件:①气候条件;②土壤条件;③病虫害及植被情况。

2. 设计

(1)苗圃的面积计算。

(2)苗圃的区划说明:①耕作区的大小;②各育苗区的配植;③道路系统的设计;④排灌系统的设计;⑤防护林带及篱垣的设计。

(3)育苗技术设计。

(4)建圃的投资和苗木成本计算。

项目三　园林植物的容器播种

一、实训目的

掌握园林植物容器播种技术。

二、实训材料与用具

(1)材料　园林植物种子、药品、播种基质等。
(2)用具　浸种容器、播种容器(瓦盆或穴盘等)、喷壶(或浸盆用水池)、玻璃盖板等。

三、实训内容

(1)根据种子发芽、出苗特性,选择合适的种子催芽处理方法。
(2)严格掌握浸种的水温、时间和药物处理的用药浓度及处理时间。
(3)选择并配制好播种基质。
(4)填装基质,进行点播或撒播。
(5)覆土,浇水(或浸盆),盖好玻璃盖板,嫌光性种子再加盖旧报纸。

四、实训步骤

(一)任务目标

(1)了解穴盘育苗的设施。
(2)掌握穴盘育苗的工艺流程。
(3)掌握穴盘育苗的基本方法和管理技术。

(二)任务分析

穴盘育苗是利用多孔塑料穴盘和草炭、蛭石、珍珠岩等轻型育苗基质,达到精量播种、快速培育优质壮苗的工厂化种苗生产的一种重要方式。穴盘育苗涉及营养供应、基质选配和育苗环境控制等环节。优点是每一株幼苗都拥有独立的空间,水分养分互不竞争,幼苗的根系完整,减少了病虫害的发生,而且操作简单,管理方便,适于工厂化大批量育苗。穴盘育苗目前已广泛应用于苗木育苗生产中。

(三)任务实施

1. 穴盘选择和消毒

穴盘是工厂化育苗的基本设备之一,可由不同材料制成,有多种规格可供选择,使用前要进行适当的处理。

(1)选盘。穴盘外形尺寸多为 54.9 cm×27.8 cm,穴盘规格分别为 72 孔和 108 孔比较适宜,穴孔形状以四方倒梯形为宜,以保证至少有 5 mm 的基质深度。

(2)消毒。为了确保苗盘卫生,要将苗盘放进稀释 100 倍的漂白粉溶液中,即 1 kg 漂白粉加 99 kg 水配制而成,浸泡 8~10 h,取出晾干备用。

2. 基质配制

(1)采用草炭∶蛭石∶珍珠岩=2∶1∶1 比例进行混合搅拌,加水达到湿而不粘,用手抓能成团,一松手能散开的地步。

(2)再在每立方米基质中加入 2.6~3.1 kg 氮磷钾复合肥 15∶15∶15 及 10~15 kg 脱味鸡粪等有机肥。基质 pH 值为 5.8~7.0 所用基质量,应加上 10% 的富余量,以使基质能填满穴盘。

(3)基质消毒。基质配好后,应进行消毒处理,以防止播种后种子受细菌、寄生虫等微生物的侵染。

具体将甲基托布津等消毒药配制成一定浓度,均匀地喷洒在基质上,适当搅拌堆放后,用塑料薄膜覆盖一段时间即可。

3. 基质装盘

将配好的基质装在盘中,用刮板从穴盘的一方刮向另一方,使每个穴盘都装满基质,尤其是四角和盘边的孔穴,一定要与中间的孔穴一样。

基质不能装得过满,装满后各个格室应能清晰可见,不压实。

可以手工装盘,也可以采用机械装盘。

4. 压穴

将装好基质的盘垂直码放在一起,4~5 盘一摞,上面放一只空盘,两手平放在盘上均匀下压至要求深度为止。深度为 0.5~1.0 cm,以利于将种子插入其中。

5. 处理种子

种子尽量选用优质种子,如果采用机械播种,由于机械会损坏种芽,尽量不用已发芽的种子。用温汤、磷酸三钠溶液、赤霉素溶液等浸泡处理种子,风干后待用。

6. 播种

将种子点在压好穴的盘中,每穴一粒,避免漏播,发芽率偏低的种子每穴播 2 粒。要力求种子落在穴孔正中。

7. 覆盖基质

播种后用原基质或蛭石覆盖穴盘。方法是将基质或蛭石倒在穴盘上,用刮板从穴盘的一方刮向另一方,去掉多余的基质或蛭石,覆盖基质或蛭石不要过厚,与格室相平为宜。

8. 苗盘入床

(1)将已播种的育苗盘铺放在苗床中,及时用清水将苗盘浇透,浇水时喷洒要轻而匀,防止将孔穴内的基质和种子冲出,以浇水后各格室清晰可见为宜。

(2)在苗床上平铺覆盖一层地膜,以防止育苗盘内水分散失。较好的方法是在育苗盘上安放一些小竹条,再覆盖地膜,使薄膜与育苗盘之间留有空隙而不黏结。

9.苗期管理

苗期管理是穴盘育苗技术的重要环节,合理的管理技术是保证苗木顺利出苗、出壮苗的前提,主要的管理措施是温湿度和补苗工作。

(1)种子出苗后应及时揭去地膜。高温天气及时揭盖遮阳网,注意棚内通风、透光、降温。

(2)待子叶展开后就要立即进行间苗和移苗补缺,将单穴内多余的苗拔起移入缺苗的空穴内,或将穴内多余的苗拔除,缺苗移补好后,立即对苗床喷洒清水。

(3)及时检查穴盘基质状态,待穴面基质发白应补充水分,一般早晚浇水两次,避免中午高温时浇水伤苗,每次浇匀、浇透,利于秧根下扎,形成根坨。

(4)为使穴盘苗有一个好的环境生长,冬季配加温设备,保持室内温度不低于12~18 ℃。夏季通过遮阳设备、通风及降温设备,将室温控制在30 ℃以内。

同时,利用喷滴灌措施,保持基质的含水量在60%~70%。

10.统计成活率

育苗后3周进行现场检查,按穴盘统计出各种苗木的出苗率、成活率、壮苗率等指标。

将检查结果绘制成表格(表6-2),并分析穴盘育苗优点。

表6-2 结果统计

组别	种子名称	播种日期	检查日期	出苗率	成活率	壮苗率

五、实训作业

(1)任选一种常见的园林植物,进行穴盘播种的设计。

(2)以组为单位,对容器播种苗进行管理,并对管理措施总结。

注意:以组为单位,检查容器播种成活率,并记入实训成绩。实训报告应包括目的、时间、人员、场地、设施、工具、材料、过程、结果以及分析结论、实训体会等内容。

项目四　园林植物露地播种育苗(一)
——种子准备

一、实训目的

掌握种子的消毒、催芽处理方法,为露地播种做好准备。

二、实训材料与试剂

(1)材料　大、中、小粒种子各 1~2 种。
(2)试剂　福尔马林、高锰酸钾、百菌清、敌克松、湿沙等。

三、实训方法与步骤

(一)种子消毒

(1)福尔马林消毒　在播种前 1~2 天,将种子放入 0.15% 的福尔马林溶液中,浸 15~30 min,取出后密闭 2 h,用清水冲洗后阴干再播种。
(2)硫酸铜消毒　用 0.3%~1% 的溶液浸种 4~6 h,阴干后播种。
(3)退菌特消毒　将 80% 的退菌特稀释 800 倍,浸种 15 min。
(4)敌克松消毒　用种子质量 0.2%~0.5% 的药粉再加上药量 10~15 倍的细土配成药土,然后用药土拌种。

(二)催芽

(1)水浸催芽　浸种水温 40 ℃,浸种时间 24 h 左右。将 5~10 倍于种子体积的温水或热水倒在盛种容器中,不断搅拌,使种子均匀受热,自然冷却。然后捞出水浸后的种子,放在无釉泥盆中,用湿润的纱布覆盖,放置温暖处继续催芽,注意每天淋水或淘洗 2~3 次;或将浸种后的种子与 3 倍于种子的湿沙混合,覆盖保湿,置温暖处催芽。应注意温度(25 ℃)、湿度和通气状况。当 1/3 种子"咧嘴露白"时即可播种。
(2)机械破皮催芽　在砂纸上磨种子,用铁锤砸种子,适用于少量的大粒种子的简单方法。
(3)混沙催芽　将种子用温水浸泡一昼夜使其吸水膨胀后将种子取出,以 1∶3~1∶5 倍的湿沙混匀,置于背风、向阳、温暖(一般 15~25 ℃)地方,上盖塑料薄膜和湿布催芽,待有 30% 种子咧嘴时播种。

(三)要求

(1)以组为单位,根据种实及播种面积的大小确定播种量。

(2)根据种实的性质,以组为单位,确定催芽的方法。

四、实训作业

根据播种种子的类别,选择种子消毒、催芽的方法,并说明理由。

项目五 园林植物露地播种育苗(二)
——整地作床

一、实训目的

掌握整地、作床的方法,为播种、扦插育苗做准备。

二、实训用具

铁锹、耙子、皮尺、木桩、绳等。

三、实训方法与步骤

(一)整地

(1)清理圃地。清除圃地上的树枝、杂草等杂物,填平起苗后的坑穴。
(2)浅耕灭茬。消灭农作物、绿肥、杂草茬口,疏松表土,浅耕深度一般为 5~10 cm。
(3)耕翻土壤。用拖拉机或锄、镐、锹耕翻一遍。耕地时在地表施一层有机肥,随耕翻土壤进入耕作层。必要时拌入药土(呋喃丹、必速灭、福尔马林等)进行消毒。
(4)耙地。耙碎土块、混合肥料、平整土地、清除杂草。
(5)镇压。

(二)作床

1. 方法

首先用皮尺确定苗床、步道的位置、大小,然后在苗床的四角钉木桩,拉绳,起土作床。

2. 种类

(1)高床。床面高出步道 10~15 cm,床面宽 100~200 cm,步道宽 40 cm。
(2)低床。床面低于步道 10~15 cm,床面宽 100~200 cm,步道宽 40 cm。

(三)要求

(1)以实习小组为单位,每组作一个高床,床长 10 m;低床,床长 5 m。
(2)要做到床面平整,土壤细碎,土层上松下实,床面规格整齐、美观。
(3)各小组成员要明确分工,密切配合。培养团队合作精神。
(4)注意安全,工具要按正确方法使用及放置。

四、实训作业

根据本地的气候条件,确定本地育苗整地、作床的种类、时间。

项目六 园林植物露地播种育苗(三)
——苗床露地播种

一、实训目的

掌握园林植物种子的处理方法和露地播种技术。

二、实训材料与用具

(1)材料 园林植物种子(大粒、中粒、小粒)、药品等。
(2)用具 浸种容器、育苗床、喷壶、铁锹、耙子、细筛、镇压板、塑料薄膜或草帘等。

三、实训方法与步骤

(1)根据种子发芽、出苗特性,选择合适的种子催芽处理方法。
(2)严格掌握浸种的水温、时间和药物处理的用药浓度及处理时间。
(3)整地作床。
(4)确定播种量和播种方法。一般细小粒种子用撒播,中粒种子条播,大粒种子点播。
(5)覆土、浇水、覆盖。覆土厚度一般为种子直径的2~3倍。用喷壶浇水、反复多次,直至浇透。根据情况决定是否覆盖。
(6)播种后管理。

四、实训作业

(1)将种子处理、播种过程记录、整理成报告。
(2)以组为单位,检查露地播种成活率,并记入实训成绩。
(3)比较容器播种育苗与露地播种育苗的优缺点。
(4)分析实训中存在的问题,提出改进建议,并总结播种育苗关键技术。
实训报告应包括目的、时间、人员、场地、设施、工具、材料、过程、结果以及分析结论、实训体会等内容。

项目七 扦插育苗

一、实训目的

(1)学习不同树种、不同方式的扦插育苗技术。
(2)了解影响插穗成活的内在因素。
(3)了解插穗的采集及储藏方法。

二、实训材料与用具

(1)插穗 各种类型插穗材料。
(2)试剂 NAA、IBA。
(3)用具 条剪、枝剪、天平、量筒、喷水壶、塑料薄膜、盆、皮尺、钢卷尺、竹棒等。

三、实训方法与步骤

(一)方法

分别按植物、基质、方式的不同进行,每类重复数不少于5。
(1)植物 植物种类总数每组不少于20种(或品种),分别按易扦插生根类、较难扦插生根类、难扦插生根类;草本类、木本类;不同部位(枝、叶、根等)。植物种类应选择具有观赏性和商品价值的园林植物,以木本为主。
(2)基质 分别按固态基质(土壤、沙池、珍珠岩等)、液态基质(水、营养液等)。
(3)方式 分别按处理(消毒、生根剂)、无处理;大田、容器等。

(二)步骤

1. 采条

选生长健壮、无病虫害、品质优良的母树,在其上采集健壮的一年生枝或近根颈处1~2年生的萌芽条作插穗。落叶树种在秋季后到翌春发芽前剪枝;常绿树插条,应于春季萌芽前采条,随采随插。嫩枝扦插以采生长季节半木质化枝条为宜,采集时间因树种而异。一般在秋冬采集的可做下面的处理:一是剪段土埋法:可剪成5~6寸长的段,每50根(或100根)一束,埋在二尺以下的土中。二是全枝土埋法:将全枝埋在土中,露出梢端在地上,插时再剪成段。

2. 插穗切制

将粗壮、充实、芽饱满的枝条,剪成 5~20 cm 的插条,每个插条上带 2~3 个发育充实的芽,上切口距顶芽 0.5~1 cm,下切口靠近下芽,上切口平剪,下切口斜剪。

3. 插穗的处理

为了促进插穗生根,提早发根,提高成活率,可以用生长素(如萘乙酸)或生根粉等处理,应用适量的萘乙酸处理插穗基部,可以使枝条内部呼吸作用增强、水分吸收能力扩高、酶的作用增强、储藏物质迅速分解转化,尤其是使可塑性物质在插穗下端积累。这些变化,对愈合组织和不定根的产生有着良好的作用。目前常用萘乙酸处理插穗,常用方法是快浸和慢浸。将切制好的插穗 50 根或 100 根捆一捆(注意上、下切口方向一致),竖立放入配制好的溶液中,浸泡深度 2~3 cm,浸泡时间 12~24 h。

4. 扦插

(1)扦插方法:硬枝扦插;嫩枝扦插。直接或辅助插入法,插穗与地面垂直或呈一定倾角。

(2)深度:插穗入土深度为插穗长度的 1/3~2/3(注意硬枝扦插与嫩枝扦插的区别)。

(3)插穗入土后应充分与土壤接触,避免悬空。

(4)株行距:株距 10 cm,行距 15~20 cm。

(5)浇水:插后立即灌足底水。

5. 管理工作

(1)扦插后立即浇一次透水,以后保持插床浸润。

(2)遮阴:为了防插条因光照增温,苗木失水,插后 4~5 个月应搭棚遮阴降温。

(3)抹芽:扦插成活后,当新苗长至 15~30 cm,应选取一个健壮的直立芽保留,其余除去。

(4)施肥:适当施入浓度的速效性化学肥料。

6. 扦插及插后注意事项

(1)防止倒插。

(2)保持上芽基部与地面平行。

(3)插后立即灌水。

(4)插穗与土壤密接。

(5)粗细不同应分级扦插,以达生长整齐,减少分化。

(6)插后要经常保持土壤浸润。

(7)常绿树应搭棚遮阴。

(8)阔叶树应注意除阴抹芽。

四、注意事项

(1)不要采集过分嫩弱枝或二年生以上有侧枝和芽苞少的枝条。

(2)扦插时,插穗要和土壤密切接合,落叶树枝插穗上部要有一个芽露出地面。

五、实训报告

(1) 填写扦插调查表,见表6-3。

表6-3 扦插调查

扦插树种	扦插时期	扦插方法	愈伤数量	愈伤率	生根数量	生根率

(2) 怎样进行选穗、采穗、切穗及扦插?
(3) 以任一树种为例,简述如何提高其扦插成活率。
(4) 列举小组选择扦插育苗的植物种类,并简要介绍你(个人)在实践中选择的植物种类及(该植物所用的)扦插类型。
(5) 简要介绍实训操作过程,总结实训中存在的问题和改进措施。
(6) 简要分析扦插育苗的应用性,并结合实践(实际),分别举例说明硬枝扦插、嫩枝扦插、叶插的主要技术措施。

附 硬枝扦插和嫩枝扦插

扦插育苗根据插条的木质化程度,可分为硬枝扦插和嫩枝扦插,其中嫩枝扦插也叫软质扦插。

▶ **硬枝扦插**

硬枝扦插一般就是枝条成熟度较高的枝条扦插,通常是一年生、两年生或多年生枝条。

· 采穗时间

硬枝扦插一般在春季最好,夏、秋季也有扦插的。当时北方地区由于秋季扦插容易受冻害,所以一般不进行秋季扦插,南方一些地区可以进行秋季扦插。

· 插穗选取

在选取插条时,一般要选择无病虫害、生长健壮的母树和枝条进行采穗扦插。

· 插条的储藏

大多数硬枝扦插在春季,采集的插穗一般要经过一段时间的储藏才进行扦插,应选择干燥、排水良好、背风向阳的地方挖沟,将插条打捆后,埋到土坑内即可。埋土时要立一些草把,以利透气。

· 插穗的剪截

插穗剪截,一般要保留2~3个芽,通常插穗长度是10~20 cm,且伤口平,下口在扦插时剪成斜口,有利生根。

· 扦插方法

可进行直插和斜插。斜插不宜过大,扦插的深度约为插穗的1/2~2/3。斜插有利于先发根,后长叶,降低回芽概率。

▶嫩枝扦插

嫩枝扦插就是在生长期选用一些半木质化的绿色枝条进行扦插的方法。如银杏、松树、玉兰、蜡梅等可用嫩枝扦插,硬质扦插不容易生根。

· 采穗时间

采穗的时间要掌握好,过早枝条幼嫩容易腐烂,过迟则生长素减少,生长抑制物质含量增加,不利于生根,大部分的采穗时间一般在5~9月份,但还要根据气候的条件和差异有所区别。在一天当中早晨采穗时间比较好。

· 插穗选取

应选择生长健壮、无病虫害的幼年母树,对难生根的植物,年龄越小越好。

· 插穗的剪截

插穗一般要保留3~4个芽,长度在5~20 cm,插穗下切口要剪成平口或者是斜口,上端要剪成平口。

· 扦插方法

由于嫩枝扦插枝条比较幼嫩,扦插用地要精细整理疏松。一般插条要插入总长的1/3~1/2。

项目八　嫁接育苗

一、实训目的

(1)学会接穗的制作,了解嫁接的类型与方法。
(2)重点掌握及熟练操作枝接种的切接、劈接,芽接中嵌芽接的方法。
(3)了解芽片接(T形切口)的操作方法。

二、实训材料与用具

(1)材料　各种类型接穗、接芽。
(2)砧木　各种规格。
(3)用具　条剪、枝剪、芽接刀、塑料薄膜、接蜡等。

三、实训方法与步骤

(一)接穗的选择与储藏

1. 母本选择

选择生长健壮、品种优良的壮年期母树,于树冠向阳面的中、上部剪取组织充分木质化的1~2年生枝条作接穗。春季枝接,选1年生生长旺盛、充实、休眠芽饱满、芽数较多的枝条作接穗;夏季枝接,选生长粗壮尚未木质化的当年生能枝作接穗。

2. 采穗时间

早春嫁接用的接穗,一般在植物落叶后取;常绿树、草本植物及夏季枝接或芽接时,最好随采随接,当天嫁接不完的枝条,应用湿布包裹或把枝条下部浸在水中。

(二)砧木选择与培育

1. 砧木选择

(1)与接穗亲和力强,生长健壮,根系发达。
(2)种源或种条丰富,能进行大量繁殖,且繁殖方法简便。
(3)砧木必须对接穗生长、开花、结实和寿命有良好影响。
(4)选抗病虫害、抗寒、抗旱、抗风和抗大气污染能力强的植物。
(5)能满足园林绿化对嫁接苗高度要求。

2. 砧木培育

一般采用实生苗培育,培育 1~2 年。

(三)嫁接时期

1. 春季嫁接

春季嫁接主要是枝接,从早春砧木树液开始流动后进行。

2. 夏季嫁接

枝接或芽接,一般在 5~7 月进行,主要是枝接。

3. 秋季嫁接

8~10 月是芽接的时期。

(四)嫁接方法

1. 枝接

(1)切接法。切接法是常用方法,大多树种适宜。

1)削接穗。将枝条剪成 5~6 cm 长,带 2~3 个芽的接穗用湿布包好备用。嫁接时,将接穗从距下切口最近的芽位背面,用切接刀向内切达木质部时即向下与接穗平行切削到底,切面长 2~3 cm,随即将接穗切面对侧斜削成 1 cm 的斜面。

2)削砧木。将砧木距地面 5 cm 处断砧,削平断面,在光滑平整的砧木侧面,用切接刀在切断面的肩部斜削一刀,露出形成层。对准露出形成层的内侧稍带木质部垂直下切,深达 2~3 cm。

3)结合。将削好的接穗,长削面向里插入砧木切口中,一定要插到底。然后将砧、穗形成层对齐,而后用塑料带由下向上绑扎紧密,必要时可将接口封泥培土。

(2)劈接法。在较大的砧木、较小的接穗时使用劈接法。在春季砧木上芽开始生长后进行。

1)削砧木。将砧木于基部锯断,用劈接刀从横断面的中心垂直向下劈开 3~4 cm。

2)削接穗。接穗基部的两侧削成 3~4 cm 长的楔形,楔形尖端不必很尖。

3)结合。将削好的接穗插入劈缝,用麻绳塑料带绑扎,接口用蜡封口或培土覆盖。

2. 芽接

(1)"T 形芽接"。其特点是易操作,嫁接速度快。要求砧木与接穗层易剥离,只能在离皮期进行。

1)削接芽。在芽的上方 0.5 cm 横向环切,到达木质部(刀透过皮层),然后从芽的下方 1.5~2.0 cm 向上斜削一刀,与上面的切口对其,取下芽片。

2)砧木开口与插芽。砧木在距离地面 5~8 cm(当年出圃的苗木嫁接位置在 20~30 cm)选择一个易于操作的部位,切"T"形接口,用刀尖将砧木的皮拨向两边,随后插入接芽,要求上部切口相互对齐。

3)用塑封条(宽 0.8 cm,长 25 cm 左右)将接口绑严、绑紧,将叶柄露在外面。

(2)带木质嵌芽接。带木质嵌芽接不受离皮的限制,春、夏、秋季节都可使用。

1)削接芽。在芽的上方 0.5 cm 向下 30°斜切一刀,到达接穗直径的三分之一,然后从芽的上 1.0~1.5 cm 向下斜削一刀,与上面的切口对其,取下芽片。

2)砧木开口与插芽。砧木在距离地面 5~8 cm(当年出圃的苗木嫁接位置在 20~30 cm)选择一个易于操作的部位,切一个与切芽形状相同,稍长于芽片的接口,使它们的倾斜角度一致,深度与切芽的厚度相同或者稍厚。要求切口相互对齐。

3)用塑封条(宽 0.8 cm,长 25 cm 左右)将接口绑严、绑紧,将叶柄露在外面。

(五)嫁接注意事项

(1)嫁接操作技术要领:齐、平、快、紧、净。

(2)嫁接刀具要锋利。

(3)切削砧、穗时不撕皮,不破损木质部。

(六)嫁接苗管理

(1)挂牌。

(2)检查成活、松绑。

(3)剪砧、抹芽和除蘖。

(4)扶正。

(5)补接。

(6)田间管理。

四、实训报告

(1)填写嫁接记录表(表6-4)。

(2)怎样进行选穗、采穗?

(3)简要介绍芽接的主要种类及技术要领。

表6-4 嫁接记录

树种	靠接	枝接			芽接	
		切接	劈接	其他	T字形芽接	其他

项目九　园林设施育苗实践

一、实训目的

（1）通过对几种园林设施育苗类型的实地调查、测量和分析，掌握本地区主要育苗设施的结构特点、性能和在本地区的应用。
（2）掌握温室主要环境调控设施的操控方法。
（3）了解现代温室环境调控关键技术。

二、实训用具

皮尺、钢卷尺、测角仪等。

三、实训地点

学校教学实习基地。

四、实训方法与步骤

采用教师现场讲解和同学进行实地调查和测量相结合的方式进行，实地测量时将同学划分为若干个小组。

（1）识别本地温室、大棚、中棚、小棚等几种园林设施育苗类型的特点，观察各种类型育苗设施的场地选择、设施方位和整体规划情况。分析各种类型设施结构上的异同、性能的优劣和节能措施等。

（2）测量并记载不同育苗设施的结构规格、配套附属设施的型号。

1）中小棚的方位，长、宽、高尺寸；用材种类和规格等；覆盖材料的种类和尺寸等。

2）塑料大棚的方位，长、宽、高尺寸；用材种类和规格等；覆盖材料的种类和尺寸等。

3）塑料温室的方位；温室长度、跨度和高度尺寸；覆盖材料的种类和尺寸；主要建筑材料的种类与规格，配套设施的种类和型号等。

4）玻璃温室的方位；温室长度、跨度和高度尺寸；覆盖材料的种类和尺寸；主要建筑材料的种类与规格；配套设施的种类和型号等。

5）硬质塑料板材温室的方位；温室长度、跨度和高度尺寸；覆盖材料的种类和尺寸；主要建筑材料的种类与规格；配套设施的种类和型号等。

6)遮阳网、防虫网、防雨棚的结构类型、覆盖材料和覆盖方式等。

(3)分组调研学校温室的结构、功能分区、主要(调控)设施、经营管理现状(存在问题及改进建议),进行主要调控设施的操作实践。

五、实训作业

(1)根据实训内容撰写实训报告。
(2)保护地栽培(设施栽培、设施育苗)的主要类型有哪些?
(3)结合学校温室调研情况,分析该设施在规划、营造、应用、管理等方面存在的问题并提出改进意见,总结现代温室主要配套设施系统(以学校温室为例,图文结合)。
(4)总结现代温室(保护地)主要环境调控技术要点。
(5)结合实际(社会应用)谈谈以温室为主的设施栽培应用现状及发展趋势。

项目十 无土栽培实践一

一、实训目的

(1)通过实践了解无土栽培营养液母液、原液与工作液的含义及其配制方法。
(2)熟悉无土栽培基本设施类型;了解常用基质的类型,掌握固体基质的选用原则。
(3)熟练掌握无土栽培常用基质的性能、消毒方法与合理应用技术。
(4)掌握育苗基质的选择与选配。
(5)掌握适合常见花卉无土栽培的育苗方式和模式及综合管理技术。

二、实训用具与试剂

1. 营养液配制
塑料容器、电子天平、烧杯、玻璃棒、电炉及各类试剂等。
2. 基质配制
(1)基质:无土栽培常用的固体基质,如泥炭、河砂等。
(2)容器:育苗穴盘、塑料钵等。
(3)含一定比例的复合肥($N-P_2O_5-K_2O$)或有机消毒肥料、Hoagland 营养液。
(4)消毒剂:40%的甲醇溶液或配制好的消毒液。
3. 基质理化性状测定
pH 计、玻璃电极、饱和甘汞电极、电导仪等。
4. 育苗及养护
花卉、蔬菜种子或插条、幼苗若干、镊子、塑料薄膜、简易滴灌设备,无土栽培设施。

三、实训方法与步骤

1. pH 测定
把电极插入与基质浸提液 pH 值接近的缓冲液中,校正待用。称风干基质 10 g 置于 50 mL 烧杯中,加 25 mL 蒸馏水后振荡 5~30 min,然后用 pH 计测定。
2. 电导率测定
取风干基质 10 g,加入饱和 $CaCl_2$ 溶液 25 mL,振荡浸提 10 min,过滤,取其滤液用电导仪来测电导率。

3. 基质的选择与配制

(1) 基质的配制　把泥炭、珍珠岩、有机消毒膨化肥料按 6∶3∶1 的比例充分混匀。可将复合肥以 0.25% 的比例对水混入 1∶1 的泥炭、河砂复合基质中。

(2) 基质的消毒　如泥炭、珍珠岩已使用过,需进行消毒。有条件的可用蒸汽(80~95 ℃)进行消毒,现在大规模生产中常用化学药剂消毒。消毒用的化学药剂很多,实验用 40% 的甲醇溶液 100 倍液。将基质平铺地面(若不是干净的水泥地面,可在地面上平铺一张塑料薄膜)10 cm 厚,然后用甲醇溶液将其喷湿,再铺第二层,直至处理完所有基质后用塑料薄膜覆盖封闭 1~2 昼夜后,将消毒基质摊开挥发直至没有甲醇的气味后方可使用(3~4 天)。参考附一。

(3) 基质的填装　将基质均匀地装入穴盘或塑料钵中,基质厚 12~15 cm,基质面比盘沿低 1 cm。

4. 育苗(播种、扦插)或移植

结合实践条件,根据无土栽培的设施类型,选定适宜的植物种类与育苗方式进行实践操作。记录作物生长情况,必要时追施速效肥;控制滴灌速度,以槽底或钵底刚湿不漏为准。

(1) 播种　将催芽后的种子用镊子小心地放入穴盘或塑料钵中,埋入基质以不见种子为好。播好后及时浇水,浇透。

(2) 移栽　①选苗,清洗植株;②组装、定植(准备清水,加入营养液)。

5. 管理

(1) 光照　冬春季时应适当补光或加大苗距;夏季,尤其是刚出苗时,应适当遮阳。

(2) 温度　可通过棚室内的加温装置和育苗床中铺设的电热线或遮阳网等来调节温度。注意夜温低于日温 5~10 ℃。上、下限温度因作物不同,温度要求差异较大。

(3) 水分　基质含水量约 15% 时开始浇水,此时基质表面干燥发白。空气湿度以 80% 左右为宜。可用通风或喷雾的方式调节。

四、实训作业

(1) 详细记录整个无土栽培的全过程,总结无土栽培的技术要点。

(2) 谈谈与常规育苗相比,无土育苗具有哪些优势?在推广普及的过程中有哪些需要改进的地方?提出实践过程中发现的问题和需要注意的事项。

(3) 试述营养液膜法栽培技术要点。

(4) 深液流法栽培技术有何特点?

附一　无土栽培器材消毒

1. 高温闷棚

在夏季高温季节,将大棚或温室全部封闭,利用太阳能和棚内高温进行室内消毒;密封暴晒 15~20 天,5~10 cm 深基质温度可达 40~60 ℃,最高土温能达 50~70 ℃。

2. 蒸汽消毒

利用蒸汽加温的温室,将蒸汽转换装置安装在锅炉上,将蒸汽管均匀地通入温室的不同方位,利用蒸汽进行消毒。

3. 室内药物熏蒸

可用甲醛、氯化苦以及农药烟熏剂进行熏蒸,以达到室内消毒的效果。

塑料大棚、日光温室及玻璃温室内应用烟熏剂进行消毒,亦能收到防病的效果。硫磺可用于烟熏消毒,45%百菌清烟熏剂、30%速克灵烟熏剂均可用于设施内的消毒。

(1) 硫磺熏烟消毒:密闭温室、大棚等设施数日后择晴天进行硫磺烟熏。方法是每隔2米堆放锯末,摊平后撒一层硫磺粉,先倒入少量酒精,逐个点燃,密闭一昼夜,然后开门通风换气,每公顷需硫磺粉 15~22.5 kg。这种方法消毒的效果很好,成本很低,取材方便。

(2) 农药烟熏消毒:用烟熏剂消毒,每隔 7~10 天烟熏 1 次,连续 3 次以上,效果显著。方法是清理田园后严格密闭即可烟熏。可用 45%百菌清烟熏剂或 30%速克灵烟熏剂,前者对多数真菌性病害有防效,速克灵烟熏剂或百菌清和速克灵混合烟熏剂对灰霉病为主的病害防效显著。烟熏剂的剂量为每立方米空间 0.2~0.3 g。每公顷面积,30%速克灵熏烟剂用量 4.5~7.5 kg,45%百菌清烟熏剂 3000~3750 g,均匀放置后,分别点燃,随即密闭烟熏 12~24 h。

4. 栽培基质的消毒

对栽培基质进行消毒,是防治土传病害乃至其他病虫害、线虫和杂草种子的最好方法。可采用蒸汽消毒和化学消毒两种方法。

(1) 蒸汽消毒是在利用蒸汽加温的设施条件下方可利用,即通过锅炉和相应装置把蒸汽分别送入栽培床的基质中以达到消毒的效果。

(2) 化学消毒是利用化学品如甲醛、氯化苦、甲基溴和漂白剂以及高效的农药(杀菌剂、杀虫剂)施入基质中进行消毒。

1) 甲醛的消毒方法:甲醛(福尔马林)是一种很好的杀菌剂,可用于基质和育苗器具及供液池、栽培床的消毒。基质消毒时,1 L 40%福尔马林对水 50 L,每平方米基质均匀施入 20~40 L,用聚乙烯薄膜覆盖并密封 24 h。处理后应风干 2 周以上,方可种植。育苗器具(育苗钵、育苗盘)、砾石、砂子以及贮液池等,亦可用 0.3%~0.5%的福尔马林溶液均匀喷洒后密封消毒。供液系统用 0.3%~0.5%福尔马林溶液通过水泵循环流动亦可起到消毒效果。但在作物定植前须进行清洗。由于甲醛消毒后冲洗困难,可改用敌克松消毒,浓度为 30 g/L,营养液中保持 15 mg/L,有控制发病的效果。

2) 氯化苦的消毒方法:氯化苦可防治线虫、昆虫、部分草籽、轮枝菌及多数其他真菌。氯化苦为液体,其使用方法是用喷射器向基质中喷射,每隔 20~30 cm、8~15 cm 深基质注入 2~4 mL,或每立方米基质施入 150 mL,用塑料薄膜或帆布等材料覆盖密封。处理后应经较长时间的风干方可使用。因氯化苦对人体和植物有毒害作用,故使用时要特别注意安全。

3) 甲基溴的消毒方法:甲基溴可防治线虫、部分真菌和昆虫、草籽,亦可用于基质的消毒,每 10 m^2 基质注入 1~2 kg,覆盖密封 48 h 风干待用。但因其对人体也有毒害,所以亦要注意安全。氯化苦和甲基溴可以混合使用,其消毒的效果更好。但基质消毒后务必要通气 10~14 天方可使用。

4) 漂白剂的消毒方法:栽培床和贮液池用漂白粉(次氯酸钙或次氯酸钠)或次氯酸,浓度为有效氯 100 倍液,处理半小时后,用淡水清洗除去氯,同样可达到消毒的目的。

附二　无土栽培类型与方法

无土栽培的类型和方式方法很多,按照其固定根系的方法,大体上分为无基质栽培和基质栽培两大类。

1. 无基质栽培

无基质栽培的特点是栽培的作物没有固定根系的基质,根系直接与营养液接触。其中最常用的是水栽培法。水栽培法是指植物根系直接与营养液接触,不用基质的栽培方法,它的栽培介质主要是水。最早的水培是将植物根系浸入营养液中生长,这种方式会出现缺氧的现象,影响根系呼吸,严重时造成根系死亡。经过改进和完善,现在的水栽培是使用一层很薄的营养液层,不断循环流经作物根系。一般要有10 cm左右深的营养液,既不断供给作物水分和养分,又不断供给根系新鲜氧气。

2. 基质栽培

基质栽培是指植物通过固定基质来固定根系,并通过基质吸收营养和氧气的方法。基质栽培是无土栽培中推广面积最大的一种方式。它是将作物的根系固定在有机或无机的基质中,通过滴灌或细流灌溉的方法,供给作物营养液。栽培基质可以装入塑料袋内,或铺于栽培沟或槽内。基质栽培的营养液是不循环的,称为开路系统,这可以避免病害通过营养液的循环而传播。而且设备较水培法简单,甚至可以不需要动力,所以投资少、成本低,生产中普遍采用。

附三　无土栽培设施

在这里主要介绍水培型无土栽培设施。根据水培的装置系统、营养液的供氧方式,水培型无土栽培主要可分为营养液膜法、深液流法、动态浮根法、浮板毛管水培法、喷雾栽培法等栽培方法。

1. 营养液膜法

营养液膜法即nutrient (nutritious) film technology,英文缩写为NFT。

(1)营养液膜法栽培设施:主要包括贮液池、水泵、栽培槽、输液管道和调配系统。营养液深度为0.5~1.0 cm。

(2)供液方式:连续供液、间断性供液。

(3)适宜栽培作物种类:适宜生产速生快熟叶菜,一年多茬收获,产量高,收获期长。常见的速生叶菜品种有生菜、小白菜、菠菜、芹菜等。

2. 深液流法

深液流法即depth fluid technology,英文缩写为DFT。

(1)深液流法栽培装置:主要包括贮液槽、栽培槽、水泵、营养液自动循环系统及控制系统。营养液深度为5~10 cm。植物根系大部分浸入营养液中,吸收营养和氧气,同时装置可向其中补充氧气。

(2)适宜作物:适于叶菜及根系发达的作物蔬菜。

3. 动态浮根法

动态浮根法即dynamic root floating hydroponic techniques,英文缩写为DRF。

(1)动态浮根法栽培装置:主要包括营养液池、栽培槽、空气混入器、排液器、定时器、水泵等。

(2)特点：①营养液灌溉时，根系可在槽内随营养液的流动而波动、摆动，有利于根系对养分的吸收利用；②营养液槽内营养液深度达 8 cm 时，自动排液器启动，使槽内营养液排出，当营养液深度降至 4 cm 时，部分根系外露，可吸收空气中氧气，利于根系呼吸。

4. 浮板毛管水培法

浮板毛管水培法即 Floating Capillary Hydroponics，英文缩写为 FCH。该法是由浙江农科院和南京农业大学研究开发的。

(1)栽培装置：由贮液池、栽培床、循环系统和供液系统组成。营养液深度 3～6 cm。

(2)特点：进液端安装有空气混合器；营养液深度通过排液管处垫板调节。

附四　无土栽培营养液配方

(1)配方一：尿素 5 g、磷酸二氢钾 3 g、硫酸钙 1 g、硫酸镁 0.5 g、硫酸锌 0.001 g、硫酸铁 0.003 g、硫酸铜 0.001 g、硫酸锰 0.003 g、硼酸粉 0.002 g 加水 10 kg 溶解。

(2)配方二：硝酸铵 0.2 g、过磷酸钙 0.6 g、硝酸钾 0.55 g、硫酸镁 0.54 g、硫酸钙 0.08 g、硫酸亚铁 0.003 g、硫酸锰 0.002 g、硼酸 0.003 g、硫酸锌 0.002 g、钼酸铵 0.002 g 加水 2 kg 溶解。

(3)配方三：硝酸钾 0.7 g、硝酸钙 0.7 g、过磷酸钙 0.8 g、硫酸镁 0.28 g、硫酸铁 0.12 g、硼酸 0.0006 g、硫酸锰 0.0006 g、硫酸锌 0.0006 g、硫酸铜 0.0006 g、钼酸铵 0.0006 g 加水溶解。

(4)配方四：硝酸钙 0.8 g、硝酸钾 0.04 g、磷酸二氢钾 0.25 g、硫酸镁 0.40 g、硫酸亚铁 0.015 g、硫酸锰 0.004 g、硼酸 0.006 g、硫酸锌 0.0002 g、硫酸铜 0.001 g、钼酸铵 0.0002 g 加水溶解。

附五　无土栽培营养液配制

无土栽培营养液一方面要根据作物对各种营养元素的实际需要，另一方面要考虑作物的吸肥特性。在无土栽培中营养液是作物根系营养的唯一来源，因此营养液中应包括作物必需的所有营养元素，即氮(N)、磷(P)、钾(K)、钙(Ca)、镁(Mg)、硫(S)等大量元素和铁(Fe)、锰(Mn)、硼(B)、锌(Zn)、铜(Cu)、钼(Mo)等微量元素。不同的作物和品种，同一作物不同的生育阶段，对各种营养元素的实际需要有很大的差异。所以，在选配营养液时要先了解不同品种、各个生育阶段对各类必需元素的需要量，并以此为依据来确定营养液的组成成分和比例。

(1)格里克营养液：格里克营养液是最早用于无土栽培的营养液配方，其浓度表示方法为溶于 1000 L(1 t)水中的无机盐类的组成克数。

(2)斯泰纳营养液：斯泰纳营养液在国际上使用较多，适合于一般作物的无土栽培，其浓度表示方法为每 1000 L(1 t)水中各类盐的克数。

(3)潘宁斯菲德营养液：潘宁斯菲德营养液用于 NFl 方式栽培番茄，其浓度表示方法为 1000 L(1 t)水中各类盐的克数。

(4)日本园试通用营养液：日本园试通用营养液由日本兴津园艺试验场开发提出，适用于多种蔬菜作物，故称之为通用配方，其浓度表示方法为 1000 L(1 t)水中各类盐的克数。

(5)日本山崎营养液配方：日本山崎营养液配方为 1966—1976 年间山崎肯哉在测定各种蔬菜作物的营养元素吸收浓度的基础上配成适合多种不同作物的营养液配方。

项目十一 无土栽培实践二

一、实训目的

通过实践,了解无土栽培中陶粒与水晶泥基质栽培的特点、方法及技术要求,增强对无土栽培技术的认知,培养对包括栽培技术、基质材料等面向应用的创新思维与科研素养。

二、实训材料与用具

(1)材料 陶粒,水晶泥,花卉。
(2)用具 容器及栽培工具。

三、实训内容

(一)陶粒栽培

陶粒,又名膨胀黏土、发泡炼石、火炼石等,是以黏土、页岩、粉煤灰等为原料,经加工、焙烧而制成的一种轻质、坚硬、具有明显蜂窝状的人造轻质骨料。

营养陶粒是一种新研制的栽培基质,以黏土为主要原料,加入植物生长所需的14种元素化合物,先加工成球形小颗粒,再经850 ℃左右高温烧结而成。

陶粒由表及里有许多微孔,具有一定的机械强度,吸潮、净化空气、吸水、透气、持肥能力强,小颗粒堆砌在一起形成许多空穴,透气利水,不会板结。干燥状态下没有粉尘,泡水后不会解体,不产生泥水,这种基质优于大自然中的泥土,用它栽培花卉营养丰富,无尘土,无泥水,无臭气,不滋生蚊蝇,使用寿命可达8年以上,是室内盆花和鱼缸水草理想的栽培基质。用它作屋顶花园的栽培基质,比泥土轻,透气利水性比泥土好,冻融试验无变化,安装自动补水箱对基质补水,常年保持2 cm水位,一年四季无须人工浇水。

1. 理化特性

(1)干容重:±0.98 t/m^3(980 g/L)。
(2)湿容重:±1.2 t/m^3(1200 g/L)。
(3)吸水率:18%~20%。
(4)pH值:中性偏酸。
(5)营养元素:内含氮(N)、磷(P)、钾(K)、钙(Ca)、镁(Mg)、硫(S)、铁(Fe)、硼(B)、锰(Mn)、锌(Zn)、铜(Cu)、钼(Mo)等营养元素。

当植物生长消耗了大量氮、磷、钾元素之后,每半年浇一次2‰的复合肥水溶液即可,其他微量元素含量不足时需补充。

(6)粒径:有2~10 mm各种规格用户可选用。

2. 适用范围

陶粒无土栽培适用于各种植物。一般较易进行陶粒无土栽培的有龟背竹、米兰、君子兰、茶花、月季、茉莉、杜鹃、金梧、万年青、紫罗兰、蝴蝶兰、倒挂金钟、五针松、喜树蕉、橡胶榕、巴西铁、秋海棠类、蕨类植物、棕榈科植物等;还有各种观叶植物,如天南星科的丛生春芋、银包芋、火鹤花、广东万年青、龟背竹、绿巨人、银皇后、合果芋,鸭趾草科的淡竹芋、吊竹梅,百合科类的芦荟、吊兰、银边万年青,景天科类的莲花掌、芙蓉掌及其他类的君子兰、兜兰、蟹爪兰、富贵竹、吊凤梨、银叶菊、巴西木、常春藤、彩叶草等。

3. 营养液

可施用陶粒无土栽培专用型营养液或陶粒无土栽培营养液。

4. 容器

除专用花盆外,可使用家中和身边底部不漏水的常见器皿。

5. 应用

可以用于苗床、花圃、大棚花卉、植物、蔬菜以及屋顶花园和草坪的栽培。

6. 注意事项

(1)栽植盆花时,请使用专用盆具,陶化营养土专用盆具,盆底无排水孔,盆外靠底部有一观水池与盆内相通,用以显示盆内水位。

(2)泥栽植物倒换成陶化营养土栽培的操作方法

1)将陶化营养土倒入水中浸泡。

2)将泥栽植物从盆中倒出,放入水中浸泡,然后用水冲洗掉泥土,操作时尽量不要伤根。

3)在盆具内垫3~5 cm厚浸泡过的陶化营养土。如果使用没有洞眼的器具栽培植物时,要注意在容器的底部先加一定量的根防腐剂,将陶粒颗粒轻轻地放入容器的底部。

4)将洗去泥土的植物放入盆中,把根系展开分散在盆里,再把浸泡过的陶粒放入盆中,振动和摇晃花盆,让陶粒与根紧密接触。

5)往容器里浇水,容器中有2 cm水位或容器1/4左右的水即可。

6)置于阴凉通风处养护一周。

(3)容器中水干了,可以浇水。只要植物不呈缺水现象推迟两三天浇水也可以,因为陶粒中还保有水分。

(4)陶化营养土具有吸潮性,易吸收空气中的水分,受潮程度不同重量也不同,所以不以重量作计量单位,而以容积作计量单位,因为受潮与否体积不变。

(5)陶粒由于内部有许多的空隙,吸水性强,所以在给陶粒加水时,一定要在陶粒干至八成时再添加水。

(6)陶粒在使用一个月左右时(夏季以半个月为宜)需要彻底用清水冲洗干净,避免菌类泛滥。最好用500倍液的高锰酸钾或多菌灵溶液浸泡杀毒,然后再用清水冲洗两遍即可重新使用。

7. 管理

采用陶粒进行无土栽培的水培植物具备如下因素。

(1)光线和合适的温度:只有这两个因素取决于外部条件。

(2)养分:水培植物在购买时就配有足够维持植物生长的肥料。

(3)空气:在植物根部铺好的透气性能好的小颗粒状陶粒可保障植物根部均衡透气。

(4)水分:水位孔处设置植物对水的需求,容器可保持一定的水分储备,这样就省去了不断浇水的麻烦。

(二)水晶泥栽培

1. 水晶泥的特点

水晶泥是一种可以替代传统泥土种植花卉或其他植物的高科技环保产品,清洁干净,外观漂亮,晶莹剔透,颜色丰富,深受欢迎。它采用进口高分子材料生产制作,富含植物所需养分,可反复吸收、保持、释放水分、养料、香料1~2年,浇一次水可保持1个月左右,省却了频频浇水的烦恼。它无毒无味,无污染。形如水晶,异彩缤纷,美观时尚,将其造型盛在透明器中就是一件精美的工艺品,插上鲜花,种上植物,根须清晰可见,犹如扎根水晶之中,在观赏植物美丽的花朵、叶片的同时也可欣赏到植物根系的生长过程。

2. 适用范围

适用于宾馆、酒店、商务中心、大堂接待处、宴会厅餐桌、客房床头柜、梳妆台、酒吧茶楼、咖啡厅等。

适用植物品种:红竹、金黄百合竹、黄边百合竹、万年青、五彩千年木、巴西铁树、水仙花、生菜、番茄、黄瓜、仙人掌、芦荟类等适合阴生室内摆设的植物或水培植物。

3. 栽培与养护方法

栽培与养护方法:①以1∶100的清水泡花泥2~4 h;②将发涨了的花泥晾干水气即可使用;③也可直装将干颗粒在瓶中按比例加水造型,形成彩虹效益;④选一个和花草体积大小,形态相宜的玻璃花瓶,将花泥倒入;⑤带根植物洗净泥土,去掉烂根,如根系发达可用水泡1~2天;⑥栽种后3~5天即正常生长(夏短冬长),平时无须护理,隔1~2周表面喷点叶面水即可;⑦可定期适量添加适合植物生长的营养液。

4. 注意事项

(1)洗根时应让根部在水中浸泡时间稍长一些,以便于轻抖即可除去根部泥土,切忌用力搓揉根部,以免造成根部严重损伤,难以恢复。

(2)栽培后3~5天为恢复期,夏短冬长,要求盆底少水(因植物而异)、荫蔽,多喷叶面水。

(3)恢复期结束之后加水一次,并根据植物习性保持盆中适当水分。

5. 日常护理

(1)避免阳光照射:室内观花所选均为较耐阴植物,水晶泥也不宜于阳光照射,若植物需要适量阳光,可用黑布或胶袋包住器皿照晒。

(2)经常喷水于植物叶面及水晶泥表面,用于补充叶面水及水晶泥表层蒸发的水分(尤其是夏季高温天气)。给水晶泥喷水应注意适量,切忌水量过多,导致瓶底大量积水,影响美观和植物生长。

(3)如果长时间未喷水,表层水晶泥过干(体积缩小至原来的一半左右),可把表层水晶泥倒出,置于盆中用清水浸泡半小时即可恢复原状,沥干水后再放回瓶内。

(4)最好每隔20天左右把上层水晶泥倒出来用清水浸泡一次(20 min左右),可除尘、补水,保持清新、亮丽,效果更佳。

附一　水晶泥种植指南

一、植物种类

水晶泥适宜种植喜欢阴湿、适水性强的室内观叶类植物或室内水培植物,如草本类、棕榈类、凤梨类、竹芋类、石蒜类、铁类、竹类、芋类等,不适宜种植需阳光照射的木本植物、鲜花类种植及肉质类植物。

(1)草本类:万年青、玛丽安、皇冠、黑美人、一帆风顺、红掌、金边吊兰、金枝玉叶、绿宝石、虎纹兰、紫背万年青、白雪公主等。

(2)棕榈类:袖珍椰子、宽叶苏铁、蝴蝶苏铁、铁叶葵、散尾葵、刺葵、鱼尾葵、棕竹葵等。

(3)竹芋类:孔雀开屏、花叶竹芋、西瓜竹芋、彩虹竹芋、天鹅绒竹芋等。

(4)石蒜类:水仙、风信子等。

(5)铁类:红铁、金边铁、银边铁、五彩铁等。

(6)竹类:富贵竹、金边富贵竹、银边富贵竹、文竹、龟背竹、小天使、金边金钱树等。

(7)芋类:花叶芋、尖叶芋、小白叶芋等。

(8)仙人球、芦荟类。

二、种植前的准备工作

(1)种植的植物要适应水晶土的环境需要一段时间,可能会出现缓苗现象;选择适合种植的品种,用土栽培的植物先用水润湿泥土,再把植物移出洗掉泥土,剪除损伤的烂根、烂叶,洗净后晾干备用。操作时不要损伤主根。种植时最好用花卉消毒处理液浸泡后再种植。可以用千分之三的高锰酸钾溶液消毒根部10 min,将根部用水冲洗干净,再晾去根部表面水分,选择合适的瓶子,舒展根部种入即可。

(2)大部分阴生植物洗净植物根部晾干即可用水晶泥种植。少部分植物需经水培后方可移植(水培时间视气温及植物情况而定),将需水培的植物根部泥土洗净,然后置于水中,以水浸没其根部为准,4天左右换水一次,水培至植株长出新生根系即可种植。

(3)色彩的组合搭配:一个容器最好用1~2种色彩的水晶泥分别浸泡后进行组合,最好选择色彩相近的水晶泥进行搭配。如红、橙、黄、紫为一系列(任选两种);青、蓝、绿为一系列(任选两种)。

(4)水晶泥干颗粒需用50~100倍的水经2~4 h浸泡(注意:浸泡时切勿搅拌),喜欢干燥的植物如兰草类、仙人球、仙人掌等;使用时可适当减少浸泡比例,按1∶50~1∶80浸泡,最好选用干净的水来浸泡水晶泥(如蒸馏水、矿泉水、纯净水、凉开水)。发泡前,预留少许水晶泥干颗粒,种植时放在盆底,用来吸干多余水分(注意:不要用塑胶制品浸泡水晶泥)。

(5)部分植物在准备过程中,注意不要让水滴到叶片上,有水叶面会腐烂,且平时不要喷叶面水。

(6)把容器洗净抹干,先将预留的水晶泥干颗粒置于盆底,用来吸收多余的水分,再放入已滤干多余水分的水晶泥,使根系散开舒展,在根部四周均匀放入水晶泥,当根系大部分被覆盖时,向上轻提植物使其根系顺畅,再用手轻轻压实水晶泥。种植水晶泥的容器不宜过大,一般以容积为 250~2500 mL 为宜,适宜栽种矮型室内常绿观叶植物。

(7)如有条件,最好使用底部有透气孔的玻璃器皿。

三、种植后的护理

(1)移栽后无论土种,还是水培或水晶泥种植,植物都有部份根系会受损烂掉或部分叶片变黄,变黄叶片剪掉即可,根部腐烂会影响生长,应及时剪掉烂根再植入水晶泥中。如烂根较多则需要倒出水晶泥,剪掉烂根并清洗滤干水晶泥后再种植。

(2)若水晶泥表面沾有灰尘或较脏,可把表层水晶泥取出用水漂洗干净、浸泡还原后晾干表面水分再置入容器中。

(3)水晶泥中的营养成分可供慢生植物生长半年左右,使用中可根据植物及植物生长情况,适时添加或更换水晶泥,也可定期添加适量适合植物生长的营养液。

(4)大部分植物 1~2 周须喷洒叶面水(所喷叶面水最好添加叶面肥),但不宜频繁喷洒,否则叶片容易发黄。水晶泥本身保持水分的能力很强,因此平时千万不要浇水,等看到水晶泥高度明显下降时,可少加比正常用量减半的营养液的水让水晶泥重新吸胀,但注意不可加满致使通气性降低,多余的水应倒掉、滤干。

四、使用期限

干品加水浸泡后的水晶泥成品用于种花、插花,室内使用期限以 2~6 个月为宜。用于室内工艺装饰品(不插花、种花)使用期限略长。

五、注意事项

(1)不同地区不同气候环境会有所差异,具体以当地植物种植试验效果而定;产品宜放于阴凉、干燥处密封储存,可以保存 2~3 年时间,如有吸潮不影响使用。水晶泥种植的植物不能阳光直晒,也不能用于湿度过高的地方;水晶泥本身无气味,多余的积水或植物根部腐烂都会产生气味。最好使用纯净水、蒸馏水种植,不宜使用自来水,因为自来水含有用于杀菌的氯离子,对水晶泥有漂白作用,使用自来水会使水晶泥加速褪色。

(2)在插干花和绢花使用时,要把插入部分的枝干用透明玻璃纸裹住。因为干花是脱水制作的,花泥中的水分日久会使枝干吸水霉变,绢花大多用铁丝包裹彩纸做成,所以需避免纸张吸收水分后引起铁丝生锈污染花泥。

(3)既可将该产品定位在以种花、插花为主,以工艺装饰品(或艺术装瓶造型,或加香料制作固体加香剂等)为辅;也可将该产品定位在以工艺装饰品为主,以种花、插花为辅。

附二 水晶泥的制作配方

一、配方 1

配制 1 kg 水晶土所需原料的配方比例:海藻酸钠 5~8 g,防腐剂(如苯甲酸钠)0.1 g,水 1250 g,无水氯化钙 50 g,色素 0.3 g。

制作步骤如下:

(1)混合液的配制:将海藻酸钠、防腐剂、色素按比例倒入 1000 g 热水中,用木棒搅拌一下,静置2~3 h后,再搅拌10 min,等海藻酸钠完全溶解即可。

(2)成型液的配制:以1 kg水晶花泥为例,需50 g氯化钙,水1.25 kg(最好用温水,溶解快)2 h后基本就溶解好了,用木棒搅拌几下就成了。

(3)配制:将滴漏器放在成型液容器的上方,滴漏器可以用塑料盆等容器在其底部钻空8 mm做成,将混合液到入滴漏器里,让其成断线的珍珠一般的滴漏下来,掉入成型液中,如不能顺利滴漏用木棒搅拌就可以了,20 min后就成型,应放置2~3 h后取出用清水冲洗干净即可。

该水晶泥可直接养花。

二、配方2

(1)以丙烯酸盐100 g和水400 mL的比例制成丙烯酸盐溶液。

(2)氢氧化钠40 g和水200 mL的比例制成氢氧化钠水溶液,然后再加入72 g丙烯酸。

(3)取过氧化物(如氧化钠或过硫酸铵等)15 g溶于200 mL水中制成过氧化物水溶液。

(4)取等量的按以上的比例配制的三种水溶液放到不锈钢容器中加热到50~90 ℃,等反应完毕后就得到了柔软有弹性的高分子聚合物,然后按常规方法干燥去除水分再粉碎成颗粒就可以了。

注意:水晶泥吸水性强,注意防潮,在阴凉通风处可保存2~3年。种花时可用营养液浸泡,有利于植物的生长。

附三 水晶泥栽培与管理

一、水晶泥的优点

(1)种养植物具非常高的观赏价值。

(2)绚丽多彩的水晶泥为室内环境起着很好的点缀作用。

(3)在水晶泥中加入适量的香料或香水更可作为固体空气清新剂,留香持久,有助于改善室内环境氛围。水晶泥最适宜种养阴生或水生绿色观叶植物,它不需要经常浇水护理,也不会生虫、惹蚊惹蚁,干净卫生,本产品主要成分为树脂,不含海藻酸或淀粉成分,故不会变质和褪色,且无毒、无害、无污染,是宾馆、家庭及其他公共场所种养花草、美化环境的最新最佳材料。

二、适用范围

石蒜科、蕨类、棕榈、百合属,例如,水仙、攀藤万年青、富贵竹、袖珍椰子、巴西铁、合果芋、虎背、金边吊兰、彩芋、美叶芋、仙人掌、金手指、银后万年青、白掌、银边百祥草、红宝石、喜林芋、紫叶鸭舌草、绿萝、太阳神、心叶喜林芋等适合阴生室内摆设的植物。

三、使用方法

(1)先把植物根部泥土冲洗干净再种植。如种植前在水中培养一周左右,去除腐败的旧根,植物会长得更好。

(2)以1∶80~1∶100倍的清水浸泡水晶泥12~24 h;膨胀后滤干多余的水分,即可使用。

(3)将膨胀后水晶泥倒入透明玻璃器皿中。使用时最好让水晶泥完全覆盖植物根系。

(4)若需多种颜色混合,请先将每种颜色单独泡好,滤干水分后再分层混合。

(5)水晶泥泡发时,可加入适量香料或香水,可作为空气清新剂,有助于改善室内环境氛围。

四、注意事项

(1)产品宜放于阴凉、干燥处密封储存,可以保存2~3年时间,吸潮不影响使用。

(2)本品种养花草不宜阳光直晒,须摆在幼童不能触及的地方,以免误食。

(3)本品种养植物可长时间不用浇水和施肥,只需适时(2~4周)在晶块表面喷洒少许水分,加水膨胀又可反复使用。

(4)水晶泥弄脏后经水漂洗滤干水分,可继续使用。也可把水晶泥洗干净后,作阴干处理,留待下一次再发泡使用。

(5)水晶泥使用矿泉水或纯净水浸泡可获得最佳的效果,因自来水含氯很容易漂白水晶泥的颜色,请注意在装进花瓶前必须将水分滤干。

虽然使用水晶泥栽培植物有很多好处,但这也不代表所有植物都适合使用水晶泥来进行栽培,在使用水晶泥栽培植物前还是需要对植物的习性多做了解,这样才能保证植物的健康生长。

五、水晶泥栽培花卉的特点

1. 非常适合观看欣赏

这种花卉使用的水晶泥光亮且透明,色彩鲜艳,有宝蓝色、翠绿色、玛瑙红等颜色,颜色可任意组合;它通常生长在透明的玻璃容器中,既可以看到花朵和叶子,也可以看到根部生长发育的过程。

2. 营养丰富,储水性好,存活率高

水晶泥属于高新技术的现代产品,可以提供比土壤更多的有机成分,具有氮、磷以及钾等各种微量元素,可以满足植物生长发育期间所需要的养分需求。存活率能达到95%,可以让植物生长得更壮实整齐,花朵的颜色更靓丽,花存活的时间更长。

3. 操作简单,保护环境和卫生

水晶泥花卉没有多少重量,很轻,容易运输,种植简单,繁殖能力强,也很容易护理,可以不用消耗很多时间和精力,占用的空间也小。种植在玻璃容器上,不会像种在盆栽里一样,在浇水时从盆底溢出水,不会因为土壤的气味而把蚊子等有害昆虫吸引过来,导致病虫灾害传播。

4. 可用作调香剂

在水晶泥的水中加入适量的香料还能够美化环境。香料与水的比例为1∶100。

六、培养水晶泥花卉的方法

水晶泥适合室内种植阴生和水生的植物,比如芦荟、蜘蛛草、龟背竹等。培养方法如下:

1. 水晶泥进行浸泡

水晶泥混合物富含多种颜色和颗粒,应该用50~100倍的水浸泡。将大颗粒母料浸泡 8~9 h,而小颗粒的进口母料只需要浸泡时间为 1~2 h。用于浸泡的水必须清洁干净。使用的自来水要先放置两天,让氯离子从水中释放出来。再选择一个空容器,把适量的水倒入容器中,随后再把水晶泥母料浸泡在里面,并保留一部分干燥的颗粒母料放着备用。

2. 花卉植株处理

通常选择体型比较小的植物进行移栽。首先,观察留意植株的土壤有没有因为干燥结成硬块。如果结成硬块后,需要在土壤上喷上一定的水,等到土质疏松后,再把植株带根拔出来,在水中浸泡 5~10 min,根部用水清洗干净,放干以后再修剪下植株根部。把老弱病残以及太过长的须根给修剪掉,修剪根部时小心不要弄伤了主根。如果在修剪过程中,根部受到伤害或者污染,可以用酒精进行消毒,防止细菌产生感染根部,导致根部发烂。

3. 花卉种植过程

首先观察水晶泥有没有浸泡成功。再把泡过的水晶泥用清水洗干净,然后沥干水分以后放着备用。花瓶中的水晶泥,颜色不能超过 3 种,色深在下,色浅在上。花瓶擦干水以后,底部放入水晶泥干颗粒,可以把多余水分的吸收走,底部铺好一层水晶泥,植物放到容器里面,水晶泥在平铺在容器四周,然后放入其他种颜色的水晶泥,要覆盖住根部的高度,离瓶口 1~2 cm。放入全部水晶泥后,轻轻压实,植物没有倾斜就好。

4. 管理

(1) 花卉的缓苗阶段。刚移栽的植株不能直接放到阳光下,需置于阴凉处 3~5 天进行缓苗,待植物根系舒展开后,才能把它放到有散射光的地方进行管理。

(2) 水分和光照。水晶泥被水泡过以后,会吸收到大量的水分,所以半个月浇一次水即可,但是若发现水晶泥表面开始干燥,植物变黄开始掉落叶子的时候,就要给植物浇灌水了。用水晶泥种植的植物一般都要选择喜爱阴凉的,但是也是需要光照的。最好把植物放到窗边能吸收到阳光的地方,吸收到一定的阳光之后再搬回阴凉的地方。

(3) 根部处理。没有土壤种植的植物易烂根,主要是因为水里生长和土里生长还是有很大差异的。如果发现植物根部开始腐烂,要把烂掉的根部剪掉,把根部和水晶泥清理干净。

(4) 更换水晶泥。因为水晶泥中含有的营养成分,只能能够维持植物生长发育的时间差不多是半年,所以按照植物的生长发育情况来看,可以到了一定的时间添加一些或者换掉水晶泥,也可以定期添加一些能帮助植物生长发育的营养液体。

项目十二　园林树木的栽植一——整地实践

一、实训目的

(1)了解土壤整理与树木生长发育的重要意义。
(2)掌握不同栽植方式下的整地方式。
(3)掌握定植穴的规格与挖掘要求。
(4)掌握园林种植工程定点放线的技术要求。

二、实训用具

铁铲、锄头、铁耙、卷尺、皮尺等。

三、实训地点

校内。

四、实训内容

(1)场地清理:清除场地杂草、杂物等。
(2)土壤整理:按设计图纸要求适当整理地形;翻地;碎土、耙平;填压土壤、土壤改良等。
(3)定点放线:①自然式种植放线法;②规则式(行列式)种植放线法;③等距弧线种植放线法。
(4)挖定植沟(槽)与定植穴:栽植穴的规格一般比根幅(或土球直径)和深度(或土球高度)大20~40 cm,甚至一倍;穴或槽周壁上下大体垂直。表土与底土应分开放置。要求定点、分层、规整。

五、实训作业

(1)针对荒山荒地、建筑工地、苗圃地等不同类型的地块,园林绿化前进行土壤整理的要求有何不同?
(2)简述树穴挖掘时应注意的问题。

项目十三　园林树木的栽植二——移栽定植实践

一、实训目的

(1)了解园林树木栽植的程序与要求。
(2)掌握不同种类与规格的园林树木种植技术。
(3)掌握裸根苗与带土球苗的挖掘、运输与定植技术。
(4)掌握竹类植物的定植技术。

二、实训用具

铁铲、锄头、铁耙、卷尺、皮尺、枝剪、手锯、运输工具等。

三、实训地点

校内。

四、实训内容

1. 种植设计与准备

种植前先按要求做好种植设计：①植物配植上乔木、灌木、草本要合理搭配,常绿与落叶、针叶与阔叶应有适当比例；②植物种类上乔木、灌木均应不少于4种,每种不少于3株；③应有不少于6株(丛)竹类植物。已有设计的应充分明确设计意图与工程概况,做好现场踏查与核实,并编制施工组织方案。

2. 裸根苗与带土球苗的挖取

(1)裸根苗：选择适合苗木,按要求挖掘,轻轻倒放苗木并打碎根部泥土,尽量保留须根,挖好的苗木立即打泥浆。提前2~3天对起苗地灌水,使苗木充分吸水,土质变软,便于操作。

(2)带土球苗：适合常绿树、规格较大或反季节种植的落叶树、名贵树木和较大的花灌木。土球的直径因苗木大小、根系特点、树种成活难易等条件而定。乔木土球的直径为胸径的6~8倍(根据品种、季节的不同,土球的大小会有一定的变化),土球厚度通常为土球直径的1/2以上,根深性树种,如银杏等可适当加大,并用草绳将土球捆绑紧。灌木土球的大小以灌木冠幅的1/3为宜。为了便于运输,尽可能减轻土球重量,在挖掘土球之前应先刨除树干周围浮土,同时为避免因干燥造成土球松散,需对挖掘范围内的土壤适当浇水。然后以树干为中心,在超过规定土球直径 3～5 cm 处往外挖圆形沟,沟宽约 70 cm,直至所挖沟深度达到土球规定的高度为止。土球挖掘成形后,再用锋利的铁锹对其进一步修整,使其土面平坦光滑,便于绑扎。如挖掘中遇到较粗的树根时,要用锯或剪等锋利工具切断,不可用钝器硬砸,避免土球砸散。当土球修整至 1/2 深度时,可逐步向里收底,直至修整到土球直径的 1/3 时为止,然后将土球表面修整平滑,下部修小平底。

3. 园林植物的栽植与管理

(1)树木栽植过程要经过起苗、运输、定植、栽后管理四大环节。四个环节应密切配合,尽量缩短时间,最好是随起、随运、随栽,及时管理,形成流水作业。

(2)起苗后栽植前对苗木要进行处理:修枝、修根(劈裂根、过细根、过长根、病虫害根、过密根)、浸水、截干、埋土、贮存等。

(3)验收与假植:严格按设计和规范要求对各类苗木进行验收。接收的苗木如不能及时栽植,应进行假植,妥善贮藏,最大限度保持苗木的生命力。

(4)配苗或散苗:行道树和绿篱类栽前苗木分级,相邻基本一致。"对号入座",边散边栽。配苗后还要及时核对设计图,检查调整。

(5)栽植要求:植深适当,注意方向。栽植深度应以新土下沉后树木原来的土印与土面相平或稍低于土面为准。应保持原生长方向(避免冻裂、日灼),或把树形最好的一面朝向主要观赏面。特殊要求外,树木应垂直于东西、南北两条轴线。行列式栽植时,先栽好"标杆树"。弯干苗,弯向行内,做到整齐美观。

(6)裸根苗的栽植:穴底填表土,放苗入穴,保证根系舒展。两人一组,一人扶正苗木,一人填土。填土约达穴深的 1/2 时轻提苗;用木棍捣实或用脚踩实。继续填土至满穴,再捣实或踩实一次;最后填土与原根颈痕相平或略高 3～5 cm。埋完土后平整地面或筑土堰,便于浇水。裸根苗穴植法,要严格按照"三埋两踩一提苗"的技术要求,做到苗正、根舒、适当深栽、根土密接、分层压实,栽后及时浇足定根水,以后每隔 7 天左右浇透水一次,连续 3 次。

(7)带土球苗的栽植:先测量或目测已挖树穴的深度与土球高度是否一致,对树穴作适当填挖调整,填土至深浅适宜时放苗入穴。在土球四周下部垫入少量的土,使树直立稳定,然后剪开包装材料,将不易腐烂的材料一律取出。为防止栽后灌水土塌树斜,填土一半时,用木棍将土球四周的松土捣实,填到满穴再捣实一次(注意不要将土球弄散),盖上一层土与地面相平或略高,最后把捆拢树冠的绳索等解开取下。容器苗必须将容器除掉后再栽植。

(8)栽植后管理:栽植后及时进行苗木支撑、筑灌水围堰、浇定根水,待成活后进行日常养护管理。

五、实训作业

(1)讨论提高园林树木栽植成活率的技术措施。

(2)根据实践总结一种竹类植物栽植技术。

项目十四　园林树木的养护管理

一、实训目的

熟悉和掌握园林树木养护管理的技术和方法,以发挥树木的绿化效益。

二、实训用具

锄、铲、剪等。

三、实训地点

校内为主,结合市区园林树木养护管理。

四、实训内容

(一)土壤管理

1. 对象

对象:①新栽树5年内;②散生树或行道树;③棕榈植物;④灌木。

2. 范围与方法

(1)树穴。在原种树的树穴范围内松土、除草,松土深度为20~35 cm。如果树穴内被漏砖、草皮覆盖,应先揭开漏砖、草皮,进行松土,然后复原。如果树基完全被水泥、地砖等覆盖造成土壤管理困难,那么应进行改建,截开地面铺装,还原树穴。

(2)新建绿化带上的树木。如果留有很大比例的绿化空间,那么松土、除草的范围是以树干为中心、直径1 m的圆圈以内。除草、松土深度为20~35 cm。松土后要整平并做成规整的圆盘状。如果是在草地上的树木,还要沿圆盘状边缘切边,将草皮切整齐。

(二)施肥

城市栽植的园林树木往往表现缺肥症状,生机欠旺,绿化观赏效果较差,因此,加强肥水管理显得很重要。

1. 施肥量

(1)完全肥料(土杂肥):一般350~700 g/cm胸径·年,胸径小于15 cm时减半。

如:胸径20 cm的树木应施7~14 kg/年,胸径10 cm的树木则施1.75~3.5 kg/年。

(2)饼肥:一般 0.25 kg/(株·次)。

(3)化肥:0.1~0.2 kg/(株·次),全年 2~3 次。

2. 施肥方法

(1)在园林树木栽植时必须施足基肥,使树木在栽后几年间有充足的肥料供其生长。

(2)新城区绿地面积较大,树木营养空间足够,每年可进行 2~3 次速效追肥,把肥料撒在栽植地或进行挖穴埋施,即在根系分布的范围内,以树干为中心,对称挖 4 个、6 个或 8 个浇施肥穴,将肥料均匀撒施在穴内,覆土。

(3)对于旧城区由于铺装、撒施、穴施较困难,可采用钻孔机,沿根系分布范围钻孔,孔内放入化肥,再在孔内埋入土,用这种方法进行施肥非常有效。

(三)灌水、排水

园林树木栽植后要加强肥水管理,使树木生长旺盛,生机勃勃,增加绿化效果。

1. 灌水

(1)在地下水位很低的城区,在盛夏酷暑天气,或干旱秋冬季要进行适当灌水,尤其是对根系浅的灌水或草本植物。灌水可以用洒水车,也可以在绿化带埋滴管或喷洒水管进行灌水。

(2)地下水位高的地方,主要在特别干旱时对根系很浅的树种进行灌水。

2. 排水

雨天在低洼绿地带要做好排水工作,如果连续雨天很容易造成局部积水,对一些敏感的树种容易造成烂根死亡。因此,在绿化施工时就要开始做好排水沟的规划及施工工作。

五、实训作业

(1)以小组为单位交一份报告,要求简要介绍实践过程与实践总结。可以是图文并茂的形式,也可以是过程的录像。

(2)总结园林树木土、肥、水管理中的关键技术。

项目十五　花灌木的养护管理

一、实训目的

了解校园内常见花灌木的养护管理技术。

二、实训用具

修枝剪、垃圾袋等。

三、实训地点

校内。

四、实训内容

(1)了解校园内花灌木种类、枝芽特性、生长情况、树形特点。

(2)根据需要制定养护管理方案,如修剪、施肥、灌水、防寒等。

(3)灌水和排涝。春季(2~5月)干旱季节,必须浇返青水。夏季(6~8月)雨季,注意排涝。积水处不能超过12 h;应根据灌木品种的生物学特性适时浇水。浇水应浇透,浇水前应进行围堰,防止水外流;灌水时注意上下层植物的关系,特别是有针叶树的地方要注意控水,在不影响的情况下适时灌水。

(4)施肥。普通树木落叶后施基肥与萌芽前施追肥,花期长的在生长期中加一次追肥。灌木及小树在树冠投影下掘一断续的坪状沟,掘沟深度以达到根系为度。冬施宜深,施射沟近树浅而远树深。冬施以有机基肥为主,夏施以速效追肥为主。

1)肥料选择。根据灌木品种需要、开花特性、生长发育阶段,选择施用有机肥、无机肥以及专用肥。

2)施肥时间。根据灌木开花特性、生长发育阶段,适时进行施肥。开花灌木可在开花前施肥,以追施磷、钾肥为主。

3)施肥方法。施肥时,肥料不能裸露,采用埋施或水施等方法进行。施肥时应避免肥料触及叶片,施完后应及时浇水;根据灌木的种类、用途不同,每年施基肥1次,追肥2次;色块灌木和绿篱每年施基肥2次,追肥4次。

(5)修剪。根据灌木的种类及用途,常绿灌木除特殊要求整形外,一般应保持丛生状的自然美观造型,及时剪除徒长枝、交叉枝、并生枝、下垂枝、萌蘖枝、病虫枝及枯死枝,以保持通风透光性。对丛生灌木的衰老主枝,应本着"留新去老"的原则培养徒长枝或分期短截老枝进行更新。观花灌木应掌握花芽发育规律,对当年新梢上开花的花木应于早春萌发前修剪,短截上年的已花枝条,促使新枝萌发。对当年形成花芽,次年早春开花的花木,应在开花后适度修剪,对着花率低的老枝要进行逐年更新。在多年生枝上开花的花木,应保持培养老枝,剪去过密新枝。造型灌木(含色块灌木)的修剪,一般按造型修剪的方法进行,按照规定的形状和高度修剪。修剪应保持形状轮廓线条清晰、表面平整、圆滑。灌木过高影响景观效果时应进行强度修剪,修剪时间宜为休眠期;修剪后剪口或锯口应平整光滑,不得劈裂、不留短桩。修剪时应严格按技术操作要求进行,注意安全,并应及时清除剪除的枝条、落叶。

(6)中耕除草。应适时中耕,松土应不影响植株根系,清除灌木周围的杂草,适时松土,保证土壤的通风透气性,清除的杂草应随时清运拉走。

(7)补植。枯死的灌木,应连根及时挖除,并选规格相近、品种相同的新苗木补植;在树木生长期内移植时,应在不影响植物株形的情况下修剪部分枝条和叶片。

(8)防寒、防冻。秋季做好灌木的排水,停止施肥及控制灌水,促使枝干木质化,增强抗寒能力;在冬季应根据灌木及土壤情况适时浇水,保持土壤湿度,防止树木干枯;设风障防寒应在迎风面搭设,风障架设必须牢固;不耐寒的灌木要用防寒材料包裹植株防寒。

五、实训作业

详细记录养护管理步骤、方法。

项目十六　园林植物的整形修剪

一、实训目的

使学生进一步认识整形修剪在园林植物栽培中的目的、作用及意义,并学会整形、造型及修剪方法。

二、实训材料与用具

(1) 材料　各种园林植物材料。
(2) 用具　锯、条剪、枝剪、铁丝、棕丝等。

三、实训地点

校内。

四、实训内容

(一) 修剪方法

1. 熟悉名称

在现场认识树体的结构,熟悉各种枝条的名称。

2. 短截的强度

(1) 轻短截:轻剪枝条的顶梢(剪去枝条全长的1/5~1/4),主要用于花果树木的强壮枝修剪。
(2) 中短截:剪去枝条全长的1/3~1/2,剪口位于枝条中部或中上部饱满芽处。主要用于某些弱枝复壮,各种树木骨干枝、延长枝的培养。
(3) 重短截:剪去枝条全长的2/3~3/4,主要用于弱树、老树、老弱枝的复壮更新。
(4) 极重短截:在枝条基部轮痕处留2~3个芽剪截,紫薇采用此法修剪。

3. 疏剪的方法

疏剪的方法有一般疏剪和大枝疏剪。

4. 缩剪

缩剪:①切口方向;②剪口芽的处理;③竞争枝的处理。

5. 园林树木辅助修剪的方法

(1)折裂

1)目的:防止枝条生长过旺,艺术造型。

2)时间:早春。

(2)除芽(抹芽)

1)目的:改善留存芽的养分供应状况,增强生长势。

2)时间:生长期。

(3)摘心

1)目的:抑制新梢生长,使养分转移至芽、果或枝部,有利于花芽的分化、果实的肥大或枝条的充实。

2)时间:生长期。

(4)捻梢

1)目的:抑制新梢生长。

2)时间:春、夏季。

3)应用:杜鹃等。

(5)屈枝(弯枝、缚枝、盘扎)

1)目的:调节生长势,造型。

2)时间:生长季节。

(6)摘蕾

1)目的:摘除侧蕾,促进主蕾生长,获得肥硕的花朵,摘除枯花,能提高观赏价值。

2)时间:生长季节,花后。

3)应用:牡丹、月季等。

(7)摘果

1)目的:为了使枝条生长充实、避免养分过多消耗;促使树木连续开花;采收果实的果树,可使果实肥大、提高品质或避免出现"大、小年"现象。

2)时间:春、夏季。

3)应用:月季、紫薇、金柑等。

(8)切刻

1)目的:调节生长势。

2)时间:生长期。

(9)横伤和环剥

1)目的:抑制营养生长,促进开花结实。

2)时间:生长期。

3)应用:枣树、桃树等。

(10)除蘖

1)目的:避免分散养分,改善生长发育状况。

2)时间:生长期。

3)要求:选择5~8个有代表性的树种,进行各种辅助修剪。老师或工人师傅示范,学生操作练习。

(二)整形方法

1. 自然式整形

圆柱形(龙柏、桧柏);塔形(雪松、云冷、塔形杨);圆锥形(落叶松、毛白杨);卵圆形(壮年期桧柏、加杨);圆球形(元宝枫、黄刺玫、栾树、红叶李);倒卵形(枫树、刺槐);丛生形(玫瑰);伞形(龙爪槐、垂榆)。

自然式整形的原则是尽量保持其树冠的完整,仅对影响树形的徒长枝、内膛枝、并生枝以及枯枝、病虫枝、伤残枝、重叠枝、交叉过密和根部蘖生枝以及由砧木上萌发出的枝条进行修剪。

2. 人工式整形

(1)绿篱的整形修剪。

(2)绿球的整形修剪。

选择当地有代表性的绿篱、绿球进行示范操作。

3. 混合式整形

杯形、自然开心形、多领导干形、中央领导干形。

选择当地有代表性的树种进行示范操作。

五、实训作业

(1)记述修剪的操作过程。

(2)绘图说明短截强度,简述各强度的适用情况。

(3)大枝如何疏剪?

(4)一年生竞争枝如何处理?

(5)列举当地3~5种常见园林树木,说明如何进行辅助修剪?

(6)绿篱、绿球的整形修剪应注意哪些问题?

(7)针对实践写出园林植物整形修剪的实训报告并总结行道树、庭荫树、花灌木及绿篱等树种的主要整形修剪方法和技术要求及操作过程中的经验与教训。

项目十七　大树移植

一、实训目的

掌握大树移植的意义、目的及方法。

二、实训材料与用具

(1)材料　本地区有代表性树种 1~2 种;生根粉。
(2)用具　皮尺、花杆、草绳、抬棒、抬绳、铁丝、木棒、起苗工具、运输工具等。

三、实训地点

校内。

四、实训内容

(1)大树移植前的调查。
(2)选树与处理(规划、选树、断根缩坨、整形修剪)。
(3)起掘前的准备工作(材料、工具、机械)。
(4)起树包装(树身包扎、泥团包装、泥团覆盖):3~5 人为 1 组,选择一种包扎方法,对树木土球进行包装。
(5)吊装运输。
(6)定植与养护(培土灌水、卷干覆盖、架立支柱):培土灌水、卷干覆盖、架立支柱,3~5 人为 1 组,自己动手。每人设计一种支撑架形式。
(7)现代技术应用(促生根激素处理,喷施抗蒸腾剂、伤口愈合剂)。

五、实训作业

针对实践写出大树移栽的实训报告并总结大树移栽过程中保活和复壮所应采取的主要措施和技术要求及操作过程中的经验与教训。

第七部分　选作实训项目

项目一　园林植物物候期观测(一)

一、实训目的

(1)通过观测了解植物的生理机能、形态发生与自然气候之间的关系,服务于园林植物栽培。
(2)通过实习,使学生掌握植物物候期观测方法。

二、实训材料与用具

(1)材料　校内或校外选乔木树种、灌木树种(及草本花草)。
(2)用具　直尺、温度计、放大镜、标签、记录表、铅笔等。

三、实训内容

1. 确定观测地点
可以分别在校内、市区、郊区等选择观测地点。
2. 确定观测植物
挂牌标记。
3. 物候期观测
乔灌木植物从早春萌芽开始。草本植物从出土开始隔日进行观测并做好现场记载,观测时间以下午为好。最好连续观测1~2个生长周期。
4. 对数据整理分析。

四、实训方法与步骤

(一)园林树木物候期观察要点

园林树木年生长周期可划分为生长期和休眠期,而物候期的观察着重于生长期的变化。其观察记载的主要内容有芽萌动、展叶、开花、果实成熟、落叶等。具体到个别树种,物候期还可能会有各种不同的记载方法,甚至在每个物候期内亦根据试验要求,分出更细微的物候期。观察时各树种间物候期的划分界线要明确,标准要统一。在具体观察时应附图说明,以便参考比较。

(1)叶芽的观察

1)芽萌动期:芽开始膨大,鳞片已松动露白。

2)开绽期:露出幼叶,鳞片开始脱落。

(2)叶的观察

1)展叶期:全树萌发的叶芽中有25%芽的第一片叶展开。

2)叶幕出现期:85%以上幼叶展开结束,初期叶幕形成。

3)叶片生长期:从展叶后到停止生长的期间。要定树、定枝、定期观察。

4)叶片变色期:秋季正常生长的植株叶片变黄或变红。

5)落叶期:全树有5%的叶片正常脱落为落叶始期,25%叶片脱落为落叶盛期,95%叶片脱落为落叶终期。

(3)枝的观察

1)新梢生长期:从开始生长到停止生长,定期定枝观察新梢生长长度,分清春梢、秋梢(或夏梢)生长期、延长生长和加粗生长的时间,以及二次枝的出现时期等;并根据枝条颜色和硬度确定枝条成熟期。

2)新梢开始生长:从叶芽开放长出 1 cm 新梢时算起。

3)新梢停止生长:新梢生长缓慢停止,没有未开展的叶片,顶端形成顶芽。

4)二次生长开始:新梢停止生长以后又开始生长时。

5)二次生长停止:二次生长的新梢停止生长时。

6)枝条成熟期:枝条由下而上开始变色。

(4)花芽的观察

1)花序露出期:花芽裂开后现出花蕾。

2)花序伸长期:花序伸长,花梗加长。

3)花蕾分离期:鳞片脱落,花蕾分离。

4)初花期:开始开花。

5)盛期:25%~75%花开,亦可记载盛花初期(25%花开)到盛花终期(75%花开)的延续时期。

6)末花期:最后一朵花败落。

(5)果实的观察

1)幼果出现期:受精后形成幼果。

2)生理落果期:幼果变黄、脱落。可分几次落果。
3)果实着色期:开始变色。
4)果实成熟期:从开始成熟时计算,如苹果种子开始变褐。

(二)物候期观察时的注意事项

(1)选具有代表性且品种正确、生长健壮的植株3~5株进行观测。

(2)各物候期观测项目的繁简要根据试验要求而定,记载方法要有统一的标准和要求,才能进行比较。对每一物候期的起止日期必须记清。

(3)每物候期观测的时间,应根据不同时期而定。如春季生长快时,物候期短暂,必要时应每天观察,甚至一天内观察两次。随着生长的进展,观察间隔时间可长些,隔3~5天观察一次。到生长后期可7天或更长时期观察一次。

(4)物候期观察要细致,注意物候的转换期。一般以目测为主,亦可使用测具测定。同时要注意气候变化和管理技术等对物候期变化的影响。观察时应列表注明品种、砧木、树龄、所在地。

(5)观测物候期的同时,要记录气候条件的变化或参照就近气象台站的记录资料。观察项目一般包括气温、土温、降水、风、日照情况、大气湿度等。

五、实训作业

(1)将记载情况整理好并记录于报告纸上。
(2)分析比较乔灌木和草本植物的物候期特征。
(3)市内与郊区植物物候期是否有差别?
要求:
(1)所调查的植物可从表7-1中选择,亦可根据具体情况自行选择。

表7-1 调查的植物种类

植物名称	植物名称	植物名称	植物名称
悬铃木	海桐	爬山虎	白蜡
雪松	合欢	枫香	碧桃
银杏	黑松	山杏	贴梗海棠
樱花	红瑞木	桑	石榴
旱柳	黄栌	紫叶李	刺槐
玉兰(分品种)	黄山栾	国槐	丁香
五角枫	火棘	水杉	杜仲
月季花	枫杨	红枫	黄杨
紫薇	大叶黄杨	速生杨	连翘
木槿	迎春	木瓜	海棠(分品种)

（2）每组观察的植物种类按小组成员数量观察（如一组 6 人，就观察 18 种植物），按表 7-2 填写。

表 7-2　园林树木物候期观察记录

编号：　　　　　　　　　　　　　记录人员：

树种名称			地点			
形态特征			生态习性			
生长环境条件						
叶芽	芽萌动期		叶芽形态简单描述			
	开绽期					
叶	展叶期		叶片着生方式	对生（　） 互生（　） 轮生（　） 簇生（　）		
	叶幕出现期		叶类型	单叶（　） 复叶（　）		
	叶片生长期		叶形			
	叶片变色期		新叶颜色			
	落叶期		秋叶颜色			
枝	新梢开始生长		枝条颜色			
	新梢停止生长		枝条形态	直枝（　） 曲枝（　） 龙游（　） 下垂（　） 其他（　）		
	二次生长开始					
	二次生长停止					
	枝条成熟期					
花芽	花序露出期		花色			
	花序伸长期		单花直径			
	花蕾分离期		花序	类型	长度	宽度
	初花期					
	盛花期		花量	大（　） 小（　） 中等（　）		
	末花期					
果实	幼果出现期		果实类型			
	生理落果期		果实形状			
	果实着色期		果实颜色			
	果实成熟期		成熟后	宿存（　） 坠落（　）		

六、问题与讨论

（1）园林植物物候期观察有何意义？结合园林专业实践加以说明。
（2）园林植物物候期观察应注意哪些问题？

项目二　园林植物物候期观测(二)
——校园树木落叶期调查

一、实训目的

(1)掌握物候和物候期的概念。
(2)培养细心观察、认真研究、相互协作的习惯。
(3)了解物候在园林树木栽培和养护中的作用。

二、实训地点

校内;9月初至12月初。

三、实训内容

(1)分组:分成2组。
(2)树种:每组任选校园内10种落叶木本植物。
(3)观察记录:小组讨论研究出方案,组长负责将任务细分到个人。每位同学都应进行相应的观察、记录工作。
(4)结果汇总。
(5)填写调查表(表7-3)。

表7-3　校园树木落叶期调查汇总

树种	地点	树种情况	落叶初期	落叶盛期	落叶末期	是否自然落叶	备注

四、实训作业

(1)对各树种落叶情况进行对比分析。

(2)对调查树种物候与其生长状况、环境状况和栽培管理状况进行分析和讨论。

项目三 园林树木分枝方式调查

一、实训目的

通过实地讲解,使学生掌握园林树木的分枝方式,并能自己判断常见园林树木的分枝方式。

二、实训用具

铅笔、记录夹等。

三、实训内容

在校园选一植物,调查树木分枝方式。园林树木的分枝方式一般有单轴分枝、合轴分枝、假二叉分枝3种。

(1)单轴分枝(总状分枝)。单轴分枝的植物顶芽健壮饱满,生长势极强,每年持续向上生长,形成高大通直的树干,侧芽萌发形成侧枝,侧芽上的顶芽和侧芽又以同样方式进行分枝,形成次级侧枝。此类分枝方式以裸子植物最多。裸子植物如桧柏、杉木、雪松、银杏、水杉等,被子植物如杨树、广玉兰等。该类树种顶端优势极强,有明显的领导主干。主干、主枝、顶芽始终保持优势,树干通直,树形挺拔。园林养护及移植修剪中一定注意保护其领导干及主枝的先端优势,才能使其维持旺盛的生长势和优美的树形。如银杏和杨树需要保护树干主尖,移植修剪不能采取抹头方式。杨树,尤其是大规格杨树一旦领导主干受损,其生长势将被削弱。银杏的侧主枝不能进行重短截,如需要平衡树势只能用疏枝进行处理,否则生长势及树形都会受到影响。核桃虽无明显的主干优势,但其顶端生长点优势突出,一旦对其进行短截修剪即可造成生长势减弱,短截量过大可造成树势下降,寿命缩短,核桃一般不进行重修剪。

(2)合轴分枝。此类树木顶芽发育到一定时期就死亡或生长缓慢或分化成花芽,由位于顶芽下方的侧芽萌发成强壮的延长枝,连接在主轴上继续向上生长,以后此侧芽的顶芽又自剪,再由其下方的侧芽代替,逐渐形成弯曲的主轴。此类分枝方式以被子植物最多。如樱花、紫薇、栀子、山楂、木瓜海棠、枇杷、黄金槐、榆、刺槐、悬铃木、柳、国槐、香椿、梨、桃、梅等。园林苗圃培育此类树种的主干,常采用短截留壮芽的提干方法。有的行道树为了整条道路分枝点整齐划一,并促其形成多主枝扩生树冠,常采取抹头方式进行栽植修剪,如柳、椿、白蜡、国槐、青桐、法桐等,已形成传统做法。养护修剪,为扩大树冠则采用主枝短截的形式,如国槐的三股六叉十二分枝修剪养冠技术。

(3)假二叉分枝(假二歧分枝式)。在一部分叶序对生的植物中存在。此类植物的顶芽停止生长或形成花芽后,顶芽下方的一对侧芽同时萌发,形成外形相同、优势均衡的两个侧枝,向相对方向生长,以后按此继续分枝。如大叶黄杨、金边黄杨、鸡爪槭、石竹、丁香、接骨木和茉莉等。假二叉分枝也可作为合轴分枝的一种形式。

(4)多歧分枝式。这类树休眠期其顶芽优势不强,有若干侧芽可同时并进抽枝生长,称之多歧分枝方式,如臭椿、苦楝、青桐等。其小树提干多采用抹芽法,或短截后培养中心主枝。

四、实训作业

画出所调查树木的各种分枝方式图。

项目四 园林树木栽植或配植方式

一、实训目的

掌握园林树木常见的栽植方式。

二、实训用具

笔、纸、记录夹等。

三、实训内容

校园树木栽植方式主要有自然式和规则式。自然式的树木配植方法多选树形或树体部分美观或奇特的品种,以不规则的株行距配植成各种形式,常见的主要有孤植、丛植、群植等。规则式配植方式主要有对植、列植(行植、带植)、正方形栽植、三角形种植、长方形栽植、环植等。

(1)孤植:单株树孤立种植,孤植树在园林中,一是作为园林中独立的庇荫树,也作观赏用;二是单纯为了构图艺术上需要。

(2)丛植:一个树丛由三五株同种或异种树木至八九株树木不等距离地种植在一起成一整体,是园林中普遍应用的方式,可用作主景或配景用作背景或隔离措施。

(3)群植:一两种乔木为主体,与数种乔木和灌木搭配,组成较大面积的树木群体。树木的数量较多,以表现群体为主,具有"成林"。

(4)带植:林带组合原则与树群一样,以带状形式栽种数量很多的各种乔木、灌木。多应用于街道、公路的两旁。带状种植可用多行树木种植或带状,构成防护林带。一般采用大乔木与中、小乔木和灌木作带状配植。

(5)行植:也称列植、带植。在规则式道路、广场上或围墙边沿,呈单行或多行的,株距与行距相等的种植方法,叫作行植。

(6)正方形栽植:按方格网在交叉点种植树木,株行距相等。

(7)三角形种植:株行距按等边或等腰三角形排列。

(8)长方形栽植:正方形栽植的一种变型,其特点为行距大于株距。

(9)环植:按一定株距把树木栽为圆环的一种方式,可有1个圆环、半个圆环或多重圆环。

四、实训作业

校园树木栽植或配植方式有哪些?

项目五　园林绿化树种的调查、规划与选择

一、实训目的

了解制定树种规划的原则和适地适树的标准。

二、实训用具

笔、纸、尺、记录夹等。

三、实训内容

(1) 课堂教学结合市内或野外参观,调查园林绿化树种的规划与选择。
(2) 按要求抽样调查市内或风景区的主要园林树种,分类编制本地常见园林绿化树种名录表。
(3) 通过查阅资料和现场草测的方式,分析具有当地特色的园林树种规划方案。
(4) 通过实地调研,分析市内或风景区园林树种选择、应用情况并分析其得失。
(5) 树种调查。调查内容包括植物种类、植株株数、生活型、分布方式、生长环境、生长情况、病虫害情况、地理环境、原产地等,按要求对调查的相关内容进行观测记录。
(6) 树种规划与选择。通过调查,按要求对树种规划与选择情况进行分析:树种规划是否符合自然规律、如何提高树种的多样性、如何体现适地适树原则、常绿树种与落叶树种相结合情况、速生树与长寿树相结合情况、突出树种特色情况、主要行道树选择情况、垂直绿化情况、庭荫树的选择情况等。

四、实训作业

(1) 本地常见园林绿化树种有哪些?
(2) 本地常见园林绿化树种的配植方式有哪些?

项目六　园林树木的挖掘与包装

一、实训目的

掌握主要掘苗方法及不同苗木包装方法。

二、实训用具

铁锹、绳子、包装膜等。

三、实训内容

1. 裸根掘苗

掘苗前要先以树干为圆心按规定直径在树木周围划一圆圈,然后在圆圈以外动手下锹,挖够深度后再往里掏底。在往深处挖的过程中,遇到根系可以切断,圆圈内的土壤可边挖边轻轻搬动,不能用锹向圆内根系砍掘。挖至规定深度和掏底后,轻放植株倒地,不能在根部未挖好时就硬推生拔树干,以免拉裂根部和损伤树冠。根部的土壤绝大部分可去掉,但如根系稠密,带有护心土,则不要打除,而应尽量保存。

2. 带土球苗木的挖掘

(1) 划线。以树干为圆心,按规定的土球直径在地面上划一圆圈。标明土球直径的尺寸,作为向下挖掘土球的依据。

(2) 去表土。表层土中根系密度很低,为减轻土球重量,挖掘前应将表土去掉一层,直至见到有较多的侧生根为准。

(3) 挖坨。沿地面上所画圆的外缘,向下垂直挖沟,沟宽以便于操作为度,所挖沟上下宽度要基本一致。

(4) 修平。挖掘到规定深度后,球底暂不挖通。用圆锹将土球表面轻轻铲平,上口略大,下部渐小。

(5) 掏底。土球四周修整完好以后,再慢慢由底圈向内掏挖。

3. 带土球苗木的包装

(1) 打内腰绳。在修平时拦腰横捆几道草绳。

(2) 包装。取适宜的蒲包和蒲包片,用水浸湿后将土球覆盖,中腰用草绳拴好。

(3) 捆纵向草绳。

四、实训作业

描述园林树木挖掘与包装的具体操作步骤及注意事项。

项目七 园林树木防寒

一、实训目的

(1)了解园林树木低温危害的发生原理。
(2)掌握园林树木防寒的方法。

二、实训用具

草绳、涂白剂原料、小木桶、排刷等。

三、实训内容

1. 树木涂白

涂白剂的配方各地不一,常用的配方为:水72%,生石灰22%,石硫合剂和食盐各3%,混合均匀即可。在南方多雨地区,每50 kg涂白剂加入桐油0.1 kg,以提高涂白剂附着力。用配制好的涂白剂涂刷树干,要求刷两遍,高度为1~2 m,同一排树涂刷的高度应一致。

2. 设置防风障

用草帘、彩条布或塑料薄膜等遮盖树木。用彩条布覆盖绿篱,在四周落地处压紧。

3. 培土增温

月季、葡萄等低矮植物可以全株培土,高大的可在根颈处培土,培土高度为30 cm。培土后覆盖,覆盖材料可选择稻草、草包、腐叶土、泥炭藓、锯末等。

四、实训作业

(1)园林树木防寒主要有哪些措施?
(2)当地哪些园林树木需要采取防寒措施,如何根据当地实际情况预防低温危害?

项目八　古树名木的养护复壮

一、实训目的

(1)结合本地古树名木资源状况进行调查,掌握古树名木的养护管理技术措施。
(2)了解古树衰老的原因和主要复壮方法。

二、实训用具

皮尺、钢卷尺、测高仪等。

三、实训要求

(1)组织学生对当地古树名木资源进行调查。调查内容:树种、树龄、树高、冠幅、胸径、生长势、生长地的环境(土壤、气候等情况)以及观赏和研究的作用等。
(2)搜集有关古树名木的历史及诗、画、图片、神话传说等。
(3)结合当地古树名木,落实养护管理规范的状况进行实地考察(如当地无古树名木养护管理规范,可参照《北京市古树名木养护管理标准》执行)。
(4)实施衰弱古树名木的复壮措施。

四、实训内容

(一)古树名木的分级标准

目前,我国通常把古树名木分成两级,其中树龄在300年以上和特别珍贵稀有或具有重要历史价值和纪念意义的古树名木定为一级;其余古树名木均定为二级。一级古树名木的档案材料,要抄报国家和省、自治区、直辖市城建部门备案;二级古树名木的档案材料,由所在地城建、园林部门和风景名胜区管理机构保存、管理,并抄报省、自治区、直辖市城建部门备案。

(二)古树名木的保护状况

城建、园林部门和风景名胜区管理机构要根据调查鉴定的结果,对本地区所有古树名木进行挂牌,标明管理编号、树种名、学名、科属、树龄、管理级别及单位等;对于有特殊历史价值和纪念意义的古树名木,还应专立说明牌进行介绍,采取特殊保护措施。

(三)古树名木病虫危害现状

古树由于年代久远,在其漫长的生长过程中,难免会有一些人为和自然破坏造成的各种伤残,例如主干中空、破皮、树洞、主枝死亡等现象,导致树冠失衡、树体倾斜、树势衰弱,为病虫的侵入提供了条件。对已遭到病虫危害的古树,如得不到及时和有效的防治,其树势衰弱的速度将会进一步加快,衰弱的程度也会因此而进一步增强。

(四)古树名木的生长条件

1. 土壤条件

土壤是古树名木生存生长的重要基础之一。由于人为活动造成土壤条件的恶劣,主要在于土壤密实度过高、土壤理化性质恶化,树木得不到充足的水分、养分与良好的通气条件,致使树木根系生长受阻,树势日渐衰弱。

(1)土壤密实度。由于人类活动的延伸,一些古树名木周围的地面受到大量频繁的践踏,使得土壤密实度日趋增高,导致土壤板结、土壤团粒结构遭到破坏、透气性能降低,树木根系呼吸困难,须根减少且无法伸展;水分遇板结土壤层渗透能力降低,大部分随地表流失,导致土壤自然含水量降低。

(2)土壤理化性质恶化。由于人类活动的延伸,一些古树名木周围的地面成为随意排放人为活动废弃物的场所,造成土壤的理化性质发生改变,一般情况下土壤的含盐量增加、土壤 pH 值的增高,会致使树木缺少微量元素,营养生理平衡失调。

2. 筑台措施

对于处于广场、铺装、游人容易接近地方的古树,要设围栏对古树进行保护。围栏一般要距树干 3~4 m,或在树冠的投影范围之外,对人流密度大、树木根系延伸较长者,围栏外的地面要做透气铺装处理。在古树干基堆土或筑台可起保护作用,也有防涝效果,砌台比堆土收效尤佳,但在台边应留孔排水,切忌围栏造成根部积水。

3. 周边建筑物距离

古树名木周边建筑物的体量和距离对其正常生长具有重要影响,这不仅影响到树体的受光情况,也对根系的伸展具有显著限制作用。按照古树名木保护条例规定,树干 5 m 之内不得堆放杂物,树体 8~10 m 之内不得有高大建筑。

(五)古树名木的调查、登记、存档

调查内容:树种、树龄、树高、冠幅、胸径、生长势、生长地环境以及对观赏和研究的作用,养护管理措施。同时还要搜集有关古树名木的历史及其他资料,如诗、画、图、神话传说等。

(六)古树名木复壮养护管理技术措施

古树生长衰退的直接原因是土壤密实度过高,透气性不良和土壤理化性质恶化,根部营养不足等。古树名木复壮养护管理可采取以下措施。

(1)埋条法

1)放射沟埋条。在树冠投影外侧挖放射状沟 4~12 条,每条沟长 120 cm 左右,宽 40~70 cm,深 80 cm,沟底先填入 10 cm 的松土,再把当地绿肥植物的树枝缚成捆(每捆直径 20 cm 左右)平铺一层,上撒少量松土,同时施入经充分腐熟的粪肥和尿素,每沟施

粪肥 10~20 kg,尿素 50 g,另外过磷酸钙 100 g,覆土 10 cm 后放第 2 层树枝捆,最后覆土踏实。

2)长沟埋条。如果株行距大,也可采用长沟埋条,沟宽 70~80 cm,深 80 cm,长 200 cm 左右,分层埋树条施肥,覆盖踏平。

(2)地面铺梯形砖和草坪。

(3)养护管理措施

1)支撑加固。古树由于年代久远,主干或有中空,主枝常有死亡,造成树冠失去均衡,树体容易倾斜;又因树体衰老,枝条容易下垂劈裂,需用他物支撑;干裂的树干也须用扁钢箍起,以防开裂倒伏。

2)树洞修补。长久不能愈合的伤口,木质部长期外露经受雨水浸渍,逐渐腐烂形成树洞,严重时导致树干内部中空,需做保护性处理。

①开放法。将洞内腐烂木质部彻底清除,刮去洞口边缘的死组织,直至露出新的组织为止,用药剂(2%~5%硫酸铜液、石硫合剂 5°液)消毒,并涂防护剂。常用保护剂如桐油、铅油、接蜡。液体接蜡配方:松香 800 g,酒精 300 g,松节油 50 g;土方法用黏土 2 份、牛粪 1 份加少许石硫合剂作为涂抹剂效果也很好。同时改变洞形,以利排水,也可以在树洞最下端插入排水管。以后需经常检查防水层和排水情况,防护剂每隔半年左右重涂一次。

②封闭法。在洞口表面覆以金属薄片,待其愈合后嵌入树体。也可将树洞经处理消毒后,在洞口表面钉上板条,以油灰和麻刀灰封闭,再涂以白灰乳胶或颜料粉面,以增加美观;还可以在上面压树皮状纹或钉上一层真树皮。

③填充法。填充物最好是水泥和小石砾的混合物,填充材料必须压实,为加强填料与木质部连接,洞内可钉若干电镀铁钉。填充物从底部开始,每 20~25 cm 为一层用油毡隔开,每层表面都向外略斜,以利排水;填充物边缘应不超过木质部,使形成层能在它上面形成愈伤组织。外层用石灰、乳胶、颜色粉涂抹;为了增加美观、富有真实感,亦可在最外面钉一层真树皮。

3)避雷设置。树体高大的古树应设置避雷针,以免遭受雷击。

4)标志设立。安装标志,标明树种、树龄、等级、编号,明确养护管理负责单位。有重大历史意义或重要保护价值的古树名木,应设立宣传牌,以发动群众自觉保护。

5)防病虫害。

6)灌水、松土、施肥。

7)树体喷水。雨量稀少,或久不下雨,应喷水冲洗树冠截留的灰尘,提高观赏效果和光合作用。

五、实训作业

(1)撰写本地区古树名木养护管理状况调查报告。

(2)提出对生长衰弱古树名木实施治理、复壮的方案。

项目九 校园园林树木栽培现状分析

一、实训目的

通过对校园园林树木栽培现状的分析,巩固加深学生学习的理论知识,培养学生解决实际问题的能力。

二、实训材料与用具

(1)材料 校园内已定植的各种树木及其有关现场。
(2)用具 锄、斧、橡皮锤、探条、记录用品等。

三、实训内容

本次实习由老师与学生结合现场进行讨论与分析。

(一)树种选择的观察与分析

行道树种的选择及其多样性。
绿篱树种的选择及其多样性。
其他造园树种的选择及其多样性。

(二)树木的整形修剪

1. 行道树的整形修剪
(1)行道树的基本整形。
(2)行道树疏枝与去萌,其中包括主枝密度,主干萌条的处理,锯口位置、大小、形状与伤口平滑程度,留桩长短及枯桩的处理等。
(3)去冠修剪与回缩;留枝多少、方位及其与日灼的关系;回缩位置、留枝要求、锯口形状等。
(4)树木与空中管线关系的处理:去顶修剪、侧方修剪、下方修剪、隧道修剪等。
(5)去头栽植截口位置与发枝的关系,日灼的防治等。
(6)棕榈栽植时叶片修剪过度对主干生长的影响。

2. 主要造园树种的整形修剪
(1)广玉兰、碧桃、紫叶李、桂花的整形修剪,包括基本树形、修剪现状。
(2)垂枝类树木的整形修剪,如龙爪槐等。

(3) 雪松、龙柏的基本树形及过密主枝和扰乱树形枝条的处理。

(4) 绿篱的整形修剪,包括高度、断面形状与老绿篱的更新修剪及其整体轮廓等。

(5) 丛生灌木的修剪,包括夹竹桃、红檵木球、黄杨球、紫薇的修剪与更新以及老干更新、留干数量及衰老更新等。

(三) 树体创伤与树洞的处理

(1) 树洞形成的原因与部位。

(2) 洞口形状与愈合,正确的整形方法。

(3) 树洞的深度,洞内积水的排除。

(四) 土建工程对树木生长的影响

(1) 地面铺装:铺装材料与透性,树池的大小,铺装的形式等;铺装对树木危害的表现及树木生长对铺装的损害。

(2) 地下开挖:地下开挖的方法,不当开挖对树木生长的影响。

(3) 建筑垃圾对树木生长的影响:石灰性垃圾造成树木的黄化、衰老与死亡,土壤侵入树体。

(4) 挖方、填方与树木生长:挖方与填方对树木危害的症状,危害机制,正确的处理方法。

(5) 树木栽植位置对道路或地基的影响,正确的处理方法。

(6) 树坛对树木生长的影响:树坛的透性、根系的深度及土壤的通透性对树木生长的影响,正确的处理方法。

(五) 人为活动对树木生长的影响

(1) 生活废水对树木生长的影响,如积水与水质。

(2) 机械刺激对树木的危害,如刀伤、铁钉及铁丝捆扎的危害等。

(3) 厨房废气对桂花花芽形成与开花的影响。

(4) 藤本植物对树木生长与形状的干扰。

四、实训作业

整理实训记录,对校园园林树木栽培的现状及存在的问题进行深入分析。

项目十　校园树木养护月历的编制

一、实训目的

(1)掌握园林树木管理与养护的一般方法。
(2)掌握树木月历的编写方法。
(3)制定出校园主要园林树木的养护月历。

二、实训用具

笔、纸、尺、记录夹等。

三、实训内容

调查校园内主要园林树木的种类及其生长情况,了解一年中养护管理工作阶段划分及主要工作内容。根据一年中树木生长自然规律和自然环境条件的特点,分为五个阶段。

(1)冬季阶段(12月、1月、2月),此阶段为树木休眠期,主要养护、管理工作如下:
1)整形修剪:落叶乔灌木在发芽前进行一次整形修剪。注:不宜冬剪树种除外。
2)防治病虫害。
3)堆雪:下大雪后及时堆在树根上,增加土壤水分,但不可堆放施过盐水的雪。
4)要及时清除常绿树和竹子上的积雪,减少危害。
5)巡查维护:巡查执法人员加强巡查维护,依法处理各种有损绿化美化的行为,并宣传教育"爱护树木人人有责"。
6)检修各种园林机械、专用车辆和工具,保养完备。

(2)春季阶段(3月、4月),此阶段气温、地温逐渐升高,各种树木陆续发芽,展叶,开始生长,主要养护、管理工作如下:
1)修整树木围堰,进行灌溉工作,满足树木生长需要。
2)施肥:在树木发芽前结合灌溉,施入有机肥料,改善土壤肥力。
3)防治病虫害。
4)修剪:在冬季修剪基础上,进行剥芽去蘖。
5)拆除防寒物。
6)补植缺株。

7）维护巡查。

（3）初夏阶段（5月、6月），此阶段气温高、湿度小，树木生长旺季，主要养护、管理工作如下：

1）灌溉：树木抽枝展叶开花，需要大量补足水分。
2）防治病虫害。
3）追肥：以速效肥料为主，可采用根灌或叶面喷施，注意掌握用量准确。
4）修剪：对灌木进行花后修剪，并对乔灌木进行剥芽，去除干蘖及根蘖。
5）除草：在绿地和树堰内，及时除去杂草，防止雨季出现草荒。
6）维护巡查。

（4）盛夏阶段（7月、8月、9月），此阶段高温多雨，树木生长由旺盛逐渐变缓，主要养护、管理工作如下：

1）防治病虫害。
2）中耕除草。
3）汛期排水防涝：组织防汛抢险队，对地势低洼和易涝树种在汛期前做好排涝准备工作。
4）修剪：对树冠大、根系浅的树种采取疏、截结合方法修剪，增强抗风力配合架空线修剪和绿篱整形修剪。
5）扶直：支撑扶正倾斜树木，并进行支撑。
6）维护巡查。

（5）秋季阶段（10月、11月），此阶段气温逐渐降低，树木将休眠越冬，主要养护、管理工作如下：

1）灌冻水：树木大部分落叶，土地封冻前普遍充足灌溉。
2）防寒：对不耐寒的树种分别采取不同防寒措施，确保树木安全越冬。
3）施底肥：珍贵树种，古树名木复壮或重点地块在树木休眠后施入有机肥料。
4）防治病虫害。
5）补植缺株：以耐寒树种为主。
6）维护巡查。
7）清理枯枝树叶干草，做好防火。

四、实训作业

制定校园主要园林树木的养护月历。

项目十一　园林树木的容器栽植

一、实训目的

(1)了解容器栽植的特点。
(2)熟悉容器栽植的方法。
(3)掌握容器栽植与管理的关键技术。

二、实训用具

铁锹、枝剪、花铲、培养土、肥料、营养袋、花盆等。

三、实训内容

1. 容器选择
(1)种类:生产用盆、陈设用盆;瓷盆、陶盆(素陶盆、加釉陶盆)、紫砂盆、木盆或木桶、水养盆、盆景用盆、纸盆、塑料盆。
(2)原则:大小适中,深浅恰当,款式相配,色彩协调,质地合宜。
2. 树种(植物)选择
(1)原则:生长缓慢,浅根系,耐旱性强。
(2)常见室内外盆栽植物选择。
(3)除了温室现有材料,提前购买材料,鼓励采用林下野生、校园、公园或道路生态绿地密植(非主要观赏区域)或根萌、苗圃培育等有观赏价值的植物材料。
3. 基质配制
选择什么样的基质代替床土进行商品苗培育是影响容器栽培成功与否的关键因素之一。近几年来,对基质的研究和应用发展很快,设施苗圃已广泛采用基质栽培技术。用于容器栽培的基质要求含有丰富有机质,肥料较全面,保水性、通气性好,重量轻,不易板结,无病虫害、杂草种子,pH 值适合园林植物的要求。基质的主要材料应货源充足,可就地取材,以最大限度地降低基质生产成本。
腐熟的砻糠具有排水透气、吸热保温等特性,既可满足容器苗对水分和空气的要求,又可适当增加地温,有利于促进苗木根系生长,而且价格低廉,可作为基质的主要填充材料,占基质的 50%~60%。但砻糠存在结构过于疏松、保水保肥能力差的缺点。因此在配制基质时,要加入 40% 左右的泥炭和干塘泥。这两种材料含有丰富的有机质,具有团粒结构,质轻多孔,酸性较弱,其保水、透气、保温效果良好,与砻糠混合可起到相互补充的作用。

在基质中加入适量的缓释颗粒肥,可促进容器苗健壮生长。苗木专用缓释颗粒肥料在水中的溶解度小,营养元素释放缓慢,可减少营养元素的损失。它肥效长且稳定,能源源不断地释放,满足植物在整个生长期对养分的需求,同时,具有低盐指数,适合不同类型的基质和植物,能有效防止基质板结。

4. 辅助设施

自动灌水、施肥、补光、温度调控设施,远程调控设施等。

5. 种植技术

(1) 种植设计:艺术与文化蕴含;造型设计;组合(配植)设计等。

(2) 种植技术:上盆,选盆,垫盆,换盆,脱盆,倒盆,转盆,松盆。

(3) 上盆:选盆,熟盆(浸泡、除碱、清洁、消毒等);垫盆;填土(分层,循序。盆底放大粒土,稍上放中粒土,中上部放细粒土,一边放入一边用竹扦抖动,以使盆土与植株根贴实,但不可将土压得太紧,以保证盆土的透气透水。深盆栽植需要留水口,离盆口 1~2 cm,以便于浇水);浇水(用细喷壶浇足定根水,至盆底孔有水流出为止,忌"半截水"、上下干湿不均,影响根系的生长);阴置(放置无风半阴处,并注意对植株经常喷水,约半个月后,进入正常管理)。

6. 管养技术

浇水、施肥、防倒伏、修剪、遮阴、防寒、病虫害防治等。

要求:分组进行,每组提前准备材料,每小组应完成不少于 3 大盆(木本,容器口径不小于 30 cm),每人不少于 3 小盆(口径 15~30 cm 之间,其中至少 1 株为木本)高质量的盆栽。

四、实训作业

(1) 总结容器栽植的特点。

(2) 总结容器栽植的关键技术要点。

(3) 总结容器栽植管护的技术要点。

附　录

附录一　植物组织培养中玻璃化现象产生的原因及控制方法

一、玻璃化的概念

玻璃化是一种生理性病害,出现玻璃化的叶表皮缺少角质层蜡质,没有功能性气孔,不具有栅栏组织,仅有海绵组织;体内含水量高,但干物质、蛋白质、叶绿素、纤维素和木质素含量低。由于其组织畸形,吸收养料和光合器官功能不全,分化功能大大降低,因而很难继续用作继代培养和扩大繁殖的材料;生根困难,很难移栽成活。

二、玻璃化现象产生的原因

玻璃化现象产生的原因主要有激素浓度、琼脂浓度、培养基成分、外植体类型、温度、光照、通风条件等。

1. 激素浓度

激素浓度提高,尤其是细胞分裂素浓度提高,或细胞分裂素与生长素比例高,易导致组培苗玻璃化现象产生。导致玻璃化的细胞分裂素浓度因植物种类而异。不同细胞分裂素种类对玻璃化程度的影响也不同。

2. 琼脂浓度

培养基中琼脂浓度越小,增加了培养基中水分的利用率和培养容器的湿度,导致水分摄入量过大,最终形成玻璃化。

3. 培养基成分

培养基的种类和离子成分影响组培苗玻璃化的产生。不同种类植物对矿物质的量、离子形态、离子间的比例需求不同。如果培养基中离子种类及其比例不适宜该种植物,玻璃化程度会增加。

4. 外植体类型

组培苗玻璃化程度与植物基因型、器官类型、外植体大小等有关。外植体越小,玻璃化苗发生越严重,这可能是较老组织中含有抑制玻璃化苗产生的物质,或者是较大外植体的分生组织远离培养基表面,而使其生长环境的水分状况得到改善。

5. 培养条件

温度、光照、通风状况等培养条件影响组培苗的玻璃化现象。

(1) 温度可以通过调节植物的生理状态和代谢强度,影响玻璃化的产生。当温度超出适合植物生长的正常范围,过高或过低,均易导致组培苗玻璃化现象产生。

(2) 不同的植物对光照的要求不同,满足植物的光照时间,试管苗才能生长正常。光照不足,或光照时数大于 15 h,组培苗玻璃化现象增加。

(3) 组培苗生长期间,要气体交换通畅,瓶内空间、培养时间和瓶盖种类等会影响气体交换。如果培养瓶容量小,气体交换不良,易发生玻璃化。组培苗长时间培养,没有及时转移,易出现玻璃化。培养瓶瓶盖透气性差,影响气体交换,也会导致玻璃化现象增加。

三、玻璃化现象的控制方法

1. 适当降低培养基中激素浓度

适当降低培养基中激素的浓度,尤其是细胞分裂素的浓度,注意细胞分裂素与生长素浓度的比例。力求兼顾玻璃化现象和组培苗的生长和增殖系数。

2. 适当提高琼脂和蔗糖浓度

适当增加琼脂的浓度,可降低培养基中的衬质势,使细胞吸水减少,从而缓解玻璃化现象。但琼脂浓度过高(大于 1% 时),培养基变硬,营养物质难以被吸收利用,且会造成组培苗部分失水,不利于组培苗的生长。适当增加培养基中蔗糖浓度,可降低培养基的渗透势,减少组培苗从培养基中吸收过多水分。

3. 选择适宜的培养基类型和离子成分

根据植物的种类,选择适宜的培养基类型,或调整培养基中的无机离子的含量、离子形态、离子间的比例。此外,增加培养基中的碳氮比,可以减少玻璃化的发生。

4. 选择适宜的外植体

选不易发生玻璃化的基因型、器官类型进行组织培养,并选择适宜的外植体大小,以减少玻璃化现象的发生。

5. 控制培养条件

控制培养室的温度、光照、通风条件等。选择适宜组培苗生长的温度范围,一般为 (25 ± 3) ℃。增加自然光照,提高光照强度,控制光照时间,对于多数植物来说,以每天 8~12 h 光照,光照强度以 1000~3000 lx 为宜。使用棉塞、通气好的封口膜等封口,使用体积较大的培养瓶,并及时转接组培苗,进而减少玻璃化的发生。

附录二　植物组织培养中褐变产生的原因及控制方法

一、褐变的概念

许多植物在组织培养过程中,常遇到褐变问题。褐变是指培养材料向培养基释放褐色物质,致使培养基逐渐变褐,培养材料也随之变褐甚至死亡的现象。其机理是由于培养物体内的多酚氧化酶被激活,使细胞里的酚类物质氧化成棕褐色的醌类物质,这种致死性的褐化物不但向外扩散致使培养基逐渐变成褐色,而且还会抑制其他酶的活性,导致培养物生长受到抑制,甚至最后死亡。褐变主要发生在外植体的初代培养时期,其他时期也有发生。

二、褐变产生的原因

影响植物组培褐变的因素主要有植物种类和品种、外植体的生理状态、培养基成分及浓度、培养条件、消毒方法等。

1. 植物种类和品种

不同植物种类和品种之间褐变频率和程度不同,一般来说,单宁类和多种羟酚类化合物含量越高的植物材料,越容易产生褐变现象。通常木本植物比草本植物易引起褐化,多年生草本植物比一年生草本植物易引起褐化。

2. 外植体的生理状态

外植体的生理条件受外植体年龄、取材部位、取材时间等因素影响,主要是不同生理条件下外植体的发育程度、木质化程度与酚类物质的含量和活性存在差异,影响褐化率。因为随着年龄的增加,组织内的酚类物质等含量越高,所以成龄材料比幼龄材料更容易褐化。一般在春、夏季,尤其是春季取生长旺盛的部位产生褐化较轻,已木栓化或木质化的枝条和处于休眠状态的芽作为外植体时褐化严重。

3. 培养基成分及浓度

培养基成分中无机盐、碳源、生长调节剂的种类及浓度等,均是影响褐化的因素。高浓度无机盐会使酚类物质大量产生,加重褐化现象。不同浓度蔗糖导致细胞处于不同的渗透压环境中,培养基中高浓度的蔗糖,会使细胞处于高渗失水状态,细胞膜通透性增加,引起酚类化合物外泄,加剧褐化。此外,培养基中糖的种类也会影响褐化率。培养基中的激素类型、浓度、搭配不同,褐化程度也存在差异。通常激素浓度越高,褐化产生越快。有的植物中细胞分裂素 6-苄氨基嘌呤能刺激多酚氧化酶活性,促进酚类物质合成,使褐化程度加剧;生长素能延缓酚类物质的合成,避免发生褐化。

4. 培养条件

培养条件主要指培养基状态、pH 值、培养光照、温度、培养时间长短等因素。一般在液体培养基和半固体培养基上比在固体培养基上褐化程度轻。培养基的 pH 值在一定范围内较低时,常有利于降低褐化率。光照过强、温度过高等可使多酚氧化酶的活性提高,从而使褐化程度加剧。培养时间过长也会引起材料的褐变。

5. 消毒方法

消毒剂处理会使细胞结构受到损害而引起褐化,受损害程度越大褐化程度越严重。不同种类消毒剂、浓度、消毒时间等均会影响外植体褐化,且浓度越高、消毒时间越久,褐化程度越高。

三、褐变的控制方法

控制褐变的方法主要从控制酚类底物、酚氧化酶和氧气等方面入手,途径包括钝化酚酶的活性、改变酚酶作用的条件和隔绝氧气的接触等。实践中,一般通过选择合适的外植体、培养基、培养条件,或者添加添加剂抑制或促进组织块或培养基中多酚物质的氧化,影响组织褐变的程度。

1. 选择适宜的外植体

选择不容易发生褐化的品种,在植物旺盛生长的季节,选取分生能力较强的幼嫩部位作为外植体,可降低褐变程度。

2. 选择合适的培养基和培养条件

从纸桥培养基、液体培养基、半固体培养基到固体培养基,褐化发生现象影响从轻到重,从中选取合适的培养基状态。降低无机盐浓度,选择大量减半的培养基,可以在一定程度上减轻褐化现象,降低褐化率。糖浓度和种类对褐化率也有影响,通常蔗糖浓度降低,褐化率下降,葡萄糖和麦芽糖作为碳源,褐化率显著低于蔗糖,但会影响增值率。因此根据不同植物选择和平衡好褐化率以及其他组培指标,才能达到效益最大化。调整培养基中激素的种类、含量和比例。一般来说,在不影响培养物生长或分化的条件下,降低外源激素浓度也会减少褐化率。适宜的温度及在黑暗条件下进行培养也可显著减少材料的褐变。此外,合理范围内降低 pH 值可以抑制褐变。总之,调整培养基中的成分、浓度以及培养条件,使外植体或其他培养物处于旺盛的生长状态,即可减轻褐变。

3. 及时更换培养基

及时更换培养基,加速转瓶效率,可以减少培养材料受到酚类物质的毒害作用。更换培养基频率可根据褐变程度而定。

4. 合理选择添加剂

合理选择添加物的种类和浓度能降低褐化。组培上常用的添加剂有抗氧化剂、吸附剂和螯合剂。常用的抗氧化剂包括聚乙烯吡咯烷酮(PVP)、抗坏血酸(维生素C)和牛血清白蛋白等。活性炭(AC)是常用于防治褐变的吸附剂。乙二胺四乙酸二钠(EDTA)是常用于防治褐变的螯合剂,其通过与多酚氧化酶类物质螯合来减少酚的氧化。此外,有研究认为,通过添加苯丙氨酸解氨酶(PAL)竞争性抑制剂,抑制苯丙氨酸合成,可以降低酚类化合物的生物合成,进而降低褐化率。但可能存在添加剂降低褐化率的同时却抑制培养物生长等矛盾现象,因此应根据不同情况,选择合适的添加剂种类和浓度。

5. 选择合适的消毒剂或消毒时间

消毒会对外植体造成伤害,且消毒时间越长褐化越严重,升汞相较于酒精对外植体的伤害比较轻,酒精消毒效果好,但容易对外植体产生伤害。因此,应根据具体情况,选择合适的消毒剂或消毒时间。

6. 预处理控制褐化

对母株先进行一段时间遮光和低温处理再取材,可以有效控制褐变。将容易发生褐变的材料取回,放在流水下冲洗,后放在低温下处理一定的时间,再接种到培养基中,使酚类物质释放在预处理培养基里再更换培养基,防止酚类物质积累过多,可有效降低褐变。

附录三 植物组织培养中污染的类型、可能原因及控制方法

一、污染的概念

组培污染是指在组织培养过程中,周围环境中微生物的侵入,在培养容器中大量繁殖,导致培养材料无法正常生长的现象。

二、污染的类型

按病原污染可分为两大类,即细菌污染和真菌污染。

1. 细菌污染

一般在接种后培养 2~3 天表现细菌污染症状。症状主要表现为:在培养材料附近出现黏液状物体,或出现浑浊的水渍状痕迹,或云雾状痕迹,或出现发酵状泡沫等情况。

产生细菌污染的可能原因:①外植体或培养基灭菌不彻底;②仪器、接种工具等灭菌不彻底,如超净工作台、接种用的镊子、刀片、培养皿、吸水纸等灭菌不彻底;③工作人员操作不规范,如接种过程中工作人员呼出的细菌造成的污染,也可能是手接触材料或器皿边缘,使细菌落入材料或培养瓶造成的污染。

2. 真菌污染

一般在接种后培养 3~10 天出现真菌污染症状。症状主要表现为:培养基上长霉,通常会出现白、黑、黄和绿等不同颜色菌丝块。

产生真菌污染的可能原因:①接种室内的空气不清洁;②超净工作台的过滤装置失效、操作不慎等;③接种时瓶口边缘的真菌孢子或去掉封口膜时橡皮筋扬起的真菌孢子落入瓶内。

三、污染的控制方法

1. 外植体的选择和灭菌

通常外植体感染情况与外植体的大小、植物种类、植物栽培状况、分离的季节及操作者的技术等有关。

一般幼嫩材料较生长时间较长的材料带菌少;体积小的材料较体积大的材料带菌少;1~2年生草本植物比多年生木本植物带菌少;室内的材料比田间生长的材料带菌少;地上组织比地下组织带菌少;干净的材料比带泥土的材料带菌少;一年中雨季期间的植物带菌多,一天中阳光最强时的材料带菌少。因此,取材时应选择生长健壮、无杂菌感染、无病虫害的植株;尽可能选择室内培养的材料;田间的材料可带回培养室内培养长出新芽,取其新长出的部分;对于多年生木本植物材料,可取回枝条插入清水中使其萌动;对于一些较易污染的材料,可在取材前用杀菌剂、抗生素等处理;宜在生长旺盛的季节(5~6月)取植物新萌发的幼嫩叶、枝条、茎尖等作为培养材料,选择晴天中午时间段进行取材,因为植物暴露在阳光下具有杀菌作用;外植体大小适宜,一般茎尖培养时取 0.1~0.5 mm(带 1~2 个叶原基),叶片、花瓣等取 0.5~1.0 cm^2,茎段长 0.5~1.0 cm。

对于灭菌较困难的材料,在不伤害外植体活性的前提下可以进行多次灭菌。将切好的外植体先后两次放入不同种灭菌液中灭菌一段时间。对于一些经过两次灭菌效果还不太理想的材料,可进行 3 次或以上灭菌,以达到灭菌效果。

通常外植体的表面消毒只能杀灭表面的菌,对于其内部所带菌的消灭较难。因此,可在培养基中添加抗生素来达到材料内部灭菌的目的。在使用抗生素时,选择合适的浓度非常关键,浓度低时效果差,浓度高时又容易对植物产生毒害,影响增殖或使培养材料变黑,容易出现死苗、异变等情况。

2. 接种室和培养室等的灭菌

保持室内清洁、干燥、密闭,并定期进行灭菌。可采用紫外灯照射、甲醛熏蒸、75%乙醇、5%次氯酸钠或 2%新洁尔灭溶液喷雾等方法灭菌。甲醛熏蒸效果最好,但因甲醛对人体危害较大,所以熏蒸后一定要彻底通风,也可选用其他消毒溶液。接种前必须对接种室、培养室等的地面、墙面、门窗等进行彻底消毒,如用 70%乙醇喷洒门窗、地面、墙壁等,用 2%新洁尔灭溶液拖地,同时进行紫外灯照射。接种前对培养箱、培养架也要彻底消毒,如用 70%乙醇喷洒并擦拭。培养期间,每周定期用新洁尔灭溶液拖地 1 次,培养架或培养箱每月用 75%乙醇喷雾消毒 1 次,同时,定期检查并清理已污染的培养材料。

3. 超净工作台的消毒

使用超净工作台前,按照从上到下、从里到外、从左到右的顺序用 75%乙醇擦拭一遍,放入接种要用到的东西,开启换气开关和紫外灯 25~30 min。

4. 培养基的灭菌

培养基灭菌时,要检查高压蒸汽灭菌锅的压力、温度、时间以及正确使用情况,保证灭菌彻底。过滤灭菌要检查过滤膜的膜孔径、过滤灭菌器的灭菌处理及过滤灭菌器操作是否正确。培养容器体积较小、密封性良好，能有效减少污染的产生。配制培养基时，尽量少用或不用非必要的有机物。在灭菌结束压力降到零后，待锅内稍冷却后再出锅，避免冷空气被倒吸入培养瓶中引起霉菌污染。

5. 接种工具的灭菌

操作过程中，接种工具直接与外植体接触，必须经过严格灭菌才能使用。灭菌方法：用牛皮纸将接种器械和器皿包好，放在高压灭菌锅中，121 ℃灭菌 20 min，然后放在干燥箱内进行干燥，宜在 2 天内使用。解剖刀、镊子等工具使用前，应在 75% 乙醇溶液中浸泡 5～10 min，并用酒精灯火焰灼烧，冷却后再使用。

6. 蒸馏水和滤纸的灭菌

将蒸馏水或滤纸分别置于三角瓶内或其他容器中，用封口膜密封瓶口后，放在高压灭菌锅中，121 ℃灭菌 20 min，然后放在超净工作台上待用。

7. 操作人员自身的灭菌与消毒

操作人员工作时所穿的工作服和帽子要经过紫外线照射 25 min 以上。实验前要用肥皂洗手，把手掌和手臂一起洗干净，穿好工作服，戴好帽子。进入超净工作台内后首先要用 75% 乙醇擦拭双手。

8. 严格按照操作规范接种

在操作过程中，超净工作台的风机要始终打开，一般情况下采用低风速即可。接种前，操作人员用 75% 乙醇棉球擦拭工作台面，包括台面的灭菌器、酒精灯、泡镊瓶及所用培养基等。接种的时候一定要戴口罩，不与他人交谈，避免口中的微生物吹入。接种时使用灭过菌的解剖刀、镊子、接种盘或培养皿，解剖刀、镊子经常在酒精灯外焰进行灼烧灭菌，灼烧后取用时手不过刀镊柄，切外植体时双手平持刀镊在接种盘外操作，不得竖拿刀镊使双手凌空接种盘上方。接种时，要灼烧培养基瓶口，然后将培养瓶置于火焰上方成 45°角，避免病菌孢子从瓶口进入，瓶盖不得放在双手下方，接入外植体时不可碰触到瓶口，镊子不得伸入培养基中。封口前瓶口及瓶盖再次用酒精灯灼烧灭菌，一边灼烧一边使瓶口、瓶盖转动，以使各部分都烧到。

9. 污染材料的处理

组培瓶内组培苗的污染包括细菌污染和真菌污染，有时候在同一瓶内既有细菌污染又有真菌污染。无论哪一种污染都将导致植物组织培养的失败，凡出现污染的组培苗或外植体一般都不能再用，最好的清除方法是将外植体连组培瓶进行高压蒸汽灭菌，然后把内部的外植体连同培养基一起倒掉，再把瓶子刷洗干净备用。对于稀缺、珍贵材料，部分材料被细菌污染后，由于细菌芽孢的生长、传播特性，不会完全在空间扩散，因此，可以通过对污染材料的合理处理，保存剩余未被感染的部分。但若被真菌污染，因为菌丝能到达材料内部，所以通常经高温、高压灭菌后扔掉。

参考文献

[1] 白江平.植物组织培养实验指导[M].北京:中国农业出版社,2019.
[2] 蔡庆生.植物生理学实验[M].北京:中国农业出版社,2013.
[3] 陈和敏,李佐,马男,等.兰花切花保鲜及盆花品质保持技术研究进展[J].园艺学报,2022,49(12):2743-2760.
[4] 巩振辉,申书兴.植物组织培养[M].北京:化学工业出版社,2013.
[5] 康云艳,宋爱婷,柴喜荣,等.黄瓜幼苗茎段石蜡切片制作和番红染色实验方法改进[J].实验技术与管理,2022,39(1):182-184+190.
[6] 贺学礼.植物学实验实习指导[M].北京:高等教育出版社,2003.
[7] 候福林.植物生理学实验教程[M].北京:科学出版社,2015.
[8] 胡宝忠,常缨.植物学实验[M].北京:中国农业出版社,2005.
[9] 李玲,何国振.植物生理学实验指导[M].北京:高等教育出版社,2021.
[10] 李胜,赵露.植物组织培养实验指导[M].北京:中国林业出版社,2019.
[11] 强胜.植物学[M].北京:高等教育出版社,2017.
[12] 曲敏,秦丽楠,刘羽佳,等.两种检测SOD酶活性方法的比较[J].食品安全质量检测学报,2014(21):150-155.
[13] 王三根,梁颖.植物生理学[M].北京:科学出版社,2020.
[14] 王三根.植物生理学实验教程[M].北京:科学出版社,2017.
[15] 王学奎,黄见良.植物生理生化实验原理与技术[M].北京:高等教育出版社,2018.
[16] 魏群.分子生物学实验指导[M].北京:高等教育出版社,2020.
[17] 吴棣飞.常见园林植物识别图鉴[M].重庆:重庆大学出版社,2010.
[18] 姚家玲.植物学实验[M].北京:高等教育出版社,2000.
[19] 叶要妹,包满珠.园林树木栽培养护学[M].北京:中国林业出版社,2017.
[20] 张彪,丁海东,吴晓霞.植物学实验与技术[M].北京:高等教育出版社,2021.